人工智能专业教材丛书
国家新闻出版改革发展项目库入库项目
高等院校信息类新专业规划教材

模式识别与机器学习

主编 徐蔚然
参编 张 彬 齐勇刚

北京邮电大学出版社
www.buptpress.com

内 容 简 介

本书是专为人工智能及相关专业高年级学生编写的“模式识别与机器学习”基础课程教材。本书遵循技术发展的自然脉络，结合模式识别问题介绍机器学习的理论与方法，可帮助学生快速入门；基于统计学习理论构建机器学习的内容体系，可助于学生深刻领悟并牢牢掌握基本理论和方法；顺应深度学习、大模型等前沿技术发展趋势，调整了机器学习的内容结构，强调非监督学习在聚类和表示学习中的重要性，可激发学生探索深度学习和大模型的兴趣。

本书可以作为智能科学、计算机科学与技术、自动化等专业的高年级本科生和研究生的教材，同时也可以作为对人工智能领域感兴趣的研究者、工程技术人员及自学者的参考用书。

图书在版编目（CIP）数据

模式识别与机器学习 / 徐蔚然主编. -- 北京 ：北京邮电大学出版社，2025. -- ISBN 978-7-5635-7539-8

Ⅰ. TP391.4；TP181

中国国家版本馆 CIP 数据核字第 2025LX5400 号

策划编辑：姚　顺　**责任编辑：**王晓丹　廖国军　**责任校对：**张会良　**封面设计：**七星博纳

出版发行：北京邮电大学出版社
社　　址：北京市海淀区西土城路 10 号
邮政编码：100876
发 行 部：电话：010-62282185　传真：010-62283578
E-mail：publish@bupt.edu.cn
经　　销：各地新华书店
印　　刷：保定市中画美凯印刷有限公司
开　　本：787 mm×1 092 mm　1/16
印　　张：13.5
字　　数：352 千字
版　　次：2025 年 6 月第 1 版
印　　次：2025 年 6 月第 1 次印刷

ISBN 978-7-5635-7539-8　定价：49.00 元

·如有印装质量问题，请与北京邮电大学出版社发行部联系·

人工智能专业教材丛书

编委会

总 主 编： 郭　军

副总主编： 杨　洁　苏　菲　刘　亮

编　　委： 张　闯　尹建芹　李树荣　杨　阳
朱孔林　张　斌　刘瑞芳　周修庄
陈　斌　蔡　宁　徐蔚然　肖　波
肖　立　乔媛媛

总 策 划： 姚　顺

秘 书 长： 刘纳新

前　言

21 世纪的前 20 年是模式识别、机器学习和人工智能学科飞速发展的时期，特别是深度学习和大语言模型等重大技术的突破，颠覆了人们对人工智能和机器学习的理解和认识。“模式识别与机器学习”虽然是专业基础课程，但在过去的 20 多年里，仍然持续受到技术进步的冲击，导致相关的教材一直呈现形式比较多样、内容相对分散的局面。因此，在新的认识下重新梳理该课程的知识体系和内容结构是非常有必要的。

本书主要体现以下三大特色。

第一，按照技术发展的自然脉络组织内容。机器学习技术并不是突然出现的，而是经历了曲折的发展过程，其间机器学习的内涵不断演变，一些思想和方法也逐渐消亡。在本课程中，始终没有改变的是模式识别问题。不同于下棋、解数学题等任务，模式识别中用到的知识更加琐碎，难以由人工归纳总结并应用于计算机中。为此，研究者建立了基于数据的统计推理算法，并逐渐发展为当前的统计机器学习理论。机器学习中的很多核心算法是针对模式识别问题而提出来的。本书会按照这种演进过程来组织内容，从而更有利于初学者学习。

第二，以统计学习理论为基础，以解决现实任务为目标。深度学习、大语言模型等前沿技术取得了辉煌的成就，已经成为解决多种复杂问题的利器。这些先进的技术不一定显性地使用概率和统计等概念，但是其理论合理性是建立在统计学习理论基础之上的。按照统计学习理论，如果采用合适的概率分布来量化系统中所有的不确定性，那么我们就可以基于贝叶斯推断和统计决策理论给出最优预测。这种性质与物理学对自然世界的预测相似，略有不同的是，在现实世界中，有时为了完成任务可以放弃最优预测，转而选择更简单实用的模型。本书将体现理论与现实的权衡，并以此为主线构建内容体系。

第三，根据前沿技术发展趋势调整相关内容。深度学习、大语言模型等技术不断促使研究者反思和重构机器学习的基础理论。本书沿着这个思路调整教材内容，更新相关知识。受发展水平限制，传统机器学习方法以监督学习为主，侧重于分类器的设计技术。随着认识水平的提高，机器学习的研究问题与人的学习问题越来越接近，因此，非监督学习和表示学习已经成为机器学习中的主要方法。针对这种背景，本书在第 3～6 章以分类器设计为主线介绍监督学习的主要模型，在第 7～8 章以聚类和表示学习为目标介绍非监督学习的主要方法，且每章尽量结合前沿研究方向来介绍基础理论知识。

本书共有 8 章，主要内容如下。

第 1 章从知识自动获取的角度阐述了人工智能、模式识别与机器学习之间的关系。模式识别是推动人工智能发展的代表性问题，其难点在于知识的获取方式。为了解决模式识别问题，研究者发展了基于数据自动获取知识的理论和方法，即机器学习。当前的机器学习技术不仅能够解决模式识别问题，还能够扩展到更广泛的人工智能任务形式，如生成式人工智能(AIGC)、智能科学(AI for Science)和具身智能(Embodied Intelligence)等。因此，学习人工智能的基础知识应当从模式识别与机器学习入手。

第 2 章介绍了在已知所有相关知识的情况下，对未知类别样本进行分类判断的统计决策理论。本章介绍了在具有不确定的环境下描述知识及推断的概率框架，即先验概率、类条件概率、后验概率和贝叶斯推断；介绍了统计决策的基本方法，重点介绍了最小错误率准则和最小风险准则；介绍了常见的概率分布，包括二元离散变量和多元离散变量的概率分布，以及连续变量的正态分布，并且介绍了正态分布下的最小错误率准则。统计决策理论为统计机器学习提供了基本的方法框架，是全书的理论基础。

第 3 章讲述基于数据推断概率密度函数的基本方法。根据贝叶斯决策理论，知识的基本形式是概率或概率分布，而获取知识的基本途径是基于数据的贝叶斯推断。本章介绍了参数估计的基本方法，包括最大似然估计、贝叶斯估计以及预测分布；介绍了非参数估计的两种方法，即核函数估计和近邻估计；还介绍了常见的生成模型，如朴素贝叶斯分类器、隐马尔可夫模型和贝叶斯网络。

第 4 章讲述了最基本的参数模型，即线性模型。介绍了解决回归任务的线性回归模型、解决分类任务的线性判别函数以及对后验概率进行建模的逻辑回归模型和广义线性模型。尽管一些线性模型并未显性使用概率概念，但是从统计学角度分析，这些模型可以被解释为统计决策下的近似最优解。而且，不同的准则函数与最大似然估计或者贝叶斯估计之间存在密切联系。另外，广义线性模型是构成神经网络模型的重要基础。

第 5 章介绍一种具有代表性的非线性模型，即神经网络。介绍了神经元与神经网络构成的模型形式，包括 3 种常见的网络结构；针对前馈神经网络，重点介绍了误差反向传播算法；介绍了神经网络中的一些正则化方法。

第 6 章介绍了机器学习方法中的非参数模型，重点介绍了两种具代表性的非参数模型，即近邻法模型和支持向量机。与参数模型不同，非参数模型不对数据的分布做出具体假设，也无须预先确定模型的结构。非参数模型是根据实例数据之间的相似性进行分类或预测。因此，非参数模型通常具有较高的灵活性和适应性，能够适应各种不同的数据分布和复杂性。

第 7 章讨论了如何通过非监督学习进行聚类以建立类别体系。首先介绍了聚类任务的研究问题及其重要性，其次详细介绍了“硬性”的 K 均值聚类算法和“软性”的高斯混合模型，以及解决具有隐藏变量优化问题的期望最大化求解算法。

第 8 章讲述了表示学习的基础内容，包括表征样本的 3 个层次方法：测量空间、初始特征空间和优化特征空间，并重点介绍了基于非监督学习方法实现特征空间优化的几种方法，如主成分分析、潜在语义分析、Word2Vec 和自编码器等。此外，又从概率角度探讨特征技术的统计学理论基础，如概率潜在语义分析。非监督表示学习方法包含模型形式、准则函数和求解算法三个要素，它们是掌握相关算法的关键。

本书由徐蔚然担任主编，张彬、齐勇刚参编。徐蔚然编写第 1～4 章及第 6～8 章，并对全书进行审校和统稿，齐勇刚编写 3.5.2 节隐马尔可夫模型和 3.5.3 节贝叶斯网络，并对第 3 章进行了审校，张彬与徐蔚然共同编写第 5 章，并进行了审校。

由于作者水平有限，加之人工智能技术发展迅速，新知识还在不断积累、沉淀和升华之中，因此本书中难免存在错误之处，恳请读者批评指正。

作　者

主要符号表

$\mathbb{R}$	实数
$\mathbb{R}^D$	D 维实数列空间
x,y,z	标量,通常为变量
C,D,K,M,N	标量,通常为常数或超参数
$\boldsymbol{w},\boldsymbol{x},\boldsymbol{y},\boldsymbol{z},\boldsymbol{\theta},\boldsymbol{\mu}$	向量
$[x_1,x_2,\cdots,x_D]$	D 维行向量
$[x_1,x_2,\cdots,x_D]^{\mathrm{T}}$	D 维列向量
$\boldsymbol{\Sigma},\boldsymbol{\Phi},\boldsymbol{A},\boldsymbol{X}$	矩阵
$\mathcal{X},\mathcal{Y},\mathcal{Z},\mathcal{F},\Theta,\Omega,\mathcal{A},\mathcal{W}$	空间
$\omega_1,\omega_2,\cdots,\omega_C$	C 个类别
$\boldsymbol{I}$	单位矩阵
$\mathrm{Bern}(\mu)$	伯努利分布
$\mathrm{Bin}(N,\mu)$	二项分布
$\mathrm{Mult}(N,\boldsymbol{\mu})$	多项分布
$\mathcal{N}(\boldsymbol{\mu},\Sigma)$	正态分布

目　录

第1章

绪　论

1.1　模式识别与机器学习

第1章课件

1.1.1　模式识别

模式识别(Pattern Recognition)有时被称为模式分类(Pattern Classification),它的核心任务是确定给定对象预定义的类别。模式识别的早期应用之一是光学字符识别(Optical Character Recognition, OCR),这项技术在20世纪20年代开始被探索,目的是识别数字、英文字母或汉字等字符,见图1.1。图像识别、声音识别和文本分类是传统模式识别研究中的3个主要问题。

除了分类问题,模式识别领域还研究回归(Regression)问题。回归模型旨在预测输入变量(自变量)和输出变量(因变量)之间的量化关系。这种预测可以应用于多种场景,例如,预测污染指数、房价、股票价格或销量等。通过分析历史数据,回归模型能够为这些连续变量提供预测值。

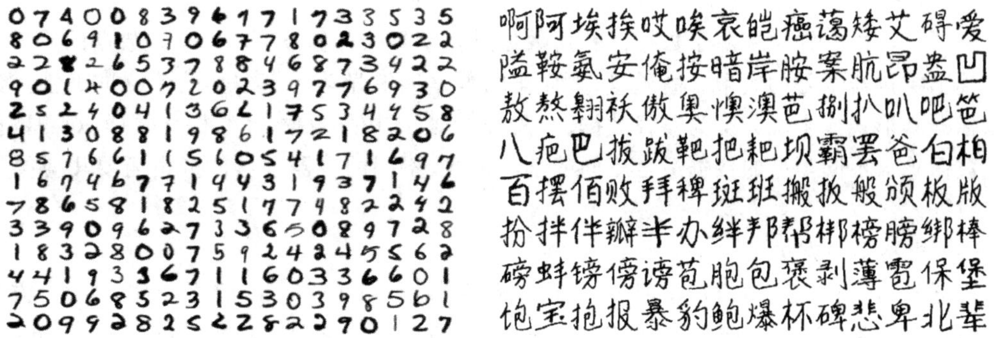

(a) 手写数字数据库MNIST　　(b) 手写汉字数据库HCL2000

图1.1　常用的OCR数据库

(1) 模式识别与人工智能

模式识别是人工智能领域的一项基础任务,它与人类的认知能力紧密相关。认知能力是人类智能的核心组成部分,涉及感知、知觉、记忆、思维、想象和语言等多个方面。认知心理学和认知科学都致力于研究这些方面。目前,模式识别的研究主要集中在机器感知层面,但未来的发展方向是实现机器认知,这将极大地推动人工智能技术的整体发展。

(2) 模式识别与机器学习

在模式识别领域,获取相关知识是解决问题的关键。在一些棋类游戏中,与下棋相关的知识可以被人为归纳成规则或搜索算法。相比之下,模式识别的知识往往更加复杂和琐碎,难以仅凭人工完成归纳。为了克服这一挑战,研究者创造了一种利用数据和算法自动获取"知识"的方法,从而推动了机器学习理论的建立和发展。

统计学习理论的创始人之一瓦普尼克(Vapnik)将模式识别视为机器学习中的基础任务之一。他认为,从模式识别中获得的见解可以通过数学方法推广到更复杂的学习问题中。在统计机器学习领域,模式识别的作用类似于果蝇在遗传学研究中的作用,为理解更广泛的学习机制提供了一个简单而重要的范例。本书将通过模式识别问题来介绍机器学习的基本理论和方法,从而帮助读者理解这一领域的基本概念和应用。

1.1.2 机器学习

机器学习(Machine Learning)研究如何通过数据让计算机系统获得改善模型性能的知识,并运用包含了知识的模型进行预测或决策。机器学习的成功实施依赖于计算机、数据以及机器学习方法等三大基石。这三者相互协作,共同推动了人工智能和机器学习的发展。

(1) 计算机

机器学习的硬件基础是计算机系统。机器学习是一种面向应用实践的技术,它依靠计算机系统执行各种算法。计算机的发展水平决定了机器学习的主要方式。当前计算机的主要能力在于计算,因此无论是"学习"还是"预测",都需要研究者将之设计成精巧的计算问题。衡量计算机系统能力的关键指标是算力,强大的算力是推动机器学习和人工智能发展的物质基础。

(2) 数据

机器学习中的知识来源于数据。利用数据进行学习的过程被称为训练。数据的质量和数量直接影响机器学习的效果。高质量、多样化的数据能够显著提高模型的预测准确性。数据可以根据其形式或来源分类为监督数据、非监督数据、结构化数据、非结构化数据、观测数据和生成数据等。不同类型的数据适合不同的学习范式,不同的机器学习任务也需要相应类型的学习数据。

(3) 机器学习方法

机器学习的核心在于机器学习方法,这也是本书的主要内容。一般而言,机器学习方法由模型形式(Model Form)、准则函数(Criterion Function)和求解算法(Solution Algorithm)等3个要素构成,可以表示为

$$\text{机器学习方法} = \text{模型形式} + \text{准则函数} + \text{求解算法} \tag{1.1}$$

模型形式通常被简称为模型(Model),它用于将学习问题形式化为数学问题,为使用

计算机解决学习问题提供了框架。机器学习的过程和结果都体现在模型上，因此模型是机器学习的核心。目前，主流的模型在形式上是带参数的函数，学习过程就是通过数据来确定这些参数的值。一旦学习过程完成，模型就能对新数据进行预测或决策，解决实际问题。

准则函数也被称为学习准则(Learning Criterion)或策略(Strategy)。准则函数用于确保学习到的知识能够有效地解决智能问题。在机器学习领域，准则函数常常与损失函数(Loss Function)紧密相关。在具体的学习算法中，准则函数一般体现为目标函数(Objective Function)。

求解算法是指利用数据来求解模型参数的具体计算方法。在机器学习问题中采用的求解算法通常属于优化算法(Optimization Algorithm)。

不同机器学习方法之间的差异主要体现在它们各自的模型形式、准则函数和求解算法上。本书的后续章节将进一步介绍这 3 个要素。

1.1.3 机器学习任务的类型

根据训练数据的特点和学习目标的不同，传统机器学习任务可以分为监督学习(Supervised Learning)、非监督学习(Unsupervised Learning)、强化学习(Reinforcement Learning)等主要类型。

(1) 监督学习

监督学习依赖于带有标签的训练数据，即数据集中包含了模型的输入及其对应的期望输出。通过学习这些输入和输出之间的映射关系，模型能够对新的输入数据产生预测输出。监督学习涵盖了分类和回归等任务，其核心目标是建立一个准确的预测模型。

(2) 非监督学习

非监督学习处理的数据通常不包含人为标注的信息。非监督学习的目的不在于直接解决具体的应用任务，而是在于发现数据中的内在规律或结构。常见的非监督学习任务包括聚类分析和特征空间优化。聚类分析用于探索数据的潜在类别，而特征空间优化则用于改善模型的特征表示。

(3) 强化学习

强化学习关注的是智能体如何在环境中通过一系列的决策来最大化某种累积奖励。模型的输出不仅取决于当前的输入，还受到之前决策的影响。强化学习的目标是输出最优决策序列，实现长期目标。例如，在下棋任务中，每一步棋都是为了最终的胜利，但只有在整个游戏结束后，才能评估每一步的效果。

(4) 新兴学习任务

随着深度学习技术的发展，机器学习的任务形式变得更加多样化，更加接近人类的学习方式。新兴的学习任务包括迁移学习(Transfer Learning)、元学习(Meta-Learning)、自监督学习(Self-Supervised Learning)等。此外，随着大模型时代的到来，还出现了生成式人工智能(Artificial Intelligence Generated Content，AIGC)、智能科学(AI for Science)和具身智能(Embodied Intelligence)等新的任务形式。本书虽然主要关注模式识别中的监督学习和非监督学习问题，但也将为研究这些最新技术打下坚实的基础。

1.2 机器学习的推理方式

1.2.1 机器学习的一般形式

从形式上看，机器学习系统一般包括两个过程：从数据到模型的学习过程以及基于模型进行预测或决策的过程。机器学习的一般形式如图 1.2 所示。

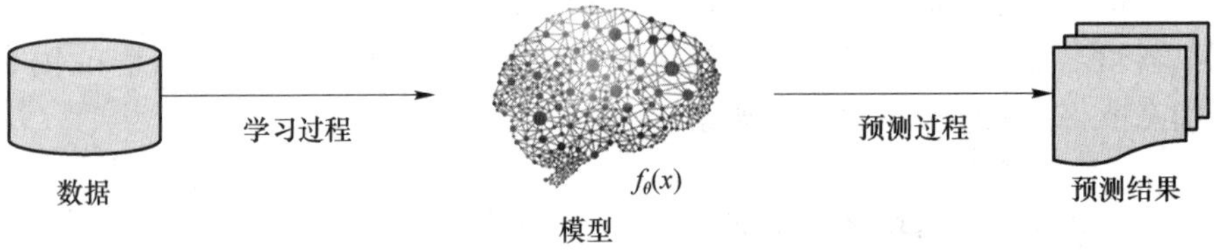

图 1.2 机器学习的一般形式

(1) 学习过程的归纳推理

图 1.2 左侧部分展示了从数据到模型的学习过程，这一过程涉及从由样本实例构成的数据集合出发，通过算法处理，最终形成能够解决智能问题的模型。以手写数字识别为例，通过一些标注类别的数字图像样例，可以训练出能够对各种数字图像进行分类的模型。从推理方式来看，这个过程属于从具体实例到一般规律的归纳推理。

人类在探索自然界时，同样依赖于归纳推理，即通过感觉或经验来获取知识。例如，物理学家通过观察苹果落地的现象，进而推导出天体运动的普遍规律。机器学习中的数据就对应于人类学习中的感觉或经验，而通过学习算法获得的“模型”则蕴含了关于分类的知识。由此可见，机器学习和人类学习的推理方式具有相似性，因此，机器学习的过程也应该遵循类似人类学习中的基本规律。人类的唯物主义认为，感觉应该先于认识。在机器学习中，数据则是知识的源泉。

(2) 预测过程的演绎推理

图 1.2 右侧部分描述了从模型到预测的过程。在推理方式上，这个过程属于从一般到特殊的演绎推理。机器学习的目的是自动构建能够解决智能问题的系统。因此，对于模式识别问题而言，仅仅得到模型(知识)还不够，这个模型还必须能够应用于实际问题，例如，准确地预测新样本的类别。

预测既是机器学习的目标，也是评估学习效果的手段。对于未见过的样本，预测的准确性越高，说明机器学习的“泛化能力”(见 1.4.2 节)越强。这体现了“实践是检验真理的唯一标准”。运动定律和引力定律能够准确预测天体的运动，因此是科学的理论。相反，星相学虽然看似包含复杂理论，并且能够解释一些已经发生的事件，但是它对未来的预测并不准确，因此不被认定为科学的理论。

1.2.2 不确定性

机器学习中，一个重要的挑战是处理不确定性。在分类问题中，不确定性问题可以概括为：理想分类器能否完全避免错分类。在实际应用中，错误往往是不可避免的。例如，在看似相同的天气情况下，有时会下雨，有时则不会。这意味着同一个输入样本可能同时具有属于某个类别的可能性，以及不属于该类别的可能性。这种情况类似于抛硬币，无论预测多么精确，总会存在出错的时候。这种现象在医学诊断、地震预测等分类任务中同样存在。

(1) 不确定性的根源

不确定性源自多个因素。噪声干扰是最常见的不确定性的来源之一。例如，在古籍文字识别中，各种因素可能导致文字残缺或出现额外的干扰笔画。未知的信息和知识会造成不确定性。例如，在新冠疫情初期，由于缺乏对病毒的了解，医生在筛查患者时错误率较高。系统自身的能力限制会引发不确定性。例如，对于无限算力的计算机来说，下围棋或许存在必赢解，但对于阿尔法围棋等系统来说，战胜另一个围棋软件仍需要一些运气。此外，混沌现象（如蝴蝶效应）也会促使我们在处理确定性问题时采用不确定性的方法。

(2) 与人类学习问题的不同

为什么机器学习难以避免不确定性，而人类学习问题却并非总是如此呢？以运动学定律为例，这些定律在很大程度上是非常精确的。实际上，如果一个分类任务没有不确定性，那么这种问题更适合由学习能力强的人来完成，而不是借助机器学习。举例来说，通过身份证号码识别一个人的性别和年龄，这种任务并不需要机器学习的介入。换言之，通常需要机器学习来解决的任务往往具有一定程度的不确定性。

1.2.3 建立在统计学基础上的归纳推理

由于不确定性的存在，统计学成为机器学习最重要的理论基础之一。机器学习也常被称为统计机器学习。对于初学者来说，这可能不太容易理解，因为统计方法在直观上可能给人一种猜测的印象，而在求解难题、推理破案、谋算胜局等智能活动中，猜测通常被认为是不高明的手段。然而，统计方法在机器学习中的价值在21世纪开始得到广泛认可。

瓦普尼克在统计学的基础上研究了学习和归纳推理的一般规律，并提出了3条重要的断言，这些断言对机器学习领域产生了深远的影响。

断言1 归纳的理论基于一致大数定律。

一致大数定律是机器学习中最重要的基础之一。基于一致大数定律，我们可以假设训练样本（学习数据）和测试样本（测试数据）是独立同分布的。此外，我们还可以进一步定义概率近似正确（Probably Approximately Correct，PAC）和PAC可学习（PAC Learnable）等概念，并建立利用训练样本预测测试样本的理论体系。瓦普尼克认为，机器学习领域对于一致大数定律及其与归纳推理关系的分析几乎是完美的了。

断言2 有效的推理方法必须包括容量控制。

容量控制是提高模型泛化能力的关键原则。哲学家波普尔提出的"可证伪性"概念为改善模型的预测能力提供了启发。波普尔认为，科学理论必须具备可证伪性，即存在一系列特殊论断，它们无法用给定理论加以解释。例如，物理学可以解释苹果落向地面，却无法解释苹果飘在空中的超自然现象，因此物理学是可证伪的。与此不同的是，我们无法构想出任何一种情况，如果这种情况发生就能证明"神"或"鬼"不存在，因此"神""鬼"学说是不可证伪的。波普尔认为，"所有科学命题都要有可证伪性，不可证伪的理论不能成为科学理论。"

瓦普尼克基于统计学将"不可证伪"概念公式化，用以评估模型。在这个研究过程中，瓦普尼克证明了"模型容量"是影响模型泛化能力的最关键因素之一。简单说来，存在以下近似公式：

$$期望风险 \approx 经验风险 + 模型容量 \tag{1.2}$$

这就是“容量控制”原则。“期望风险”就是衡量泛化能力的指标，期望风险越小，模型的泛化能力越强。对于越简单的模型，其“模型容量”越小，对应的经验风险越大，这时就容易发生欠拟合；对于越复杂的模型，其“模型容量”越大，对应的经验风险越小，这时就容易发生过拟合。为了获得最好的泛化能力，需要平衡两个损失，使得总体的风险最小化。1.4 节将会进一步介绍机器学习方法中的准则函数。

“容量控制”原则具有通用性。“模型容量”过大的理论或学说容易过拟合于已有的经验或感觉，因此泛化能力弱，无法预测准确。不可证伪的理论或学说就是这种情况。物理学方法论要求理论要满足解释原理（数学解释）和简单性原理，因此可以控制模型容量，获得更强的泛化能力。奥卡姆剃刀定律表示为：如无必要，勿增实体。即“简单有效原理”。这是哲学领域的“容量控制”原则。

断言 3　与归纳推理并存的还有转导推理，在很多情况下转导推理是可取的。

转导定理虽然在统计学上尚未经历严格证明，但在机器学习领域已具有启发性和指导性。瓦普尼克认为，若对欲解决的问题只有有限信息，则应直接解决问题，而非将解决一个更一般问题作为中间步骤。一般归纳法通常包括从特殊到一般（归纳步骤：训练）和再从一般到特殊（演绎步骤：预测）两步。而转导定理则直接从特殊到特殊（转导步骤），绕过了中间结果，这种避开不必要中间问题的思路具有借鉴意义。

根据统计决策理论，为做出最优决策，需要了解所有要素之间的联合概率分布函数。然而，在有限数据条件下，准确估计概率分布极为困难，不仅理论分析复杂，计算和存储量也庞大。而转导定理启示我们，概率估计是中间问题，并非必要的。在统计学中，获得变量的联合概率分布相当于获得全部知识，而我们的目标仅是识别样本的类别。因此，在机器学习领域出现了许多简化或无须概率估计的模型，这些模型在应用中十分有效，且已成为主流方法，如线性模型、神经网络、支持向量机等。这些方法虽未完全采用概率分布实现，但其合理性得到了统计学习理论的证实。本书主要以统计决策理论为主线，介绍机器学习各方面内容，并且始终强调统计学的基础理论作用。

除了统计学，当前的机器学习涉及概率论、信息论、决策论、计算理论、最优化理论及计算机科学等多个领域，正逐步形成独立的理论体系和方法论。

1.3　机器学习方法三要素：模型形式

机器学习方法通常由模型形式、准则函数和求解算法等 3 个要素构成，本节介绍模型形式。

1.3.1　机器学习的数学形式

（1）决策函数

为了通过计算机实现“学习”，需要将学习过程设计成一个数学问题。从数学角度看，机器学习的目标是求解出一个能够解决智能任务的决策函数：

$$y = f(\boldsymbol{x}) \tag{1.3}$$

其中，$\boldsymbol{x}$ 是问题的输入，$\boldsymbol{x}\in\mathcal{X}$，$\mathcal{X}$ 表示输入空间。如果 $\boldsymbol{x}$ 由 D 维向量构成，且 $\boldsymbol{x}\in\mathbb{R}^D$，则输入空间 $\mathcal{X}$ 为 $\mathbb{R}^D$。在分类或回归问题中，$\boldsymbol{x}$ 可以是文字图像、人脸图像、花卉图像，也可以是一段声音或一段文字，或者是其他输出信号。y 是决策函数的输出，$y\in\mathcal{Y}$，$\mathcal{Y}$ 表示输出空间。在分类问题中，y 就是对 $\boldsymbol{x}$ 所属类别的判断，一般用离散的数字标量或向量来表示。在回归问题中，y 一般是连续的实数或实数向量。对于其他应用问题，如棋类游戏、自动驾驶等，$\boldsymbol{x}$，y 还可以有更多的形式。

(2) 候选决策函数集合

在数学中，我们经常求解最大值或最小值问题。机器学习任务与之类似，不同之处在于，这里的最优解不再是数，而是函数。我们先限定函数解的可能范围，并用假设空间 $\mathcal{F}$ 来表示所有候选决策函数的集合：

$$\mathcal{F}=\{f\,|\,y=f(\boldsymbol{x})\} \tag{1.4}$$

机器学习问题就是从给定的假设空间 $\mathcal{F}$ 中选择最优的决策函数。

(3) 模型的数学形式

从更广泛意义上说，假设空间 $\mathcal{F}$ 的数学形式就是模型。为了简化问题，假设空间 $\mathcal{F}$ 常被表示为一个参数化的函数族：

$$\mathcal{F}=\{f\,|\,y=f_\theta(\boldsymbol{x}),\boldsymbol{\theta}\in\mathbb{R}^M\} \tag{1.5}$$

其中，M 为参数 $\boldsymbol{\theta}$ 的维度。式(1.5)中 $\mathcal{F}$ 的数学形式就是参数为 $\boldsymbol{\theta}$ 的函数 $f_\theta(\boldsymbol{x})$，称为参数模型。参数模型是最常见的模型。

模型是机器学习方法中最关键的要素，无论是学习过程还是预测过程，均是围绕模型来完成。机器学习方法主要以模型的数学形式来划分。模型的数学形式对学习效果有着决定性影响。如果选择的模型不适合当前的学习问题，那么无论采用什么样的准则函数和求解方法，最后的效果都可能不理想。

1.3.2 模型的种类

(1) 概率模型与非概率模型

统计学习的模型可以分为概率模型与非概率模型。概率模型一般对条件概率 $p(y|\boldsymbol{x})$ 或者联合概率 $p(\boldsymbol{x},y)$ 建立模型，用于表述输入 $\boldsymbol{x}$ 与输出 y 之间的概率关系，而对应的假设空间 $\mathcal{F}$ 中就包含了所有候选的概率分布。第 2 章将介绍如何通过概率模型得到相应的决策函数 $f(\boldsymbol{x})$，第 3 章将介绍概率模型的学习方法。

然而，准确估计概率分布不仅是非常困难的，而且并不总是必要的。因此，研究者提出了大量简单且实用的非概率模型。非概率模型直接对决策函数构建模型，其假设空间 $\mathcal{F}$ 由决策函数直接构成，这类方法将在本书的第 4～6 章中介绍。

(2) 线性模型与非线性模型

按照数学形式的不同，可以将模型分为线性模型和非线性模型。如果 $f(\boldsymbol{x})$ 是线性函数或广义线性函数，则称该模型为线性模型，否则称模型为非线性模型。本书的第 4 章将介绍线性模型，包括线性回归、线性判别分析、感知器以及逻辑回归等；第 5 章将介绍一种具有代表性的非线性模型，即神经网络模型。

(3) 参数模型与非参数模型

模型还可以分为参数模型与非参数模型。在式(1.5)的参数模型中，假设空间 $\mathcal{F}$ 的函数由

固定的模型形式 $f_{\boldsymbol{\theta}}(\boldsymbol{x})$ 和模型参数 $\boldsymbol{\theta}$ 两部分构成。当模型参数 $\boldsymbol{\theta}$ 取不同值时就会得到不同的候选决策函数。例如，在线性模型中，$\mathcal{F}$ 中的元素由所有实系数的线性函数构成，则可以将 $\mathcal{F}$ 表示为

$$\mathcal{F}=\left\{f \mid y=\sum_{i=1}^{D} w_i x_i+w_0\right\}=\left\{f \mid y=\boldsymbol{w}^{\mathrm{T}} \boldsymbol{x}+w_0\right\} \tag{1.6}$$

其中，$\boldsymbol{x}\in\mathbb{R}^D$，$y\in\mathbb{R}$，而 $\boldsymbol{w}\in\mathbb{R}^D$，$w_0\in\mathbb{R}$，参数 $\boldsymbol{\theta}=[\boldsymbol{w}^{\mathrm{T}},w_0]^{\mathrm{T}}$。这时，求解最优决策函数的问题就转换为求解最优参数问题。本书的参数模型包括第 3 章的参数概率模型，第 4 章的线性模型和第 5 章的神经网络等。

非参数模型一般不对模型的函数形式做太多的限定，而是根据数据自身的特点来求解决策函数，因此非参数模型通常具有更高的灵活性。非参数模型中也有参数，其参数个数与训练样本的数量相关。本书介绍的非参数模型包括第 3 章的非参数概率模型，第 6 章的近邻法模型、核函数模型及支持向量机。

1.3.3 特征表示与表示学习

(1) 特征表示

传统的机器学习主要关注如何学习决策函数 $f(\boldsymbol{x})$。一般需要人工将数据表示为一组特征(Features)，特征的表示形式可以是连续的数值、离散的符号或其他形式，然后将这些特征(即 D 维向量 $\boldsymbol{x}$)输入决策函数，并输出预测结果。

人类之所以擅长处理各种复杂问题，在很大程度上是因为我们能够提取出事物的特征或总结其本质属性。在机器学习领域，特征的提取和选择对模型的性能有着决定性的影响。例如，在花卉识别任务中，如果将输入图像的每个像素点颜色作为特征，模型的学习问题将变得极其复杂；相反，若从花卉图像中提取颜色、纹理、花瓣数量、形状等作为特征，模型的学习问题将大为简化。

(2) 特征工程

传统机器学习的重要特点之一是不涉及特征学习，其特征优化任务依赖人工的参与，并且这部分工作往往是构建模式识别系统中最费时费力并且对系统性能影响最大的部分。人工设计特征既是一门科学，也是一项技巧，它要求人类发挥创造力和专业技能。

(3) 表示学习

对于第 5 章的浅层神经网络模型，其决策函数 $f(\boldsymbol{x})$ 不仅能够学习到分类判决知识，还具备一定的特征优化能力。深度学习兴起以来，深度模型更是实现了特征提取过程的全自动化，其决策函数 $f(\boldsymbol{x})$ 能够对原始的样本表示进行优化。因为特征用于表示事物，所以深度学习也被称为表示学习(Representation Learning)。

常见的深度学习模型可以表示为以下嵌套形式：

$$f_{\boldsymbol{\theta}}(x)=f_{\boldsymbol{\theta}_N}(\cdots f_{\boldsymbol{\theta}_2}(f_{\boldsymbol{\theta}_1}(\boldsymbol{x}))) \tag{1.7}$$

即，$f_{\boldsymbol{\theta}}$ 由 N 个基元函数(Component Function)层层嵌套构成，N 的大小被称为深度。在深度神经网络中，每层神经网络就实现一个基元函数。这些嵌套的基元函数可以被分成两类：特征基元函数以及决策基元函数。$f_{\boldsymbol{\theta}_i}(i<N)$ 一般属于特征基元函数，每个特征基元函数实现一种特征变换，随着深度的增加，最终获得的特征变得更加抽象，也更能反映样本的本质。最外一层基元函数 $f_{\boldsymbol{\theta}_N}$ 通常与决策输出直接关联，因此属于决策基元函数。

(4) 模式识别任务中机器学习问题形式的演化

图 1.3 展示了机器学习在模式识别系统中的演化。基于规则的系统代表最早的模式识别系统，这类系统完全由人工设计，不具备机器学习能力。随后出现的传统机器学习能够学习决策函数，但特征表示部分仍需人工设计，这一时期的代表模型是第 4 章介绍的线性模型。接下来发展出的浅层学习不仅能够学习决策函数，还可以学习出简单的浅层特征，代表模型是第 5 章的浅层神经网络以及第 6 章的支持向量机。深度学习时代的模式识别系统已经能够学习出从特征优化到分类决策的完整分类决策函数。

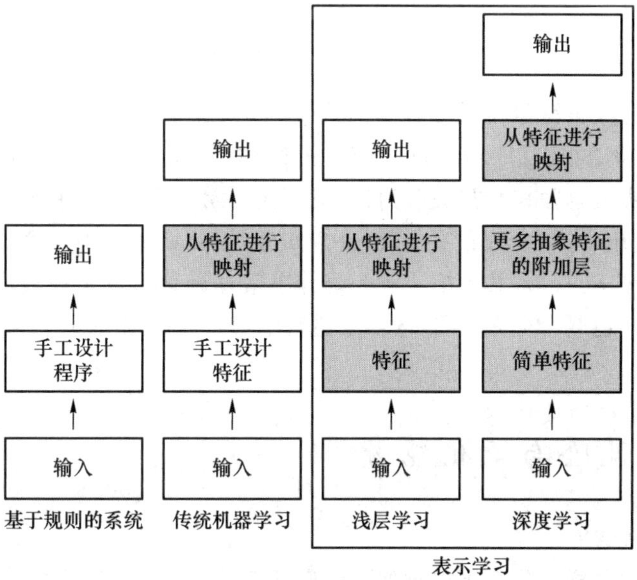

图 1.3 机器学习在模式识别系统中的演化

1.4 机器学习方法三要素：准则函数

为了充分利用数据从假设空间中选择出最优的决策函数，我们需要采用合理的准则函数。

1.4.1 损失函数与期望风险

(1) 损失函数

用 f 表示在假设空间 $\mathcal{F}$ 中的某个候选决策函数，对于给定的输入 $\boldsymbol{x}$，由 $f(\boldsymbol{x})$ 给出的预测值与真实的输出值 y 可能一致也可能不一致。用损失函数来度量预测的错误程度。损失函数是 $f(\boldsymbol{x})$ 和 y 的非负实值函数，记作 $L(y,f(\boldsymbol{x}))$，其中 y 表示我们期望系统的输出（正确的输出），$f(\boldsymbol{x})$ 表示系统的实际输出。常用的损失函数有分类问题中的 0-1 损失函数（0-1 Loss Function），如式(1.8)所示；回归问题中的平方损失函数（Quadratic Loss Function），如式(1.9)所示；绝对损失函数（Absolute Loss Function）；交叉熵损失函数（Cross-Entropy Loss Function）；对数损失函数（Logarithmic Loss Function）等。

$$L(y,f(\boldsymbol{x}))=\begin{cases}0 & y=f(\boldsymbol{x})\\1 & y\neq f(\boldsymbol{x})\end{cases} \tag{1.8}$$

$$L(y,f(\boldsymbol{x}))=\frac{1}{2}(y-f(\boldsymbol{x}))^2 \tag{1.9}$$

(2) 期望风险

由于不确定性的存在，从单个样本上无法全面衡量决策函数的准确性。在统计学中，联合分布 $p(\boldsymbol{x},y)$完整描述了输入 $\boldsymbol{x}$ 和输出 y 的关系。利用 $p(\boldsymbol{x},y)$得到损失函数的期望值：

$$\begin{aligned}R_{\text{exp}}(f) &= E_P[L(y,f(\boldsymbol{x}))]\\&=\int L(y,f(\boldsymbol{x}))p(\boldsymbol{x},y)\mathrm{d}x\mathrm{d}y\end{aligned} \tag{1.10}$$

这是理论上候选决策函数 f 关于联合分布 $p(\boldsymbol{x},y)$在平均意义下的损失，称为期望风险(Expected Risk)或期望损失(Expected Loss)，记作 $R_{\text{exp}}(f)$。使得期望风险最小的决策函数就是理论上最优的决策函数，学习的理想目标就是找到期望风险最小的决策函数。

然而，在实际应用中，联合分布 $p(\boldsymbol{x},y)$是未知的，因此期望风险无法直接计算。实际上，如果知道了联合分布 $p(\boldsymbol{x},y)$，基于第 2 章的统计决策理论就可以实现最优决策，也就不需要学习了。正因为不知道联合分布，所以才需要进行学习。因此，我们还需要寻找在学习过程中可计算的评价指标。

1.4.2 经验风险与泛化能力

(1) 训练集与测试集

统计学中利用观测样本集合可以近似推断出期望值，在机器学习中也可以用样本集来近似估计期望风险。由一组样本构成的集合称为数据集(Data Set)，一般将数据集分为两部分：训练集(Training Set)和测试集(Test Set)。训练集是学习过程中用于训练模型的样本数据集合，而测试集是学习结束后用来检验模型好坏的样本数据集合。

(2) 经验风险

基于训练集对期望风险的估计值就是经验风险(Empirical Risk)，记作 $R_{\text{emp}}(f)$。例如，在监督学习中，给定一个训练集$\mathcal{D}_{\text{train}}=\{(\boldsymbol{x}_1,y_1),(\boldsymbol{x}_2,y_2),\cdots,(\boldsymbol{x}_N,y_N)\}$，对于$(\boldsymbol{x}_n,y_n)\in\mathcal{D}_{\text{train}}$，$y_n$是观测到的输入样本 $\boldsymbol{x}_n$所对应的实际输出值。则根据训练集$\mathcal{D}_{\text{train}}$得到的经验风险为

$$R_{\text{emp}}(f) = \frac{1}{N}\sum_{i=1}^{N}L(y_i,f(\boldsymbol{x}_i)) \tag{1.11}$$

是否可以通过最小化式(1.11)的经验风险，从而在假设空间中找到最优的决策函数呢？根据一致大数定律，当训练集的样本数 N 趋于无穷大时，经验风险趋于期望风险。早期的机器学习方法中经常假设训练样本有无穷多，并且想当然地用经验风险替代期望风险。20 世纪末，当统计学习理论被普遍认可后，研究者认识到现实中的训练集规模都是有限的，用经验风险最小化直接替代期望风险最小化是不合适的，进而采用了更成熟的准则函数来实现期望风险最小化。

(3) 训练误差与测试误差

假设学习过程中得到的决策函数为 $y=\hat{f}(\boldsymbol{x})$，简记为 $\hat{f}$。关于训练集$\mathcal{D}_{\text{train}}$的平均损失就是训练误差(Training Error)，其形式同式(1.11)的经验风险：

$$E_{\text{train}}(\hat{f}) = \frac{1}{N}\sum_{i=1}^{N} L(y_i, \hat{f}(\boldsymbol{x}_i)) \tag{1.12}$$

关于测试集$\mathcal{D}_{\text{test}} = \{(\boldsymbol{x}_1, y_1), (\boldsymbol{x}_2, y_2), \cdots, (\boldsymbol{x}_{N'}, y_{N'})\}$的平均损失就是测试误差(Test Error)：

$$E_{\text{test}}(\hat{f}) = \frac{1}{N'}\sum_{i=1}^{N'} L(y_i, \hat{f}(\boldsymbol{x}_i)) \tag{1.13}$$

其中，N'是训练集样本容量。由于训练集和测试集都是有限的，因此训练误差和测试误差并不总是一致的。

(4) 泛化能力

学习方法的泛化能力(Generalization Ability)是指学习到的模型对未见过数据的预测能力，即模型能够从训练集中学习到普遍规律，并将其应用于新的数据的能力。泛化能力是衡量学习效果最重要的指标，它不仅仅适用于机器学习，对于人类学习也同样重要，如"举一反三"能力。泛化能力可以通过泛化误差(Generalization Error)来度量，即计算模型对新数据的预测误差期望值：

$$\begin{aligned} R_{\exp}(\hat{f}) &= E_P[L(y, \hat{f}(\boldsymbol{x}))] \\ &= \int L(y, \hat{f}(\boldsymbol{x}))p(\boldsymbol{x}, y)\mathrm{d}\boldsymbol{x}\mathrm{d}y \end{aligned} \tag{1.14}$$

从式(1.14)中容易看出泛化误差就是期望风险，因此泛化误差也同样难以计算。应用中可以用测试误差来近似泛化误差。

(5) 过拟合和欠拟合

对于训练出的模型，如果其经验风险很低，但是其期望风险很高，这就是所谓的过拟合(Overfitting)。发生过拟合时，模型过拟合于训练集样本，导致训练误差非常低，但是对于没见过的样本预测能力并不高，表现为测试误差非常高。欠拟合(Underfitting)时模型的训练误差和测试误差都很高。实际应用中可以通过测试误差来评估模型的泛化能力。

1.4.3 影响泛化能力的主要因素

我们通过一个简单的二分类问题来探讨影响模型泛化能力的关键因素。以新冠病毒筛查为例，医生通常依据病人的症状或体征做出诊断，这些症状或体征对应于机器学习模型的输入特征。可以通过多个特征来描述一个被筛查的个体，如是否发热、是否干咳、是否乏力、性别、年龄、居住地等。虽然更多的特征可以提供更全面的信息，但过多的特征也容易产生干扰。为了简化问题，我们假设模型的输入特征只包括核酸检测指标 x_1 和抗体检测指标 x_2，因此筛查个体被表示为向量 $\boldsymbol{x}=[x_1, x_2]^{\mathrm{T}}$。模型的输出 y 是一个二元变量，其中 $y=1$ 表示将个体判定为非病毒携带者，$y=0$ 表示将个体判定为病毒携带者。我们的目标是通过训练集学习出一个能够准确分类非携带者和携带者的模型，即决策函数。为了清楚展示影响泛化能力的主要因素，我们使用人工生成的数据进行模拟。接下来，我们将讨论 3 种不同情况下的学习结果。

1. 第一种情况：训练集和准则函数固定，比较不同模型的学习效果

(1) 生成训练集

为了生成训练数据，我们按照统计决策理论设定相关的先验概率和类条件概率分布，包括携带者的先验概率 $p(y=0)=0.1$，非携带者的先验概率 $p(y=1)=0.9$；携带者的类条件概率

分布 $p(\boldsymbol{x}|y=0)$服从均值为$[6,7]^{\mathrm{T}}$，协方差矩阵为二阶单位阵 $\boldsymbol{I}_2=\begin{bmatrix}1&0\\0&1\end{bmatrix}$的正态分布；非携带者的类条件概率分布 $p(\boldsymbol{x}|y=1)$服从均值为$[2,3]^{\mathrm{T}}$，协方差矩阵为$2\boldsymbol{I}_2=\begin{bmatrix}2&0\\0&2\end{bmatrix}$的正态分布。根据第 2 章的统计决策理论可以计算出错误率最小的决策函数，如图 1.4 中灰色虚线所示的二次函数。

接下来按照上述概率分布生成训练集数据，每个观测样本的生成过程为：按照先验概率决定生成哪一类的样本，再按照对应类别的类条件概率密度分布生成一个观测值。随后重复多次，以生成包括 1 000 个观测样本的训练集，如图 1.4 中标记的“+”和“★”点所示。

(2) 比较 3 种模型形式的泛化能力

我们比较了 3 种模型：线性模型、二次函数模型和自由曲线模型。在训练过程中，我们选择了 0-1 损失函数，如式(1.8)所示，并且通过最小化经验风险，如式(1.11)所示，来求解模型的参数。训练出的 3 个模型的决策边界如图 1.4 中的实线所示。在图 1.4(a)中，线性模型由于受其形式的限制，无法表达复杂的边界，因此其训练误差和泛化能力均不如二次函数模型。图 1.4(b)中，二次函数在模型形式上与最优分类边界一致，并且获得了最好的泛化能力。值得注意的是，图 1.4(c)中的自由曲线模型虽然在训练集上达到了 0 训练误差，但其泛化能力是最差的，这是典型的过拟合现象。

彩图 1.4

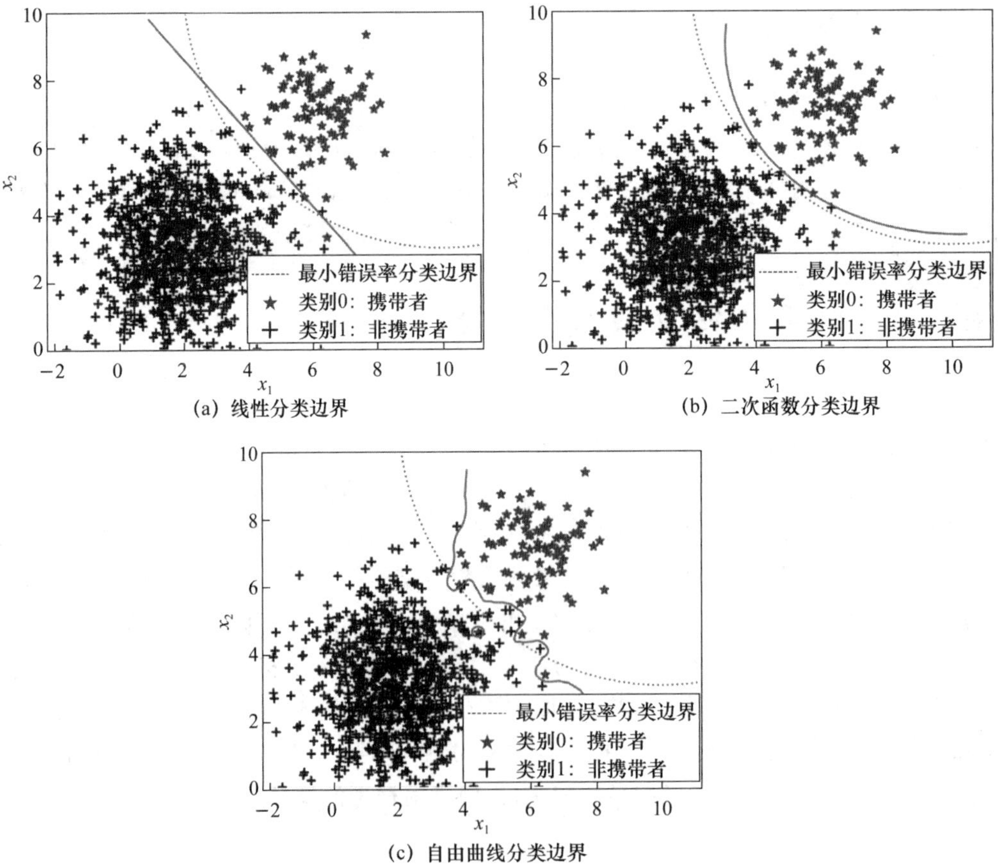

(a) 线性分类边界

(b) 二次函数分类边界

(c) 自由曲线分类边界

图 1.4 模型复杂度(模式容量)对泛化能力的影响

(3) 结论:模型容量与泛化能力的关系

图 1.4 中的 3 种模型具有不同的复杂度,即模型容量。当选择自由曲线模型时,候选的决策函数集合包括线性函数和二次函数,因此,自由曲线模型的容量要大于线性模型和二次函数模型的容量。实际上,由于自由曲线包括了所有可能的边界函数,因此模型容量为无限大。然而,图 1.4 显示了模型容量并不是越大越好。在训练样本数量有限的情况下,只有选择适当的模型容量,才能获得最佳的泛化能力。

模型容量的增加通常意味着模型具有更强的表达能力,能够捕捉数据中的复杂模式。但是,这也意味着模型需要更多的训练数据来避免过拟合,从而实现良好的泛化。相反,容量较小的模型虽然在表达复杂模式方面的能力有限,但它们通常仅需较少的数据就能达到较好的泛化效果。因此,模型容量的选择是一个权衡过程,需要根据具体问题的数据量和复杂度来决定。在实际应用中,选择一个适中的模型容量既能充分利用数据中的信息,又能避免过拟合,是提高模型泛化能力的关键。

2. 第二种情况:训练样本数对泛化能力的影响

我们继续使用第一种情况中设定的先验概率和类条件概率分布,理论上错误率最小的决策函数仍然是二次函数,如图 1.5 每个小图中灰色虚线所示。接下来选择 3 个不同规模的训练集,训练样本数分别为 10、100 和 5 000,如图 1.5 中标记的"+"和"★"点所示。我们采用二次函数形式的模型,并使用0-1 损失函数和经验风险来求解模型的最优参数,得到的分类边界在图 1.5 中用实线表示。可以观察到,随着训练样本数量的增加,模型的解越来越趋近于最优解。这表明训练数据的数量对于泛化能力具有重要影响,更多的训练数据有助于提升模型的泛化能力。

彩图 1.5

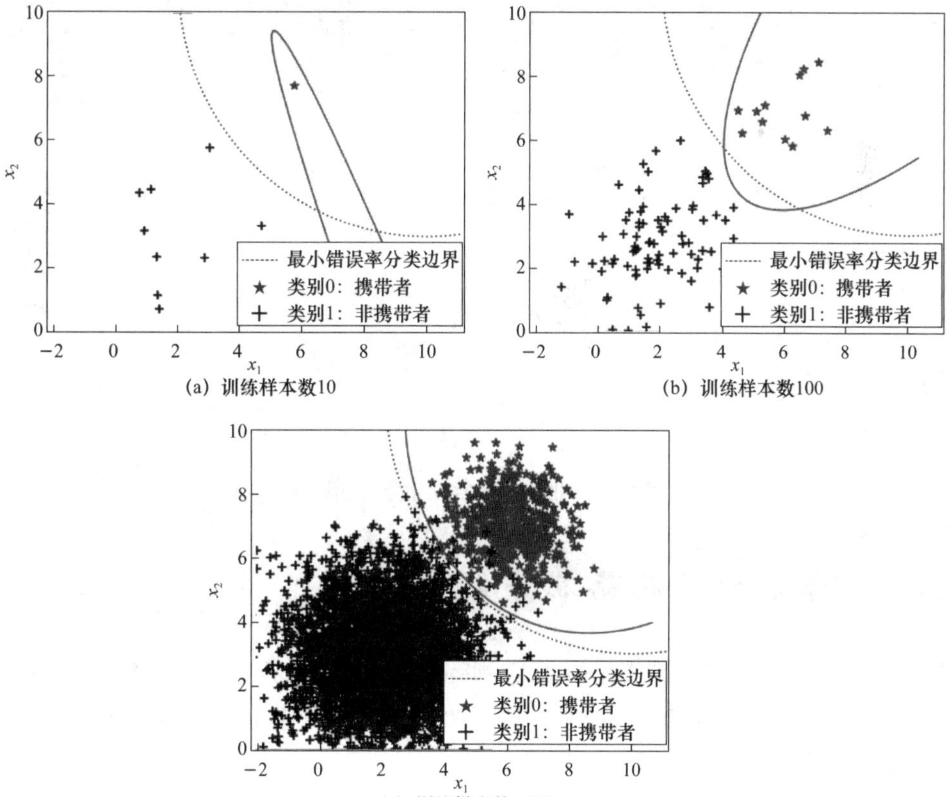

(a) 训练样本数10

(b) 训练样本数100

(c) 训练样本数5 000

图 1.5 训练样本数对泛化能力的影响

3. 第三种情况:准则函数对泛化能力的影响

(1) 生成训练集

在机器学习中,训练数据往往是稀缺的资源。接下来分析如何利用有限的训练数据来获得最佳的泛化能力。我们重新设定了非携带者的类条件概率分布 $p(\boldsymbol{x}|y=1)$,使其服从均值为$[2,3]^{\mathrm{T}}$,协方差矩阵为 $\boldsymbol{I}_2$ 的正态分布,而其他概率分布保持不变。此时,理论上错误率最小的决策函数为图 1.6 中的灰色虚线。在已知这些概率分布后,我们随机采样了 100 个样本构成训练集。样本在特征空间中的分布见图 1.6 中标记为"+"和"★"的点,其中非携带者样本 87 个,携带者样本 13 个。

(2) 准则函数对泛化能力的影响

如果我们选择线性模型,并且采用 0-1 损失函数与经验风险,那么可以得到多条训练误差为 0 的分类边界,如图 1.6 所示(图中所有直线分类边界训练误差都为 0)。但是这些分类边界的泛化能力存在显著差异。其中,中间的边界不仅具有最好的泛化能力,也符合人类直觉上选择边界的方式。该边界能够使两个类别的边界样本到决策边界的距离最大化,即实现了间隔最大化准则(详见第 6 章)。将间隔最大化准则作为求解模型参数的准则函数,就会提高模型的泛化能力。由于只有少量分类边界符合间隔最大化准则,这间接减少了候选分类边界的数量,限制了模型的容量。因此,间隔最大化准则符合 1.2.3 节断言 2 中提到的容量控制准则。

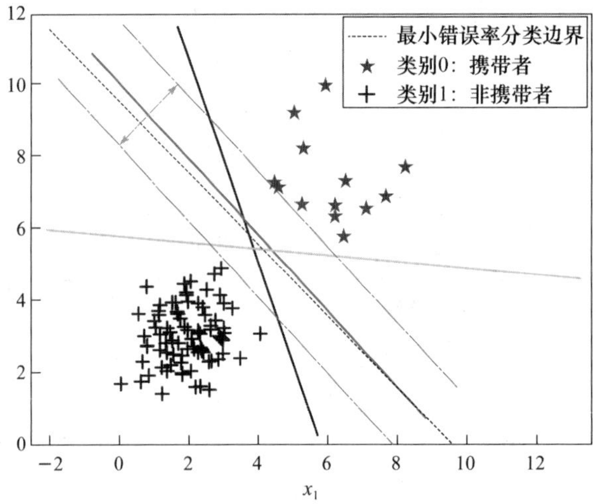

彩图 1.6

图 1.6　准则函数对泛化能力的影响

1.4.4　改善模型泛化能力的准则函数

在 1.4.3 节中,我们了解到模型的形式、训练样本数量以及准则函数都会对模型的泛化能力产生重要影响。本小节将重点讨论如何通过选择适当的准则函数来提高模型的泛化能力。

(1) 经验风险最小化准则

衡量模型泛化能力的最终指标是期望风险。然而,由于真实的数据分布未知,我们无法直接计算期望风险。而经验风险是可以计算的,因此可以采用经验风险来近似期望风险,这种方法也被称为经验风险最小化(Empirical Risk Minimization,ERM)准则。根据 ERM 准则,求解最优模型的准则函数就是求解式(1.11)的经验风险:

$$\text{准则函数}=R_{\text{emp}}(f) \tag{1.15}$$

当训练集规模足够大时,ERM 准则能够取得良好的学习效果。但在样本数量较小的情况下,ERM 准则容易导致过拟合,从而降低模型的泛化能力。

(2) 容量控制准则

瓦普尼克在统计学基础上发现了改善模型泛化能力的重要准则,即容量控制准则(参见 1.2.3 节的断言 2)。相应地,求解最优模型的准则函数为

$$\begin{aligned}\text{准则函数}&=\text{经验风险}+\text{模型容量}\\&=R_{\text{emp}}(f)+\lambda J(f)\end{aligned} \tag{1.16}$$

其中,$J(f)$为限制模型容量的约束项。这样的准则函数可以近似期望风险,参见式(1.2),从而缓解欠拟合和过拟合的情况。如果模型过于简单(容易欠拟合),其拟合训练集的能力弱,导致经验风险较大,准则函数值增加;如果模型过于复杂(容易过拟合),虽然其拟合训练集的能力很强,但是其模型容量会过大,导致准则函数也会较大。为了最小化准则函数,需要平衡两个损失,以实现总体风险的最小化。

(3) 正则化项

对于参数模型,控制模型复杂度(模型容量)的典型方法是正则化(Regularization),此时,容量约束项的形式为 $J(\boldsymbol{\theta})$,也被称为正则化项,简称正则项。常用的正则化项是 L_2 范数:

$$J_{L_2}(\boldsymbol{\theta})=\|\boldsymbol{\theta}\|^2 \tag{1.17}$$

图 1.6 中的间隔最大化准则就等价于采用了 L_2 正则项,更详细内容参见第 6 章。正则化项还可以采用其他多种形式,如 L_1 正则项等。

1.5 机器学习方法三要素:求解算法

1.5.1 优化问题与求解算法

(1) 函数空间的优化问题

在机器学习方法中,模型要素决定假设空间的数学形式和范围,准则函数要素决定用什么样的目标函数来评价假设空间中候选决策函数的好坏,而算法要素决定用什么样的计算方法从假设空间中找到使得目标函数最优化的解。当模型形式和学习准则已经确定之后,机器学习问题归结为最优化问题,其形式通常记为

$$\min_{f\in\mathcal{F}} R(f) \tag{1.18}$$

其中,$R(f):\mathcal{F}\to\mathbb{R}$ 是根据学习准则设计的目标函数,其输入是候选决策函数,输出是评价指标。例如,如果采用经验风险最小化准则,那么目标函数 $R(f)=R_{\text{emp}}(f)$;如果采用容量控制准则,那么目标函数 $R(f)=R_{\text{emp}}(f)+\lambda J(f)$。式(1.18)的优化目标是在假设空间 $\mathcal{F}$ 中找到 f^*,使得对于任意 $f\in\mathcal{F}$ 都有 $R(f^*)\leqslant R(f)$。这类优化问题被称为最小化(Minimization)。

使得 $R(f)$ 取最小值的解 f^* 记为

$$f^* = \underset{f \in \mathcal{F}}{\arg\min} R(f) \tag{1.19}$$

(2) 参数空间的优化问题

式(1.19)的解是函数,而这类求解问题在数学上比较困难。在参数模型中,假设空间被简化为 $\mathcal{F} = \{f \mid y = f_{\boldsymbol{\theta}}(\boldsymbol{x}), \boldsymbol{\theta} \in \mathbb{R}^M\}$,参见式(1.5)。这时,起决定作用的是参数 $\boldsymbol{\theta}$,随着 $\boldsymbol{\theta}$ 的改变,候选函数 $f_{\boldsymbol{\theta}}(\boldsymbol{x})$ 也跟着改变,并且目标函数也变为 $R(f_{\boldsymbol{\theta}})$,或简记为 $R(\boldsymbol{\theta})$。对应的优化问题记为

$$\min_{\boldsymbol{\theta}} R(\boldsymbol{\theta}) \tag{1.20}$$

最优解记为

$$\boldsymbol{\theta}^* = \underset{\boldsymbol{\theta}}{\arg\min} R(\boldsymbol{\theta}) \tag{1.21}$$

常见的模型求解基本上都是式(1.21)形式的优化问题。即使是一些非参数模型,也可以简化为类似式(1.21)的形式。需要注意,最小化目标函数的解不一定唯一。在机器学习应用中通常求得任意一个最小值解即可。

机器学习中的优化问题也可以表示为最大化(Maximization)目标函数,记为 $\max R(\boldsymbol{\theta})$。类似的,其最大值解记为 $\boldsymbol{\theta}^* = \arg\max R(\boldsymbol{\theta})$。最大化问题与最小化问题很容易互相转化,例如,$\max R(\boldsymbol{\theta})$ 等价于 $\min -R(\boldsymbol{\theta})$。此外,考虑到机器学习中通常采用损失或风险作为目标函数,因此人们更常讨论最小化问题。

1.5.2 常见的求解算法

(1) 全局极小解与局部极小解

式(1.21)的目标是找到 $\boldsymbol{\theta}^* \in \mathbb{R}^M$,对于所有 $\boldsymbol{\theta} \in \mathbb{R}^M$ 都满足 $R(\boldsymbol{\theta}^*) \leqslant R(\boldsymbol{\theta})$,该最优解被称为全局极小解(Global Minimum)。但是,找到全局极小解通常是十分困难的。我们先讨论找到局部极小解(Local Minimum)的方法。通俗地讲,局部极小解就是那些能够在其邻域中使得目标函数最小化的 $\boldsymbol{\theta}$。以数学语言来描述,$\boldsymbol{\theta}^* \in \mathbb{R}^M$,并且存在半径 $r > 0$ 使得对于所有满足 $\|\boldsymbol{\theta} - \boldsymbol{\theta}^*\| \leqslant r$ 的 $\boldsymbol{\theta} \in \mathbb{R}^M$,$R(\boldsymbol{\theta}^*) \leqslant R(\boldsymbol{\theta})$ 总成立,那么就可以说 $\boldsymbol{\theta}^*$ 是一个局部极小解。

(2) 费马引理求极值点

据费马引理可以得到对于可导函数求极值点的一个常用准则。费马引理可以简单地表述为:设函数 $R(\boldsymbol{\theta})$ 在点 $\boldsymbol{\theta}_0$ 的某邻域 $U(\boldsymbol{\theta}_0)$ 内有定义,并且在 $\boldsymbol{\theta}_0$ 处可导,如果对任意的 $\boldsymbol{\theta} \in U(\boldsymbol{\theta}_0)$,有 $R(\boldsymbol{\theta}) \leqslant R(\boldsymbol{\theta}_0)$(或 $R(\boldsymbol{\theta}) \geqslant R(\boldsymbol{\theta}_0)$),那么 $R'(\boldsymbol{\theta}_0) = 0$。

费马引理表明,如果 $\boldsymbol{\theta}_0$ 是一个极小值点或极大值点,则该点的导数为零。导数为零的点被称为驻点。费马引理提供了一种将求函数的极值点问题转换为解方程问题的方法。通过让导数为 0,就得到一组方程,方程组的解就是驻点。如果 $\theta \in \mathbb{R}$,也就是一个标量变量,则对应的方程为

$$\frac{\partial R(\theta)}{\partial \theta} = 0 \tag{1.22}$$

如果 $\boldsymbol{\theta} \in \mathbb{R}^M$,也就是一个实数向量,则对应的方程为

$$\frac{\partial R(\boldsymbol{\theta})}{\partial \theta_i}=0 \quad i=1,\cdots,M \tag{1.23}$$

需注意，我们并不知道一个驻点究竟是极大值点、极小值点还是一个鞍点(Saddle Point，既不是极大值点也不是极小值点)，因此驻点仅仅是候选的局部极值点。然后，我们可以使用二阶导数检验来确定这些点是局部极大值点、局部极小值点还是鞍点。如果 $\theta \in \mathbb{R}$，二阶导数检验的规则如下：

$$\begin{cases}\text{如果 } R''(\theta)>0\text{，那么 } R(\theta)\text{ 是局部极小值点。}\\ \text{如果 } R''(\theta)<0\text{，那么 } R(\theta)\text{ 是局部极大值点。}\\ \text{如果 } R''(\theta)=0\text{，那么二阶导数检验是不确定的。}\end{cases}$$

此外，比较所有驻点的 $R(\boldsymbol{\theta})$ 值，也能找到全局的极值点。

(3) 约束优化与拉格朗日乘子法

除了目标函数 $R(\boldsymbol{\theta})$，有时还需要参数 $\boldsymbol{\theta}$ 满足一些约束。例如，我们可能要求 $\boldsymbol{\theta}$ 具有单位长度。对于 $\boldsymbol{\theta}=[\theta_1,\theta_2]^{\mathrm{T}}$ 且 $\boldsymbol{\theta}\in\mathbb{R}^2$，一个具体的例子是：

$$\min_{\boldsymbol{\theta}} R(\boldsymbol{\theta}) \tag{1.24}$$

$$\text{s.t.} \quad \boldsymbol{\theta}^{\mathrm{T}}\boldsymbol{\theta}=1 \tag{1.25}$$

其中，“s. t.”表示“约束为”(Subject To)，它指定了 $\boldsymbol{\theta}$ 上的一个约束。可以存在多个约束，约束也可以是不等式。一个仅具有等式约束的最小化问题是：

$$\min_{\boldsymbol{\theta}} R(\boldsymbol{\theta}) \tag{1.26}$$

$$\text{s.t.} \quad g_1(\boldsymbol{\theta})=0\cdots g_m(\boldsymbol{\theta})=0 \tag{1.27}$$

解决这类问题的一个重要方法是拉格朗日乘子法，即定义一个拉格朗日函数为

$$L(\boldsymbol{\theta},\boldsymbol{\lambda})=R(\boldsymbol{\theta})-\boldsymbol{\lambda}^{\mathrm{T}}g(\boldsymbol{\theta}) \tag{1.28}$$

$\boldsymbol{\lambda}=[\lambda_1,\cdots,\lambda_m]^{\mathrm{T}}$ 是 m 个拉格朗日乘子(Lagrange Multipliers)，其中第 i 个拉格朗日乘子 λ_i 对应于第 i 个约束条件 $g_i(\boldsymbol{\theta})=0$。我们使用 $\boldsymbol{g}(\boldsymbol{\theta})$ 来表示所有 m 个约束的值$[g_1(\boldsymbol{\theta}),g_2(\boldsymbol{\theta}),\cdots,g_m(\boldsymbol{\theta})]^{\mathrm{T}}$，那么，$L$ 是一个无约束的优化目标，并且式(1.29)和式(1.30)是$(\boldsymbol{\theta},\boldsymbol{\lambda})$成为 $L(\boldsymbol{\theta},\boldsymbol{\lambda})$的一个驻点的必要条件。

$$\frac{\partial L(\boldsymbol{\theta},\boldsymbol{\lambda})}{\partial \boldsymbol{\theta}}=0 \tag{1.29}$$

$$\frac{\partial L(\boldsymbol{\theta},\boldsymbol{\lambda})}{\partial \boldsymbol{\lambda}}=0 \tag{1.30}$$

拉格朗日乘子法表明，如果 $\boldsymbol{\theta}_0$ 是原始有约束优化问题的一个驻点，那么总存在一个 $\boldsymbol{\lambda}_0$ 使得$(\boldsymbol{\theta}_0,\boldsymbol{\lambda}_0)$也是无约束目标 $L(\boldsymbol{\theta},\boldsymbol{\lambda})$的一个驻点。换言之，我们可以用式(1.29)和式(1.30)来发现原始问题的所有驻点。

(4) 其他求解算法

如果最优化问题存在解析解，那么这类问题相对容易解决。然而，在机器学习领域，优化问题通常非常复杂，很多情况下难以获得解析解。因此，需要专门研究针对特定学习问题的求解算法。例如，第 5 章介绍了一种迭代算法——误差反向传播算法，用于处理神经网络模型。如今，计算机的算力非常强大，可以利用这一优势设计一些启发式算法，如遗传算法(Genetic Algorithm)和模拟退火算法(Simulated Annealing)，来解决这些复杂的优化问题。

1.6 本书的组织结构

1. 典型的模式识别系统

本书将结合模式识别问题，系统地介绍机器学习的基本理论和方法。一个典型的模式识别系统由数据获取、预处理、特征提取与优化、分类器训练与决策等模块组成，如图 1.7 所示。

数据获取模块负责将外界的物理信号转换为计算机可以处理的数字信号，通常由各种传感器实现，类似于人或动物的感觉器官。预处理模块则对原始数据进行清洗和标准化等操作，以便进行后续分析，这一过程通常不涉及机器学习任务。特征提取与优化模块从原始数据中提取出有助于模式识别任务的特征。分类器训练过程使用选定的特征和数据集来训练分类器，而分类器决策过程则利用训练好的分类器对新样本的类别进行预测。

在这些模块中，分类器训练与决策是最早被纳入机器学习范畴的任务，属于传统的监督学习。随着机器学习的不断发展，特别是深度学习（表示学习）技术的出现，特征提取与优化也逐渐被纳入机器学习的范畴。当前的特征优化技术更多属于非监督学习领域。

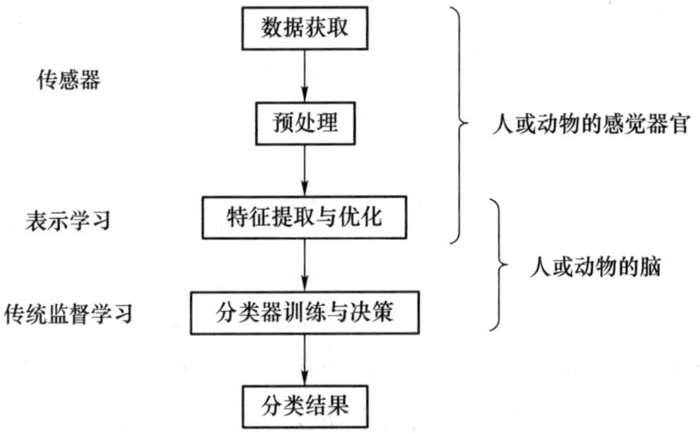

图 1.7 典型的模式识别系统

2. 本书的内容结构

本书首先以模式识别中的不同任务为主线来组织内容，参见图 1.8。第 2 章介绍在所有相关知识均已知的情况下对未知类别样本进行分类判断的统计决策理论。由于存在不确定性，因此错分是难以避免的，而统计决策理论能够在统计意义上实现最优判别。统计决策理论的决策前提是已知分类相关的知识，这些知识需要通过学习或训练过程来获得。第 3～6 章介绍各种分类器模型及其监督学习的方法，并且按照概率模型到非概率模型、线性模型到非线性模型、参数模型到非参数模型的顺序进行介绍。其中第 3 章介绍概率模型的学习方法，第 4 章介绍各种线性模型，第 5 章介绍最具有代表性的非线性参数模型（即神经网络），第 6 章介绍几种常见的非参数模型（这些章节的前提是类别体系和特征体系已经建立好），而第 7 章则讨论如何通过非监督学习进行聚类从而建立类别体系，第 8 章主要介绍通过非监督学习来构建特征和优化特征的方法。

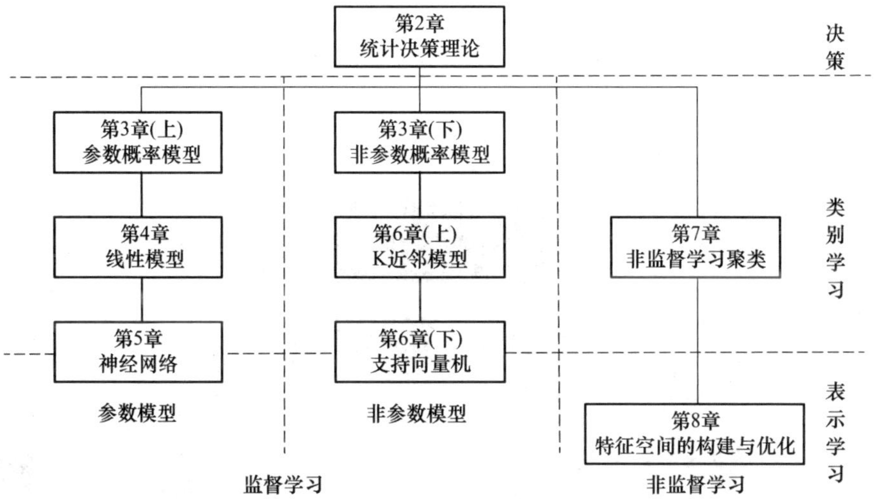

图 1.8 本书的内容结构

思 考 题

1-1 从知识获取的角度分析人工智能、模式识别与机器学习的关系。

1-2 机器学习的三大基石是什么？机器学习的任务类型有哪些？

1-3 机器学习方法的三要素是什么？

1-4 机器学习方法中的模型种类有哪些？

1-5 模型的经验风险和期望风险是什么？

1-6 什么是模型的泛化能力，如何衡量模型的泛化能力，如何改善模型的泛化能力？

1-7 机器学习的求解算法有哪些？

第 2 章

统计决策理论

第 2 章课件

2.1 介　　绍

本章将探讨在具有不确定性的情况下，如何表达分类知识并对未知类别样本进行最优分类决策的问题，也就是统计决策理论(Statistical Decision Theory)。统计决策理论基于概率论和决策论，为机器学习中的不确定性提供了数学框架，用于描述、量化不确定性，并预测事件发生的可能性。由于贝叶斯定理在决策过程中扮演着重要角色，因此贝叶斯决策理论(Bayesian Decision Theory)是统计决策理论在机器学习领域的重要分支。

2.2 节将讨论如何以概率或概率分布的形式来表示模式识别中的知识以及问题本身的结构，并通过概率进行“推断”。2.3 节将介绍决策论的基本概念和方法，并讨论机器学习中常用的决策准则，如最小错误率准则和最小风险准则。2.4 节将介绍机器学习中常见的概率分布，包括二元分布、多元分布和正态分布，并讨论正态分布下的最小错误率决策。

尽管本章内容不直接涉及学习问题，但在做出最优决策时所需的信息或知识需要通过后续章节中的机器学习方法来获取。贝叶斯决策理论是本书其他章节的理论基础。

2.2 模式识别中的概率论

2.2.1 概率形式的分类知识

1. 样本与特征

在模式识别问题中，我们将研究对象的个体称为样本(Sample)。当我们采用 D 个属性观测值来表征样本时，这些属性被称为 D 维特征(Features)。相应地，样本被表示为一个 D 维特征向量，记为 $\boldsymbol{x}=[x_1,x_2,\cdots,x_D]^{\mathrm{T}}$，$\boldsymbol{x}\in\mathbb{R}^D$。样本特征的所有可能取值构成了一个 D 维的特征空间(Feature Space)，在这个空间中，每个样本对应于一个点。

在某些情况下，对样本的原始描述可能是非数值形式的，此时通常需要采用一定的方法将这些描述转换成数值特征。在本书中,如无特别说明,特征均指取值为实数的数值特征。

2. 利用概率描述不确定性

为了精确地描述和量化不确定性,模式识别问题中采用概率或概率分布来表示各种分类知识。在理想情况下,假设分类相关的知识均已知,模式识别问题可以被表述为如下形式:共有 C 个类别,记作 $\omega_1,\omega_2,\cdots,\omega_C$,类别数 C 已知;各类的先验概率(Prior Probability)$p(\omega)$($\omega=\omega_1,\omega_2,\cdots,\omega_C$)均已知;各类别中样本的类条件概率(Class Conditional Probability)$p(\boldsymbol{x}|\omega)$($\omega=\omega_1,\omega_2,\cdots,\omega_C$)也均是已知的;那么,对于某个未知类别样本 $\boldsymbol{x}$,判断它应该属于哪个类别。在这个问题表述中,关于分类的知识是以概率形式给出的,如先验概率 $p(\omega)$ 和类条件概率 $p(\boldsymbol{x}|\omega)$,此外还包括后续将介绍的后验概率(Posterior Probability)。

下面以病毒携带者检测为例介绍模式识别问题中涉及的几种重要概率。为了筛查出某病毒的携带者,假设对每个被查者 $\boldsymbol{x}$ 进行了 D 种不同的检测,即 $\boldsymbol{x}\in\mathbb{R}^D$。识别任务是依据 $\boldsymbol{x}$ 向量将被查者划分为非病毒携带者类别 ω_1 和病毒携带者类别 ω_2。

3. 先验概率

先验概率 $p(\omega)$ 表示在观测到样本 $\boldsymbol{x}$ 之前对事件概率的初始猜测。对于所有类别,满足:

$$\sum_{i=1}^{C}p(\omega_i)=1 \tag{2.1}$$

在病毒检测问题中,先验概率 $p(\omega_1)$ 和 $p(\omega_2)$ 的含义是非携带者样本和携带者样本所占的比例。举例来说,如果在某病毒筛查点已经完成筛查的样本中,有 90% 属于 ω_1,10% 属于 ω_2,那么 $p(\omega_1)=0.9$,$p(\omega_2)=0.1$。

基于这样的先验概率,在看到被查者 $\boldsymbol{x}$ 之前,我们就可以猜测 $\boldsymbol{x}$ 属于 ω_1 的概率是 0.9,属于 ω_2 的概率是 0.1。如果基于先前的观测数据发现样本类别的不确定度已经非常小了,如 $p(\omega_1)\approx1$,那么基于先验概率也可以做出相对可靠的决策。大多数情况下,模式识别问题是不能基于先验概率做最终决策的。

4. 类条件概率和似然函数

类条件概率 $p(\boldsymbol{x}|\omega)$ 表示不同类别的样本在特征空间分布的情况,并且满足如下性质:

$$\int p(\boldsymbol{x}|\omega_i)\mathrm{d}x=1 \quad i=1,\cdots,C \tag{2.2}$$

在病毒筛查问题中,通过病理分析,我们总结出携带者和非携带者的症状知识,并表示成概率分布的形式,这就是类条件概率 $p(\boldsymbol{x}|\omega)$。当 $D=1$ 时,携带者和非携带者的类条件概率 $p(x|\omega)$ 可能形式如图 2.1 所示。

当样本 $\boldsymbol{x}$ 的取值已经被观测到,这时 $p(\boldsymbol{x}|\omega)$ 也被称为似然函数(Likelihood Function),它反映了观测数据 $\boldsymbol{x}$ 对类别 ω 的支持程度。如果 $p(\boldsymbol{x}|\omega_i)>p(\boldsymbol{x}|\omega_j)$,则说明当前观察到的数据 $\boldsymbol{x}$ 更支持 ω_i 事件的发生。

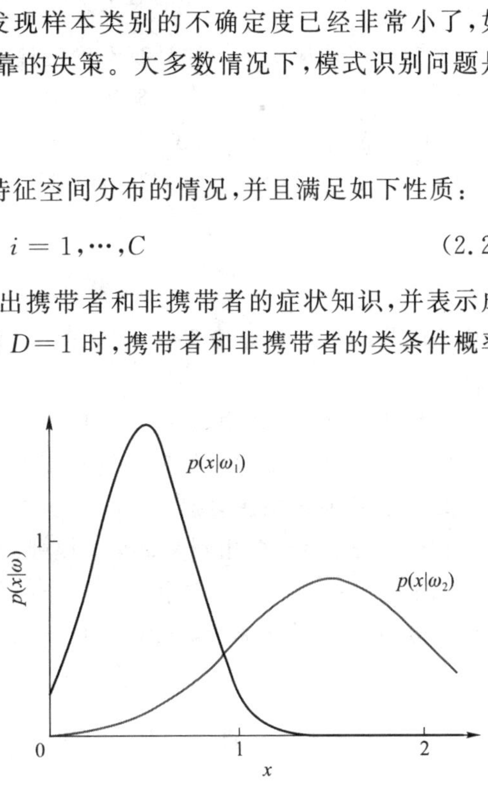

图 2.1 一维特征空间的类条件概率

虽然似然函数包含了所有的类内知识,但是如果缺少了先验概率,仍不能做出最优分类决策。例如,在新冠病毒暴发前,新冠病毒的先验概率非常低,因此即使出现咳嗽、发烧等典型症状(似然函数非常高),也不太可能是新冠病毒携带者；在病毒暴发时，新冠病毒的先验概率比较高，因此稍微有些症状（似然函数较高），也有可能是新冠病毒携带者。

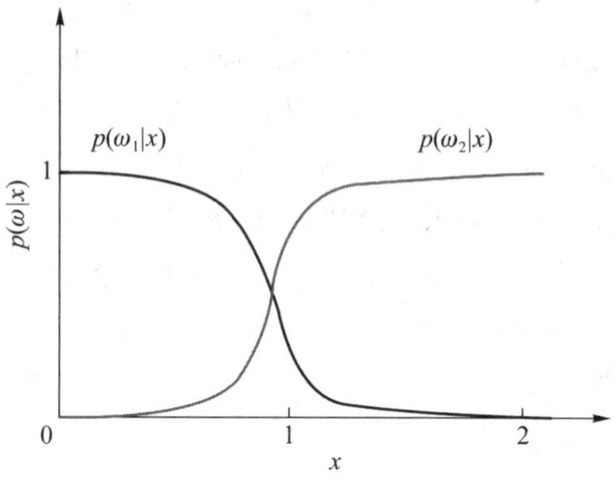

图 2.2　一维特征空间的后验概率

5. 后验概率

后验概率 $p(\omega|\boldsymbol{x})$ 也是模式识别中非常重要的概念，它反映了在观测到 $\boldsymbol{x}$ 之后 ω 发生的可能性，并且

$$\sum_{i=1}^{C} p(\omega_i|\boldsymbol{x}) = 1 \tag{2.3}$$

在病毒检测问题中，$D=1$ 时，携带者和非携带者的后验概率 $p(\omega|x)$ 可能形式如图 2.2 所示。后验概率综合考虑了先验概率和似然函数，它包含了更完整的分类信息，因此，通过后验概率就可以对未知样本进行最佳分类。

2.2.2　贝叶斯推断的基本方法

1. 贝叶斯推断

在模式识别问题中，如果已知的是先验概率和类条件概率，而分类决策时依据的是后验概率，那么就需要贝叶斯定理（Bayesian Theorem）将它们联系起来：

$$p(\omega|\boldsymbol{x}) = \frac{p(\boldsymbol{x},\omega)}{p(\boldsymbol{x})} = \frac{p(\boldsymbol{x}|\omega)p(\omega)}{\sum_{i=1}^{C} p(\boldsymbol{x}|\omega_i)p(\omega_i)} \tag{2.4}$$

贝叶斯定理提供了一种具有不确定性的情况下进行推断的方法。在观测到数据之前，不同类别发生的可能性是先验概率 $p(\omega)$。观测到的数据 $\boldsymbol{x}$ 对不同类别的支持程度由似然函数 $p(\boldsymbol{x}|\omega)$ 表示。综合上述知识，可以推断出后验概率 $p(\omega|\boldsymbol{x})$，它是对类别 ω 发生概率的更新估计。这个过程被称为贝叶斯推断（Bayesian Inference），而贝叶斯定理也被表示成如下形式：

$$\text{后验概率} = \frac{\text{似然函数} \times \text{先验概率}}{\text{证据}} \tag{2.5}$$

其中，证据（Evidence）是指 $p(\boldsymbol{x})$。在模型比较等问题中，模型证据（Model Evidence）具有重要作用。

在后续的决策过程中，正是由于贝叶斯定理（贝叶斯推断）扮演着核心角色，因此机器学习领域中，统计决策理论也常被称为贝叶斯决策理论。

2. 乘法准则与加法准则

在概率推断中经常用到两条基本规则：加法准则（Sum Rule）和乘法准则（Product Rule）。对于两个随机变量 x 和 y，其联合概率分布为 $p(x,y)$。通过加法准则可以计算单个随机变量的概率分布，即边缘分布（Marginal Distribution）：

$$p(x) = \sum_{y} p(x,y) \tag{2.6}$$

利用乘法准则可以将联合概率分布 $p(x,y)$ 拆解为先验概率和条件概率的乘积形式：

$$p(x,y) = p(y|x)p(x) \tag{2.7}$$

这两个简单的准则构成了概率推断的重要基础。

3. 联合概率

联合概率是描述所有分类知识的一种方式。在统计学中，知道了联合概率就可以解决各种不同的问题。在模式识别中，假设所有相关联的输入为 $\boldsymbol{x}$，分类决策的输出是 y，则联合概率就是 $p(\boldsymbol{x},y)$。利用加法准则和乘法准则可以通过 $p(\boldsymbol{x},y)$ 计算出先验概率、类条件概率和后验概率：

$$p(y)=\sum_{x}p(\boldsymbol{x},y) \tag{2.8}$$

$$p(\boldsymbol{x}\mid y)=\frac{p(\boldsymbol{x},y)}{p(y)}=\frac{p(\boldsymbol{x},y)}{\sum_{x}p(\boldsymbol{x},y)} \tag{2.9}$$

$$p(y\mid \boldsymbol{x})=\frac{p(\boldsymbol{x},y)}{p(\boldsymbol{x})}=\frac{p(\boldsymbol{x},y)}{\sum_{y}p(\boldsymbol{x},y)} \tag{2.10}$$

2.2.3 生成模型与判别模型

根据概率在模型中的使用方式，可以将机器学习模型分为以下 3 个种类。

1. 生成模型

在生成模型(Generative Model)中，首先假设先验概率和条件概率是已知的，然后通过式(2.4)的贝叶斯定理推断出后验概率，进而基于后验概率进行分类决策。如果先验概率和条件概率未知，那么我们可以使用后续章节介绍的机器学习方法来估计它们。

图 2.3 利用有向图展示了一个典型的生成模型。假设模型的任务是预测降雨，与降雨相关的随机变量包括光照、地理、湿度、风向、云层以及其他随机因素。这些随机变量之间的依存关系体现在图 2.3 中。如果一个节点没有指向它的有向边，这样的节点就属于独立随机变量，如光照、地理和其他。对于这些独立变量，需要知道它们的先验概率。如果一个节点存在指向它的有向边，这样的节点就属于非独立随机变量，我们需要知道它们的条件概率。根据图 2.3 就可以将联合概率拆分为先验概率和条件概率乘积的形式：

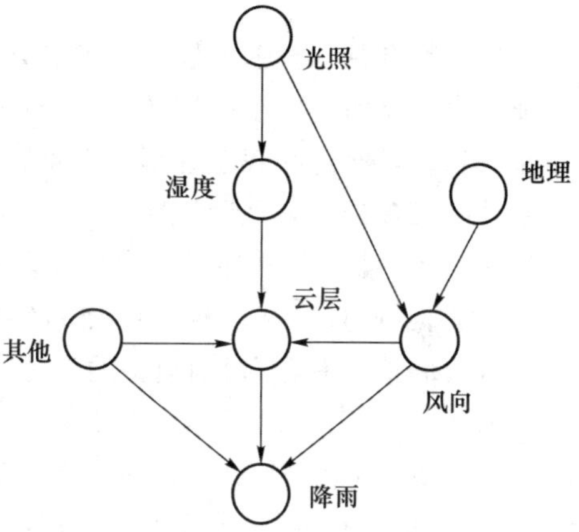

图 2.3 有向图表示的天气预报生成模型
(不仅可以预测降雨，还能给出解释)

$$p(\text{光照},\text{地理},\text{其他},\text{湿度},\text{风向},\text{云层},\text{降雨})=p(\text{光照})p(\text{地理})p(\text{其他})p(\text{湿度}\mid\text{光照})$$
$$p(\text{风向}\mid\text{光照},\text{地理})p(\text{云层}\mid\text{其他},\text{湿度},\text{风向})p(\text{降雨}\mid\text{其他},\text{云层},\text{风向})$$

如果已知了上式中的先验概率和条件概率，那么就可以计算出联合概率，我们也就可以准确地推断出降雨的后验概率。

生成模型的优势在于其不仅能够提供用于分类决策的后验概率，而且能够揭示数据生成过程的内在结构，这样我们不仅知道结果，还理解其背后的原理。生成模型还具有很大的灵活性。例如，如果仅有某些因素改变，其他因素未变时，我们不需要重新建立模型，只要更新相关的概率分布即可。如果能够用最合适的概率或概率分布来描述模式识别任务中的所有不确定性，这样的模型将具备在统计意义上做出最优预测的能力。

生成模型的主要缺点在于其学习过程中的复杂性。当训练数据有限时,准确估计模型结构(如图 2.3 所示的有向图)和相关的概率分布将变得尤为困难。此外,在实际应用中,我们经常遇到一些关键的隐藏变量,这些变量不能直接观测,模型的学习过程也将变得更加复杂。

常见的生成模型有朴素贝叶斯模型(Naive Bayes Model)、高斯混合模型(Gaussian Mixture Model, GMM)、隐马尔可夫模型(Hidden Markov Model, HMM)等。

2. 判别模型

判别模型(Discriminative Model)直接对后验概率建立模型,并且在学习阶段利用训练数据来估计这个后验概率。与生成模型不同,判别模型在训练阶段通常不需要构建完整的模型结构,这使得训练过程相对简化。在决策阶段,由于后验概率直接可以得到,因此省去了推断过程。总体而言,判别模型对训练样本数量的要求不高,学习和决策算法相对简单,计算量也较小。在训练数据有限的情况下,判别模型往往比生成模型更加实用。

然而,判别模型也存在很多不足。由于忽略了先验概率和类条件概率等重要信息,判别模型失去了很多灵活性。如果系统中某个因素的概率分布发生改变,可能需要重新训练模型。此外,判别模型的可解释性较差,通常只能提供预测结果而无法解释预测的原因。

常见的判别模型包括逻辑回归模型(Logistic Regression Model)、条件随机场(Conditional Random Fields, CRFs)等。

3. 判别函数

生成模型和判别模型均属概率模型,但是判别函数(Discriminant Function)属于非概率模型。非概率模型通过一个判别函数 $f(\boldsymbol{x})$ 将输入 $\boldsymbol{x}$ 直接映射为类别标签 y,而不需要显式地处理概率信息。虽然这些模型在形式上不直接依赖于概率分布,但是它们的可靠性和合理性也需用统计决策理论来解释和证明。

1.2.3 节断言 3 的转导推理启发我们思考:虽然概率分布对于最优决策非常重要,但并非总是必要的,我们只要充分利用有限训练数据获得关于分类的关键知识就可以了。由于避开了概率函数的估计问题,判别模型的学习问题大大简化,所以这类模型比较实用。

本书中介绍的绝大部分模型都属于判别函数模型,如线性回归模型(Linear Regression Model)、感知器(Perceptron)、线性判别分析(Linear Discriminant Analysis)、神经网络(Neural Network)、近邻法(K-Nearest Neighbors)、支持向量机(Support Vector Machine)等。

2.3 模式识别中的统计决策理论

2.3.1 决策空间与决策准则

统计决策理论关注在不确定条件下如何做出最优决策。狭义上的决策是指从若干可能的方案中,按某种标准或准则做出选择;广义的决策则是指为了达到某个目标,从一些可能的方案或途径中进行选择的分析过程。

(1) 状态空间与决策空间

决策论中将能够引起不确定性的因素统称作自然状态(State of Nature),简称状态(State)。在模式识别问题中,状态通常指的是待分类或待识别的样本的真实类别。由所有状态构成的集合称为状态空间(State Space),记作 $\Omega=\{\omega_1,\omega_2,\cdots,\omega_c\}$。

对于某个模式识别问题,所有可能采取的决策(Decision)组成了决策空间(Decision Space),假设它由 K 个决策组成,记作 $\mathcal{A}=\{a_1,a_2,\cdots,a_K\}$。决策可以和状态一一对应,即决策 a_i 表示将输入样本 $\boldsymbol{x}$ 分类为 ω_i 类。也可以采用更灵活的方式,如增加拒绝的决策,即判断样本 $\boldsymbol{x}$ 不属于任何一类,或者在决策时把几个类合并为同一个大类等。

(2) 损失函数

对于状态为 ω_i 的样本,采取决策 a_j 所带来的损失记为 $L(a_j,\omega_i)$, $i=1,\cdots,C$, $j=1,\cdots,K$,称为损失函数。这里的损失函数与第 1 章中的损失函数的含义并不完全相同,其更具有一般性。可以将第 1 章的损失函数看成决策论中损失函数的简化表示。除本章之外,如无特殊说明,本书中提到的损失函数指的是第 1 章中的含义。

(3) 决策准则

在做决策之前必须先确定决策准则(Decision Criteria)。决策准则是在决策过程中用于评价最佳决策的规则或标准,它是根据决策者的目标和偏好制定的一种衡量指标。模式识别问题中常用的决策准则包括最小错误率准则、最小风险准则、纽曼皮尔逊准则、最小最大准则、序贯准则等。我们将会在 2.3.2 节中看到,采用第 1 章的 0-1 损失函数就会得到最小错误率准则;在 2.3.5 节看到,同样一个问题采用不同的决策准则可能会导致不同的决策选择。

2.3.2 最小错误率准则

1. 基本思想与损失函数

(1) 基本思想

在模式识别问题中,人们往往希望尽量减少分类错误。而最小错误率准则(Minimum Error Rate Criterion)的核心思想是在所有可能的决策中选择错误率最小的选项。基于最小错误率准则的决策方法也被称为最小错误率贝叶斯决策。对于 C 个类别的模式识别问题,其状态空间 $\Omega=\{\omega_1,\omega_2,\cdots,\omega_C\}$。假设不考虑拒识等决策,并且用 a_c 表示将输入样本 $\boldsymbol{x}$ 分类为 ω_c 的决策,则决策空间 $\mathcal{A}=\{a_1,a_2,\cdots,a_C\}$。

(2) 决策表

为了描述出最小错误率准则,我们通过决策表给出损失函数,见表 2.1。

表 2.1 最小错误率准则的决策表

决策	状态					
	ω_1	ω_2	…	ω_i	…	ω_C
a_1	$l_{11}=0$	$l_{12}=1$	…	$l_{1i}=1$	…	$l_{1C}=1$
a_2	$l_{21}=1$	$l_{22}=0$	…	$l_{2i}=1$	…	$l_{2C}=1$
⋮	⋮	⋮	…	⋮	…	⋮
a_j	$l_{j1}=1$	$l_{j2}=1$	…	$l_{ji}=0$	…	$l_{jC}=1$
⋮	⋮	⋮	…	⋮	…	⋮
a_C	$l_{C1}=1$	$l_{C2}=1$	…	$l_{Ci}=1$	…	$l_{CC}=0$

表 2.1 中的 l_{ji} 表示对于状态为 ω_i 的样本,采取决策 a_j 所带来的损失,因此损失函数为

$$L(a_j,\omega_i)=l_{ji}=\begin{cases}0 & i=j\\ 1 & i\neq j\end{cases}\quad i=1,\cdots,C\quad j=1,\cdots,C \tag{2.11}$$

决策表中，对于分类正确的情况，即对角线的情况，损失均为 0；对于分类错误的情况，即非对角线的情况，损失均为 1。

在决策论中可以采用效用函数(Utility Function)来替代损失函数，并且要最大化这个函数。如果我们将表 2.1 中的 0 和 1 反转就可以得到对应的效用函数，其效果与损失函数是等价的。在机器学习领域，损失函数比效用函数使用得更加广泛。

(3) 0-1 损失函数与错误率

对于样本 $\boldsymbol{x}$，假设用 y 表示其状态，用决策函数 $f(\boldsymbol{x})$ 的输出表示决策，则式(2.11)就简化为 0-1 损失函数：

$$L_{0\text{-}1}(f(\boldsymbol{x}),y)=\begin{cases}0 & f(\boldsymbol{x})=y\\ 1 & f(\boldsymbol{x})\neq y\end{cases} \tag{2.12}$$

式(2.12)形式的损失函数在机器学习领域更常用。这时，对应的期望损失就是错误率 $p(e)$：

$$p(e)=E[L_{0\text{-}1}(f(\boldsymbol{x}),y)]=\sum_{y\in\{\omega_1,\cdots,\omega_C\}}\int L_{0\text{-}1}(f(\boldsymbol{x}),y)p(\boldsymbol{x},y)\mathrm{d}\boldsymbol{x} \tag{2.13}$$

2. 问题表述与条件错误率

(1) 决策问题的表述

对于生成模型，在最小错误率准则下的分类问题可以被表述为如下形式：假定要研究的类别有 C 个，记作 $\omega_1,\omega_2,\cdots,\omega_C$(类别数 C 已知)，各类的先验概率 $p(\omega)$ $(\omega=\omega_1,\omega_2,\cdots,\omega_C)$ 都已知，各类中样本的类条件概率 $p(\boldsymbol{x}|\omega)$ $(\omega=\omega_1,\omega_2,\cdots,\omega_C)$ 也是已知的，那么对于某个未知类别样本 $\boldsymbol{x}$，如何进行分类决策会使总错误率 $p(e)$ 最小化。

(2) 条件错误率

假设样本 $\boldsymbol{x}$ 的真实类别是 y，模型的实际输出为 $f(\boldsymbol{x})$，对式(2.13)进行简单变换，得到：

$$p(e)=\int\Big(\sum_{y\in\{\omega_1,\cdots,\omega_C\}}L_{0\text{-}1}(f(\boldsymbol{x}),y)p(y|\boldsymbol{x})\Big)p(\boldsymbol{x})\mathrm{d}\boldsymbol{x}=\int p(e|\boldsymbol{x})p(\boldsymbol{x})\mathrm{d}\boldsymbol{x} \tag{2.14}$$

$$p(e|\boldsymbol{x})=\sum_{y\in\{\omega_1,\cdots,\omega_C\}}L_{0\text{-}1}(f(\boldsymbol{x}),y)p(y|\boldsymbol{x}) \tag{2.15}$$

其中，$p(e|\boldsymbol{x})$ 是观测到样本 $\boldsymbol{x}$ 后发生错误的概率，它与我们采用的决策方式有关。由于对所有 $\boldsymbol{x}$，$p(e|\boldsymbol{x})\geqslant 0$，$p(\boldsymbol{x})\geqslant 0$，所以只要对于所有 $\boldsymbol{x}$ 都采用最小化 $p(e|\boldsymbol{x})$ 的决策，就会使得错误率最小化，即：

$$\min p(e)=\int p(\boldsymbol{x})(\min p(e|\boldsymbol{x}))\mathrm{d}\boldsymbol{x} \tag{2.16}$$

3. 两类情况下的决策规则

在两类问题情况下，即 $C=2$ 时，为了达到错误率最小的目标，可以采用如下的决策规则：

$$若\ p(\omega_i|\boldsymbol{x})=\max_{j=1,2}p(\omega_j|\boldsymbol{x})，则\ \boldsymbol{x}\in\omega_i \tag{2.17}$$

这就是最小错误率准则下的决策方法，其中后验概率可以通过贝叶斯定理等方式推断获得。

最小错误率准则可以表示成多种等价的形式。例如，在贝叶斯公式中，不同类别后验概率计算公式的分母都是相同的，所以决策时只需要比较分子，即：

$$若\ p(\boldsymbol{x}|\omega_i)p(\omega_i)=\max_{j=1,2}p(\boldsymbol{x}|\omega_j)p(\omega_j)，则\ \boldsymbol{x}\in\omega_i \tag{2.18}$$

我们也可以将两个类别的概率信息融合到一起，得到判别函数 $g(\boldsymbol{x})$：

$$g(\boldsymbol{x})=\ln\frac{p(\boldsymbol{x}|\omega_1)p(\omega_1)}{p(\boldsymbol{x}|\omega_2)p(\omega_2)} \tag{2.19}$$

再根据 $g(\boldsymbol{x})$的值，确定样本 $\boldsymbol{x}$ 的类别归属，相应的判别规则为

$$\begin{cases}\boldsymbol{x}\in\omega_1 & g(\boldsymbol{x})\geqslant 0\\ \boldsymbol{x}\in\omega_2 & g(\boldsymbol{x})<0\end{cases} \tag{2.20}$$

例 2-1 基于最小错误率准则的病毒筛查。假设在病毒筛查中包括两个类别，非病毒携带者 ω_1 和病毒携带者 ω_2。两类的先验概率分别为 $p(\omega_1)=0.9$，$p(\omega_2)=0.1$。现有一被检测者 $\boldsymbol{x}$，从类条件概率曲线上分别查得 $p(\boldsymbol{x}|\omega_1)=0.2$，$p(\boldsymbol{x}|\omega_2)=0.4$。试基于最小错误率准则对其进行分类。

解 利用贝叶斯定理，分别计算出被检测者为 $\boldsymbol{x}$ 时 ω_1 与 ω_2 的后验概率，如下：

$$p(\omega_1|\boldsymbol{x})=\frac{p(\boldsymbol{x}|\omega_1)p(\omega_1)}{\sum_{j=1}^{2}p(\boldsymbol{x}|\omega_j)p(\omega_j)}=\frac{0.2\times0.9}{0.2\times0.9+0.4\times0.1}\approx0.818$$

$$p(\omega_2|\boldsymbol{x})=\frac{p(\boldsymbol{x}|\omega_2)p(\omega_2)}{\sum_{j=1}^{2}p(\boldsymbol{x}|\omega_j)p(\omega_j)}=\frac{0.4\times0.1}{0.2\times0.9+0.4\times0.1}\approx0.182$$

因为

$$p(\omega_1|\boldsymbol{x})=0.818>p(\omega_2|\boldsymbol{x})=0.182$$

所以根据最小错误率规则，将 $\boldsymbol{x}$ 归类于非病毒携带者类别 ω_1。

最小错误率规则虽然能够最小化分类的错误概率，但是并不能消除错误。在例 2-1 中，无论将 $\boldsymbol{x}$ 分类到任何类别，都有发生错误的可能性。如果将 $\boldsymbol{x}$ 归类为 ω_1，则 $\boldsymbol{x}$ 属于 ω_2 的可能性 $p(\omega_2|\boldsymbol{x})$就是条件错误概率，即 $p(e|\boldsymbol{x})=0.182$；如果将 $\boldsymbol{x}$ 归类为 ω_2，则 $\boldsymbol{x}$ 属于 ω_1 的可能性 $p(\omega_1|\boldsymbol{x})$就是条件错误概率，即 $p(e|\boldsymbol{x})=0.818$。由于决策规则选择了后验概率最大的类别，因此对应的条件错误率就会被最小化。

4. 多类情况下的决策规则

多类情况下最小错误率准则：

$$若\ p(\omega_i|\boldsymbol{x})=\max_{j=1,\cdots,C}p(\omega_j|\boldsymbol{x})，则\ \boldsymbol{x}\in\omega_i \tag{2.21}$$

如果将第 j 类的判别函数定义为

$$g_j(\boldsymbol{x})=\ln(p(\boldsymbol{x}|\omega_j)p(\omega_j)) \tag{2.22}$$

则等价的决策规则为

$$若\ g_c(\boldsymbol{x})=\max_{j=1,\cdots,C}g_j(\boldsymbol{x})，则\ \boldsymbol{x}\in\omega_c \tag{2.23}$$

在第 4 章的逻辑回归模型中，我们将会参考如式(2.19)与式(2.22)所示的判别函数。

2.3.3 错误率分析

1. 决策域与决策面

当特征空间中每个点的后验概率已经确定时，按照最小错误率规则可以将所有的点划分到各自的类别。这时，特征空间就会按照所属类别被划分成不同的区域，这种区域被称为决策域(Decision Region)。每个类别都有对应的决策域，处于决策域 R_i 中的所有样本点都被分到 $\omega_i(i=1,\cdots,C)$。

决策域间的边界被称为决策边界(Decision Boundary)或者决策面(Decision Surface)，而

决策面的解析表达式就是决策面函数(Decision Surface Function)。需要注意的是,并非每个类别的决策域都是连通的,它们可能由若干个分离的区域组成。

2. 一维特征空间中的决策域

当特征空间的维度为 1 时,假设后验概率分布如图 2.2 所示,那么根据最小错误率准则的决策规则得到的决策域如图 2.4 所示。在特征空间的左半部分,ω_1类别的后验概率 $p(\omega_1|x)$ 大于 ω_2类别的后验概率 $p(\omega_2|x)$,因此这个区域中的所有样本点均被分类到 ω_1类别,而这个区域就是 ω_1类别的决策域,记为$\mathcal{R}_1$。在$\mathcal{R}_1$决策域,样本不属于 ω_1类别的后验概率就是条件错误率。同样,在特征空间的右半部分是$\mathcal{R}_2$决策域,样本不属于 ω_2类别的后验概率就是条件错误率。在图 2.4 中,$\mathcal{R}_1$决策域和$\mathcal{R}_2$决策域的决策面是一个实数阈值。

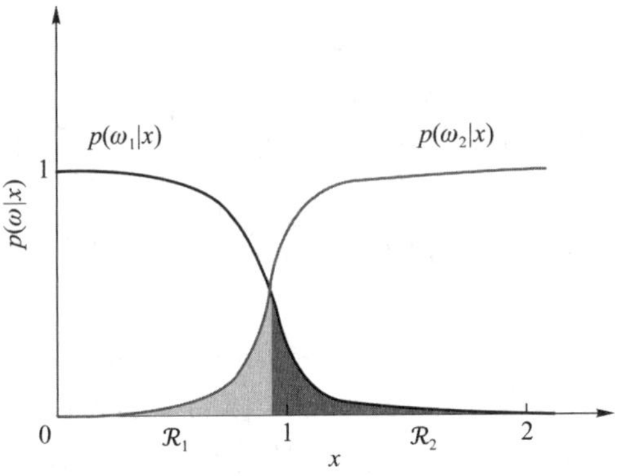

图 2.4 一维特征空间中最小错误率准则下的决策域与条件错误率

3. 二维特征空间中的决策域

当特征空间的维度为 2 时,根据最小错误率准则的决策规则得到决策域的可能形式如图 2.5 所示。在图 2.5 中,$\mathcal{R}_1$决策域和$\mathcal{R}_2$决策域的决策面是个二次曲线,其决策面方程(Decision Surface Equation)是 $\ln p(\boldsymbol{x}|\omega_1)p(\omega_1)-\ln p(\boldsymbol{x}|\omega_2)p(\omega_2)=0$。

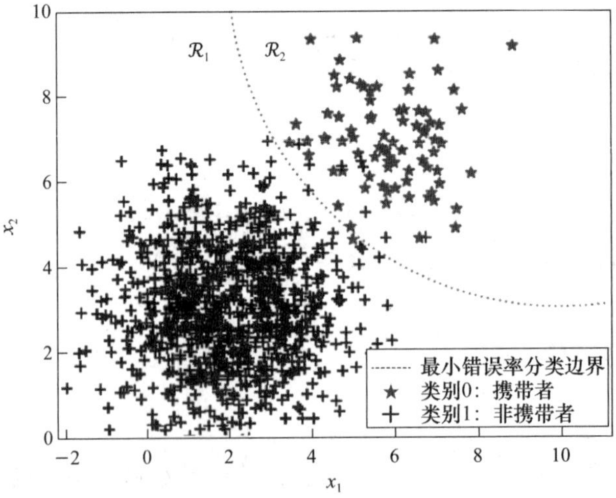

彩图 2.5

图 2.5 二维特征空间中的决策域与决策面(分类边界)

4. 两类情况下的错误率

在决策域$\mathcal{R}_1$中,样本 $\boldsymbol{x}$ 均被归类为 ω_1类别,因此,样本 $\boldsymbol{x}$ 属于 ω_2类别的可能性就是条件

错误率，即 $p(e|\boldsymbol{x})=p(\omega_2|\boldsymbol{x})$。同样，在决策域$\mathcal{R}_2$中，样本 $\boldsymbol{x}$ 的条件错误率为 $p(e|\boldsymbol{x})=p(\omega_1|\boldsymbol{x})$。根据式(2.14)得：

$$\begin{aligned} p(e) &= \int_{\mathcal{R}_1} p(e|\boldsymbol{x})p(\boldsymbol{x})\mathrm{d}\boldsymbol{x} + \int_{\mathcal{R}_2} p(e|\boldsymbol{x})p(\boldsymbol{x})\mathrm{d}\boldsymbol{x} \\ &= \int_{\mathcal{R}_1} p(\omega_2|\boldsymbol{x})p(\boldsymbol{x})\mathrm{d}\boldsymbol{x} + \int_{\mathcal{R}_2} p(\omega_1|\boldsymbol{x})p(\boldsymbol{x})\mathrm{d}\boldsymbol{x} \end{aligned} \tag{2.24}$$

为了最小化 $p(e)$，对于 $\boldsymbol{x}$ 的分类结果应该让式(2.24)的被积函数尽量小。显然，最小错误率准则的决策规则，即式(2.17)、式(2.18)或式(2.20)，确实可以达到这样的效果，因此就实现了错误分类概率最小的准则目标。

5. 多类别情况下的错误率

决策域$\mathcal{R}_i$和决策域$\mathcal{R}_j$之间的决策面方程可以表示为

$$g_i(\boldsymbol{x})-g_j(\boldsymbol{x})=0 \text{ 或 } \ln p(\boldsymbol{x}|\omega_i)p(\omega_i)-\ln p(\boldsymbol{x}|\omega_j)p(\omega_j)=0 \tag{2.25}$$

多类别问题中最大化正确率 p(正确)会比最小化错误率更简单，对应的错误率为

$$p(e) = 1 - p(\text{正确}) = 1 - \sum_{c=1}^{C}\int_{\mathcal{R}_c} p(\omega_c|\boldsymbol{x})p(\boldsymbol{x})\mathrm{d}\boldsymbol{x} \tag{2.26}$$

其中，当样本 $\boldsymbol{x}$ 被归类为 ω_c 时的条件正确率 $p(\text{正确}|\boldsymbol{x})=p(\omega_c|\boldsymbol{x})$。按照式(2.21)后验概率最大的决策规则进行分类时就会最大化正确率，同时最小化错误率 $p(e)$。

2.3.4 常用评价指标

错误率并不是决策时的唯一评价指标。为了更方便地讨论不同的决策准则，我们进一步研究两类情况下的多种评价指标。医学领域常用术语有阳性(Positive)和阴性(Negative)，阳性表示某一症状存在或者检测到某一指标的异常，而阴性则表示所考察的症状不存在或者所检测的指标没有异常。阳性和阴性样本也常被称作正样本和负样本，在流行病学中则被称为病理样本(Case Samples)和对照样本(Control Samples)。

1. 状态与决策

对疾病的诊断就是对阳性和阴性的一种两类决策问题。在不考虑拒绝的情况下，状态和决策之间可能的关系如表 2.2 所示。状态包括阳性和阴性两个类别，决策也包括阳性和阴性两个类别，组合起来一共有 4 种情况。其中，真阳性(True Positive，TP)和真阴性(True Negative，TN)都是正确分类，而错误分类有假阳性(False Positive，FP)和假阴性(False Negative，FN)两种情况。

表 2.2 状态与决策的可能关系

决策	状态	
	阳性	阴性
阳性	真阳性(TP)	假阳性(FP)
阴性	假阴性(FN)	真阴性(TN)

2. 第一类错误与第二类错误

(1) 第一类错误

在统计学中，假阳性又被称作第一类错误(Type-I Error)，在机器学习中也被称作误报或虚警(False Alarm)。对应的，第一类错误率也被称为假阳性率或 α 错误率(Alpha Error Rate)，指真实的阴性样本中被错误判断为阳性的比例。如果把 ω_1 看成阴性，而把 ω_2 看成阳性，那么第一类错误率为

$$p_1(e) = \int_{\mathcal{R}_2} p(\boldsymbol{x}|\omega_1)\mathrm{d}\boldsymbol{x} \tag{2.27}$$

(2) 第二类错误

假阴性被称为第二类错误(Type-II Error),在机器学习中也被称作漏报(Missed Detection)。对应的,第二类错误率也被称为假阴性率或 β 错误率(Beta Error Rate),指真实的阳性样中被错误判断为阴性的比例。如果把 ω_1 看成阴性,而把 ω_2 看成阳性,那么第二类错误率为

$$p_2(e)=\int_{\mathcal{R}_1} p(\boldsymbol{x}|\omega_2)\mathrm{d}\boldsymbol{x} \tag{2.28}$$

(3) 与总错误率的关系

根据式(2.24)可以推出总错误率 $p(e)$ 与第一类错误 $p_1(e)$、第二类错误 $p_2(e)$ 的关系:

$$\begin{aligned}p(e)&=\int_{\mathcal{R}_1} p(\omega_2|\boldsymbol{x})p(\boldsymbol{x})\mathrm{d}\boldsymbol{x}+\int_{\mathcal{R}_2} p(\omega_1|\boldsymbol{x})p(\boldsymbol{x})\mathrm{d}\boldsymbol{x}\\&=\int_{\mathcal{R}_1} p(\boldsymbol{x}|\omega_2)p(\omega_2)\mathrm{d}\boldsymbol{x}+\int_{\mathcal{R}_2} p(\boldsymbol{x}|\omega_1)p(\omega_1)\mathrm{d}\boldsymbol{x}\\&=p(\omega_2)p_2(e)+p(\omega_1)p_1(e)\end{aligned}$$

3. 其他几种评价指标

(1) 正确率

对于一个分类模型,我们分别用 TP、FP、FN 和 TN 来表示其决策结果中真阳性、假阳性、假阴性和真阴性的数量。其中真阳性和真阴性属于两种分类正确的情况,对应的正确率(Accuracy)是指模型正确预测的样本数占总样本数的比例:

$$\mathrm{ACC}=\frac{\mathrm{TP}+\mathrm{TN}}{\mathrm{TP}+\mathrm{TN}+\mathrm{FP}+\mathrm{FN}} \tag{2.29}$$

(2) 召回率

召回率(Recall)是指在所有状态为阳性的样本中,被正确判断为阳性的样本比例。它衡量了模型对阳性样本的查全率:

$$\mathrm{Rec}=\frac{\mathrm{TP}}{\mathrm{TP}+\mathrm{FN}} \tag{2.30}$$

(3) 精确率

精确率(Precision)是指在所有被预测为阳性的样本中,真阳性样本的比例。它衡量了模型预测为正例的查准率:

$$\mathrm{Pre}=\frac{\mathrm{TP}}{\mathrm{TP}+\mathrm{FP}} \tag{2.31}$$

(4) F1 值

在实际问题中,召回率和精确率常常具有一定的矛盾性,如果提高了模型的查全率(召回率),很容易导致模型的查准率(精确率)下降。F1 值(F1 Score)兼顾了分类模型的召回率和精确率,可以看作模型召回率和精确率的一种调和平均:

$$\mathrm{F1}=\frac{2\mathrm{Rec}\times\mathrm{Pre}}{\mathrm{Rec}+\mathrm{Pre}} \tag{2.32}$$

2.3.5 最小风险准则

1. 基本思想

错误率最小并不总是最合适的决策准则。在病毒筛查中,两种分类错误带来的后果并不

一样。假阳性错误是将非病毒携带者诊断为携带者，其结果可能给被检测者带来一些心理压力和不必要的治疗。假阴性错误是将病毒携带者诊断为非病毒携带者，其结果有可能是灾难性的。不仅被检测者会因为耽误治疗而严重损害健康，甚至可能会导致病毒大规模扩散，进而危及亿万人民的生命安全。显然，我们更愿意多发生一些假阳性错误，少发生一些假阴性错误，从而降低总决策风险，这种决策思想就是最小风险准则(Minimum Risk Criterion)。基于最小风险准则的决策方法也被称为最小风险贝叶斯决策。

2. 决策表

我们以二类分类问题说明最小风险准则，并且不考虑拒识等其他决策选项。状态空间$\Omega=\{\omega_1,\omega_2\}$，决策空间$\mathcal{A}=\{a_1,a_2\}$，并且$a_c$表示将输入样本$\boldsymbol{x}$分类为$\omega_c$的决策。考虑到不同的决策错误可能会带来不同的损失，我们重新设计损失函数，如表2.3所示。表2.3中的l_{ji}表示对状态为ω_i的样本，采取决策a_j所带来的损失，因此损失函数为

$$L(a_j,\omega_i)=l_{ji} \quad i=1,2,j=1,2 \tag{2.33}$$

与最小错误率准则中的损失函数不同，我们不再要求损失函数在决策正确时为0，决策错误时为1。例如，在病毒筛查中，对病毒携带者类别ω_2的样本做出a_1决策造成的损失要远远超过对非病毒携带者类别ω_1的样本做出a_2决策的损失，因此可以将损失函数设置为$l_{12}\gg l_{21}$。此外，正确决策也可能会造成损失。例如，对类别ω_2的样本做出a_2决策时，巨大的心理压力和必要的治疗过程会产生损失。但是一般情况下仍会将正确决策的损失设置为0。

表2.3 最小风险准则的决策表

决策	状态	
	ω_1	ω_2
a_1	l_{11}	l_{12}
a_2	l_{21}	l_{22}

3. 期望损失

对于样本$\boldsymbol{x}$，假设用y表示其状态，用决策函数$f(\boldsymbol{x})$的输出表示决策，这时决策函数$f(\boldsymbol{x})$的期望风险$R(f)$为

$$R(f)=E[L(f(\boldsymbol{x}),y)]=\sum_y\int L(f(\boldsymbol{x}),y)p(\boldsymbol{x},y)\mathrm{d}\boldsymbol{x} \tag{2.34}$$

式(2.34)的期望风险很容易扩展到多类情况，这里不再赘述。

4. 问题表述

最小风险准则下的模式识别问题可以被表述为如下形式：假定要研究的类别有C个，记作$\omega_1,\omega_2,\cdots,\omega_C$(类别数$C$已知)，各类的先验概率$p(\omega)$ $(\omega=\omega_1,\omega_2,\cdots,\omega_C)$以及各类样本的类条件概率$p(\boldsymbol{x}|\omega)$ $(\omega=\omega_1,\omega_2,\cdots\omega_C)$均已知，并且损失函数$L(f(\boldsymbol{x}),y)$也已经给出，那么对于某个未知类别样本$\boldsymbol{x}$，采用什么样的决策函数$f(\boldsymbol{x})$会使期望风险$R(f)$最小化。

5. 风险分析

假设样本$\boldsymbol{x}$的真实类别是y，模型的实际输出为$f(\boldsymbol{x})$，对式(2.34)进行简单变换，得到：

$$R(f)=\int p(\boldsymbol{x})\sum_y L(f(\boldsymbol{x}),y)p(y|\boldsymbol{x})\mathrm{d}\boldsymbol{x}=\int R(f|\boldsymbol{x})p(\boldsymbol{x})\mathrm{d}\boldsymbol{x} \tag{2.35}$$

其中，$R(f|\boldsymbol{x})$是输入样本为$\boldsymbol{x}$时决策函数$f(\boldsymbol{x})$的条件期望损失：

$$R(f|\boldsymbol{x})=\sum_y L(f(\boldsymbol{x}),y)p(y|\boldsymbol{x}) \tag{2.36}$$

在式(2.35)中$R(f|\boldsymbol{x})$和$p(\boldsymbol{x})$都是非负的，且$p(\boldsymbol{x})$与决策规则无关。要使式$R(f)$的积分最小，只要对于所有$\boldsymbol{x}$都可以使条件期望损失$R(f|\boldsymbol{x})$最小即可：

$$\min R(f)=\int p(\boldsymbol{x})(\min R(f|\boldsymbol{x}))\mathrm{d}\boldsymbol{x} \tag{2.37}$$

6. 决策规则

为了达到期望风险最小化的目标，可以采用如下的决策规则：

$$若\ R(a_i|\boldsymbol{x})=\min_j R(a_j|\boldsymbol{x}),则\ f(\boldsymbol{x})=a_i \tag{2.38}$$

如果决策空间与状态空间存在一一对应的关系，即 $a_i \leftrightarrow \omega_i$，则式(2.38)可以简化为

$$若\ R(\omega_i|\boldsymbol{x})=\min_j R(\omega_j|\boldsymbol{x}),则\ \boldsymbol{x}\in\omega_i \tag{2.39}$$

7. 决策步骤

最小风险准则的决策步骤如下：

① 计算出后验概率。已知先验概率 $p(\omega)$和类条件概率 $p(\boldsymbol{x}|\omega)$，观测到的样本是 $\boldsymbol{x}$，根据式(2.4)的贝叶斯定理计算出后验概率 $p(\omega|\boldsymbol{x})$。

② 计算条件风险。已知后验概率 $p(\omega|\boldsymbol{x})$和损失函数 $L(f(\boldsymbol{x}),y)$，根据式(2.36)计算出每个决策的条件风险：

$$R(a_j|\boldsymbol{x}) = \sum_c L(a_j,\omega_c)p(\omega_c|\boldsymbol{x}) \tag{2.40}$$

③ 找出使条件风险最小的决策 a_i，a_i就是最小风险准则下的决策选择。

表 2.4　例 2-2 的最小风险准则的决策表

决策	状态	
	ω_1	ω_2
a_1	0	6
a_2	1	0

例 2-2　基于最小风险准则的病毒筛查。在例 2-1 的基础上，利用如表 2.4 所示的决策表，按最小风险准则进行分类决策。

解　列出已知条件，包括 $p(\omega_1)=0.9$，$p(\omega_2)=0.1$，$p(\boldsymbol{x}|\omega_1)=0.2$，$p(\boldsymbol{x}|\omega_2)=0.4$。查表 2.4 得到损失函数 $L(a_j,\omega_i)=l_{ji}$的取值，其中$l_{11}=0$，$l_{12}=6$，$l_{21}=1$ 和$l_{22}=0$。

第一步：根据例 2-1 的计算结果可知后验概率如下。

$$p(\omega_1|\boldsymbol{x})\approx 0.818$$
$$p(\omega_2|\boldsymbol{x})\approx 0.182$$

第二步：计算出条件风险。

$$R(a_1|\boldsymbol{x}) = \sum_c l_{1c}p(\omega_c|\boldsymbol{x}) = l_{11}p(\omega_1|\boldsymbol{x}) + l_{12}p(\omega_2|\boldsymbol{x}) = 6\times 0.182 = 1.092$$

$$R(a_2|\boldsymbol{x}) = \sum_c l_{2c}p(\omega_c|\boldsymbol{x}) = l_{21}p(\omega_1|\boldsymbol{x}) + l_{22}p(\omega_2|\boldsymbol{x}) = 1\times 0.818 = 0.818$$

第三步：做出决策。由于

$$R(a_1|\boldsymbol{x})=1.092>R(a_2|\boldsymbol{x})=0.818$$

说明分类决策为 ω_2的条件风险要小于分类决策为 ω_1的条件风险，因此应采取决策行动 a_2。最终判决该样本为病毒携带者类别 ω_2。

例 2-1 和例 2-2 是对同一个样本进行分类。但是由于采用了不同的决策准则，因此得到了不同的分类决策。例 2-1 中采用最小错误率准则，因为样本 $\boldsymbol{x}$ 属于非病毒携带者类别 ω_1的后验概率更大，因此将该样本分类为 ω_1。例 2-2 采用了最小风险准则，虽然样本 $\boldsymbol{x}$ 更有可能是非病毒携带者类 ω_1，但是为了降低期望风险，仍然要将样本分类为病毒携带者类 ω_2。我们宁可增加一些错误率，也要将疑似病毒携带者筛查出来，从而避免更多的人感染病毒。图 2.6 对比了一维特征空间中两种不同决策准则的错误率情况。在图 2.6(b)中，有些样本点的 ω_1类别的后验概率虽然大于 ω_2类别的后验概率，但是优势并不明显。这部分点对应于疑似病毒携带者的样本。在最小风险准则下，为了降低风险，将这些样本点划归到 ω_2类别的决策域。

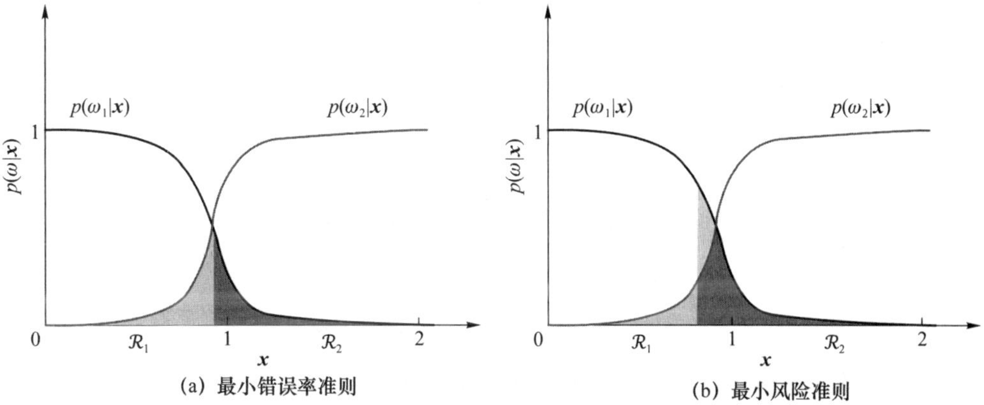

图 2.6 两种决策准则的对比

8. 其他决策规则

除了最小错误率准则和最小风险准则，统计决策理论中还存在多种其他决策准则，如奈曼-皮尔逊准则(Neyman-Pearson Criterion)、最小最大准则(Minimax Criterion)、序贯准则(Sequential Testing Criterion)等。奈曼-皮尔逊准则用于确保某一类错误率为一个固定的水平，在此前提下再考虑让另一类错误率尽可能低。例如，漏报率不高于 0.001%的病毒筛查。最小最大准则是在不确定性条件下，通过最小化最大可能损失来进行决策。例如，博弈时，假定对手会采用对我们最不利的招数，这种情况下我们选择损失最小化的决策。序贯准则允许在数据收集过程中根据已有数据来决定是否继续收集更多数据或停止并做出决策。例如，如果医生认为当前信息不足以做出可靠的诊断，就会要求病人继续做更昂贵的检查，否则直接诊断。

2.4 常见概率分布

本节探讨常见概率分布以及它们的性质。这些概率是构成更复杂模型的基石。

2.4.1 二元变量

1. 伯努利分布

考虑一个二元随机变量 $x\in\{0,1\}$。x 可以用来描述抛硬币的结果，$x=1$ 表示“正面”，$x=0$ 表示“反面”。对于一个不规则的硬币，其正面朝上的概率未必等于反面朝上的概率。假设其正面朝上($x=1$)的概率为参数 μ，则

$$p(x=1)=\mu \tag{2.41}$$

其中 $0\leqslant\mu\leqslant 1$。反面朝上($x=0$)的概率为 $p(x=0)=1-\mu$。因此 x 的概率分布可以写成：

$$p(x)=\mu^x(1-\mu)^{1-x} \tag{2.42}$$

这种概率分布就是伯努利分布(Bernoulli Distribution)，简记为 $p(x)\sim\text{Bern}(\mu)$。容易证明，这个分布是归一化的，并且均值和方差分别为

$$E[x]=\mu \tag{2.43}$$

$$\mathrm{var}[x]=\mu(1-\mu) \tag{2.44}$$

2. 二项分布

假设 x 表示硬币的正反面，如果多次抛硬币并且得到 N 个结果，那么 $x=1$ 的观测出现的次数 m 的概率分布被称为二项分布(Binomial Distribution)。参数为 N 和 μ 的二项分布为

$$p(m)=\binom{N}{m}\mu^m(1-\mu)^{N-m} \tag{2.45}$$

其中

$$\binom{N}{m}=\frac{N!}{(N-m)!\ m!} \tag{2.46}$$

是从总数为 N 的完全相同的物体中选择 m 个物体的方式总数。式(2.45)的二项分布简记为 $p(m)\sim\mathrm{Bin}(N,\mu)$。图 2.7 给出了 $N=10,\mu=0.25$ 情况下的二项分布直方图。

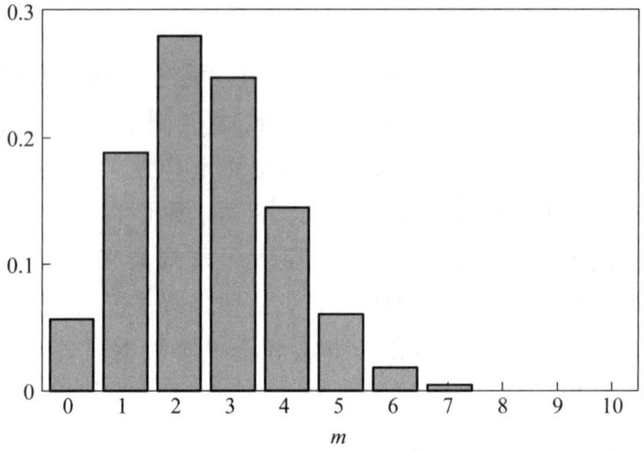

图 2.7　关于 m 的二项分布直方图

参数为 N 和 μ 的二项分布的期望和方差分别为

$$E[m]=N\mu \tag{2.47}$$

$$\mathrm{var}[m]=N\mu(1-\mu) \tag{2.48}$$

2.4.2　多元变量

1. 独热编码

二元变量可以表示两种取值状态。此外，我们也会遇到 K 种状态的问题。例如，在掷骰子时，可能出现的状态数 $K=6$。有多种方法可以表示这种类型的变量，其中一种常用的方法是“1-of-K”编码，也称为独热(One-Hot)编码。独热编码将随机变量 $\boldsymbol{x}$ 表示成一个 K 维向量。在这个向量中，只有一个维度的元素等于 1，表示该维度对应的状态正在发生；其余维度的元素等于 0，表示对应的状态没有发生。例如，骰子掷得的点数为 3，则独热编码为 $\boldsymbol{x}=[0,0,1,0,0,0]^{\mathrm{T}}$。

2. 单次观测的概率分布

如果我们用参数 μ_k 表示第 k 个状态 $x_k=1$ 的概率，那么 $\boldsymbol{x}$ 的分布就是：

$$p(\boldsymbol{x})=\prod_{k=1}^{K}\mu_k^{x_k} \tag{2.49}$$

$\boldsymbol{\mu}=[\mu_1,\cdots,\mu_K]^{\mathrm{T}}$ 表示所有的参数，其中每个参数 μ_k 要满足：

$$\mu_k \geqslant 0 \quad k=1,2,\cdots,K$$

$$\sum_{k=1}^{K} \mu_k = 1$$

式(2.49)的概率分布可以看作伯努利分布的推广。该分布的期望为

$$E[\boldsymbol{x}]=\boldsymbol{\mu} \tag{2.50}$$

3. 多项分布

对于服从式(2.49)概率分布的随机变量,如果重复观测总数为 N 次,并且用 $m_1,\cdots,m_K$ 分别表示每个状态被观测到的数目,那么 $m_1,\cdots,m_K$ 的联合分布为

$$p(m_1,m_2,\cdots,m_K) = \binom{N}{m_1,m_2,\cdots,m_K} \prod_{k=1}^{K} \mu_k^{m_k} \tag{2.51}$$

式(2.51)被称为多项分布(Multinomial Distribution),简记为 $p(m_1,m_2,\cdots,m_K) \sim \mathrm{Mult}(N,\boldsymbol{\mu})$。注意,$m_k$ 需要满足以下限制:

$$\sum_{k=1}^{K} m_k = N$$

2.4.3 正态分布

正态分布(Normal Distribution),也称作高斯分布(Gaussian Distribution),是连续型随机变量的一种概率分布。在实际问题中,许多随机变量的分布都符合或近似符合正态分布。这一现象可以通过中心极限定理来解释。该定理指出,对于一组随机变量之和的概率分布,随着和式中项的数量的增加,和式的概率分布逐渐趋向正态分布。此外,根据信息论,对于连续的实值随机变量或向量,如果它们的方差被固定,那么正态分布是能够实现熵最大化的分布。熵是衡量随机变量不确定性的度量,正态分布在给定方差约束下提供了最大的不确定性,即信息量最大。这一特性使得正态分布在统计学中具有重要的理论价值和广泛的应用价值。

1. 单变量正态分布

单变量正态分布的概率密度函数形式为

$$p(x)=\frac{1}{(2\pi)^{\frac{1}{2}}\sigma}\exp\left\{-\frac{1}{2\sigma^2}(x-\mu)^2\right\} \tag{2.52}$$

随机变量 x 的期望值为 μ,方差为 σ^2:

$$E[x] = \int_{-\infty}^{\infty} xp(x)\mathrm{d}x = \mu \tag{2.53}$$

$$\mathrm{var}[x] = \int_{-\infty}^{\infty} (x-\mu)^2 p(x)\mathrm{d}x = \sigma^2 \tag{2.54}$$

此外容易证明正态分布的概率密度函数满足如下条件:

$$p(x) \geqslant 0 \quad -\infty < x < \infty \tag{2.55}$$

$$\int_{-\infty}^{\infty} p(x)\mathrm{d}x = 1 \tag{2.56}$$

单变量正态分布的概率密度函数完全由期望值 μ 和方差 σ^2 两个参数决定,因此通常将式(2.52)记为 $p(x) \sim \mathcal{N}(\mu,\sigma^2)$。正态分布的样本主要集中在均值附近,约有 95% 的样本落在 $[\mu-2\sigma,\mu+2\sigma]$ 区间上,峰值为 $p(\mu)=1/(\sqrt{2\pi}\sigma)$(参见图 2.8)。

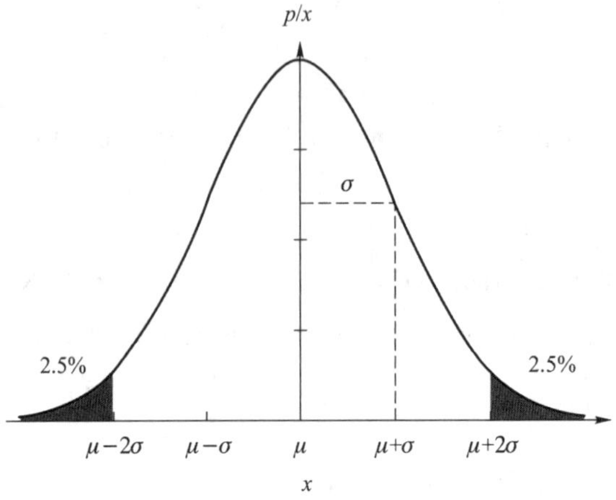

图 2.8 单变量正态分布

2. 多元正态分布

对于 D 维随机向量 $\boldsymbol{x}$，多元正态分布概率密度函数的形式为

$$p(\boldsymbol{x})=\frac{1}{(2\pi)^{\frac{D}{2}}\,|\boldsymbol{\Sigma}|^{\frac{1}{2}}}\exp\left\{-\frac{1}{2}(\boldsymbol{x}-\boldsymbol{\mu})^{\mathrm{T}}\boldsymbol{\Sigma}^{-1}(\boldsymbol{x}-\boldsymbol{\mu})\right\} \tag{2.57}$$

其中，$\boldsymbol{x}$ 是 D 维列向量，$\boldsymbol{\mu}$ 是 D 维均值向量，$\boldsymbol{\Sigma}$ 是 $D\times D$ 的协方差矩阵，$\boldsymbol{\Sigma}^{-1}$ 是 $\boldsymbol{\Sigma}$ 的逆矩阵，$|\boldsymbol{\Sigma}|$ 是 $\boldsymbol{\Sigma}$ 的行列式。满足：

$$E[\boldsymbol{x}]=\int \boldsymbol{x}p(\boldsymbol{x})\mathrm{d}\boldsymbol{x}=\boldsymbol{\mu} \tag{2.58}$$

$$E[(\boldsymbol{x}-\boldsymbol{\mu})(\boldsymbol{x}-\boldsymbol{\mu})^{\mathrm{T}}]=\int (\boldsymbol{x}-\boldsymbol{\mu})(\boldsymbol{x}-\boldsymbol{\mu})^{\mathrm{T}}p(\boldsymbol{x})\mathrm{d}\boldsymbol{x}=\boldsymbol{\Sigma} \tag{2.59}$$

若 x_i 是 $\boldsymbol{x}$ 的第 i 个分量，μ_i 是 $\boldsymbol{\mu}$ 的第 i 个分量，σ_{ij} 是 $\boldsymbol{\Sigma}$ 的第 i 行、第 j 列的元素，则：

$$\mu_i=E[x_i] \tag{2.60}$$

$$\sigma_{ij}=E[(x_i-\mu_i)(x_j-\mu_j)] \tag{2.61}$$

协方差矩阵 $\boldsymbol{\Sigma}$ 总是对称非负定阵，且通常只考虑 $\boldsymbol{\Sigma}$ 为正定的情况，即 $|\boldsymbol{\Sigma}|>0$。

2.4.4 多元正态分布的性质

1. 独立参数个数

多元正态分布被均值向量 $\boldsymbol{\mu}$ 和协方差矩阵 $\boldsymbol{\Sigma}$ 所完全确定，式(2.57)常被简记为 $p(\boldsymbol{x})\sim\mathcal{N}(\boldsymbol{\mu},\boldsymbol{\Sigma})$。其中均值向量 $\boldsymbol{\mu}$ 由 D 个分量组成，协方差矩阵 $\boldsymbol{\Sigma}$ 是对称阵，其独立元素只有 $D(D+1)/2$ 个，所以总计有 $D(D+3)/2$ 个独立参数。参数的总数随着 D 的增加而以平方的方式增长。当 D 较大时，对矩阵进行计算将变得非常困难。解决这个问题的一种方式是使用协方差矩阵的限制形式，例如，限制协方差矩阵为对角阵或单位阵的倍数。虽然这种方法简化了运算，但是也限制了模型的灵活性。

2. 指数项的决定性作用

很容易发现式(2.57)中的自变量 $\boldsymbol{x}$ 仅出现在指数位置上，并且具有二次型：

$$\Delta^2=(\boldsymbol{x}-\boldsymbol{\mu})^{\mathrm{T}}\boldsymbol{\Sigma}^{-1}(\boldsymbol{x}-\boldsymbol{\mu}) \tag{2.62}$$

其中，Δ 称作 $\boldsymbol{\mu}$ 和 $\boldsymbol{x}$ 之间的马氏距离(Mahalanobis Distance)，而距离 $\boldsymbol{\mu}$ 马氏距离相等的点构

成的二次曲面是超椭球面。当Δ^2的数值不改变时，概率密度函数 $p(\boldsymbol{x})$的数值也不改变，因此等概率密度点就构成了超椭球面。当 $\boldsymbol{\Sigma}$ 是单位矩阵时，Δ 就是欧氏距离，这时的等概率密度点构成了超球面。图 2.9 是 $D=2$ 时的正态分布。

3. 不相关性等价于独立

若 $E[x_i x_j]=E[x_i]E[x_j]$，则称随机变量 x_i 和 x_j 是不相关(Uncorrelated)的。若 $p(x_i x_j)=p(x_i)p(x_j)$，则称随机变量 x_i 和 x_j 是独立(Independent)的。从这两个定义中可以看出，独立性是比不相关性更强的条件：若 x_i 和 x_j 相互独立，则它们之间一定不相关；反之则不一定成立。而正态分布具有的良好性质之一就是不相关性等价于独立。也就是说，对正态分布的任意两个分量 x_i 和 x_j，若 x_i 和 x_j 互不相关，则它们之间一定独立。因此容易得出一个推论：如果多元正态随机向量 $\boldsymbol{x}=[x_1,\cdots,x_D]^{\mathrm{T}}$ 的协方差阵是对角阵，则 $\boldsymbol{x}$ 的各个分量是相互独立的。

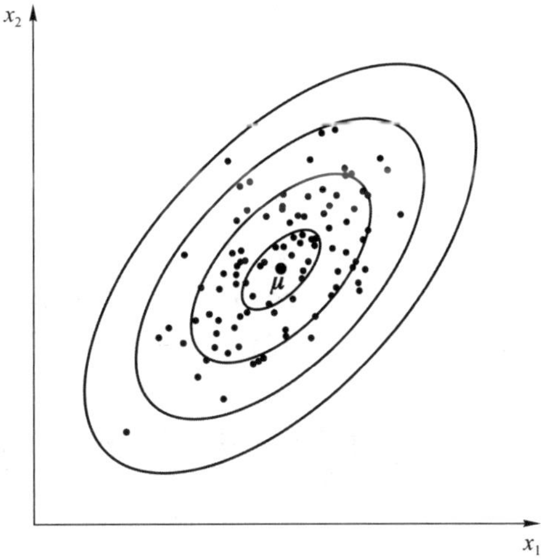

图 2.9　$D=2$ 时等概率密度点构成了椭圆

4. 边缘分布和条件分布的正态性

多元正态分布的另一个重要性质是，如果两组变量是联合正态分布，那么以一组变量为条件，另一组变量同样是正态分布。类似地，任何一个变量的边缘分布也是正态分布。下面用公式形式化表示多元正态分布的这一性质。假设 $\boldsymbol{x}$ 是一个服从正态分布的 D 维随机向量，即 $\boldsymbol{x}\sim\mathcal{N}(\boldsymbol{\mu},\boldsymbol{\Sigma})$。将 $\boldsymbol{x}$ 划分成两个不相交的子集 $\boldsymbol{x}_a$ 和 $\boldsymbol{x}_b$。不失一般性，我们可以令 $\boldsymbol{x}_a$ 为 $\boldsymbol{x}$ 的前 M 个分量，令 $\boldsymbol{x}_b$ 为剩余的 $D-M$ 个分量，即 $\boldsymbol{x}=\begin{bmatrix}\boldsymbol{x}_a\\ \boldsymbol{x}_b\end{bmatrix}$。类似的均值向量划分为 $\boldsymbol{\mu}=\begin{bmatrix}\boldsymbol{\mu}_a\\ \boldsymbol{\mu}_b\end{bmatrix}$，协方差矩阵为 $\boldsymbol{\Sigma}=\begin{bmatrix}\Sigma_{aa} & \Sigma_{ab}\\ \Sigma_{ba} & \Sigma_{bb}\end{bmatrix}$。注意 $\boldsymbol{\Sigma}$ 具有对称性，因此 $\boldsymbol{\Sigma}_{ba}=\boldsymbol{\Sigma}_{ab}^{\mathrm{T}}$。则条件概率分布 $p(\boldsymbol{x}_a|\boldsymbol{x}_b)$和边缘概率分布 $p(\boldsymbol{x}_a)$分别为

$$p(\boldsymbol{x}_a|\boldsymbol{x}_b)\sim\mathcal{N}(\boldsymbol{\mu}_{a|b},\boldsymbol{\Sigma}_{a|b}) \tag{2.63}$$

$$p(\boldsymbol{x}_a)\sim\mathcal{N}(\boldsymbol{\mu}_a,\boldsymbol{\Sigma}_{aa}) \tag{2.64}$$

其中

$$\boldsymbol{\mu}_{a|b}=\boldsymbol{\mu}_a+\boldsymbol{\Sigma}_{ab}\boldsymbol{\Sigma}_{bb}^{-1}(\boldsymbol{x}_b-\boldsymbol{\mu}_b) \tag{2.65}$$

$$\boldsymbol{\Sigma}_{a|b}=\boldsymbol{\Sigma}_{aa}-\boldsymbol{\Sigma}_{ab}\boldsymbol{\Sigma}_{bb}^{-1}\boldsymbol{\Sigma}_{ba} \tag{2.66}$$

5. 线性变换的正态性

多元正态随机向量的线性变换仍为多元正态分布的随机向量。设 $\boldsymbol{x}=[x_1,\cdots,x_D]^{\mathrm{T}}$，$\boldsymbol{x}\in\mathbb{R}^D$是具有均值向量为 $\boldsymbol{\mu}$，正定协方差矩阵为 $\boldsymbol{\Sigma}$ 的正态随机向量，若对 $\boldsymbol{x}$ 作线性变换，即

$$\boldsymbol{y}=\boldsymbol{A}\boldsymbol{x} \tag{2.67}$$

其中，$\boldsymbol{A}$ 是线性变换矩阵，且是非奇异的。则 $\boldsymbol{y}$ 服从以均值为 $\boldsymbol{A\mu}$，协方差矩阵为 $\boldsymbol{A\Sigma A}^{\mathrm{T}}$ 的多元正态分布，即

$$p(\boldsymbol{y})\sim\mathcal{N}(\boldsymbol{A\mu},\boldsymbol{A\Sigma A}^{\mathrm{T}}) \tag{2.68}$$

若 $\boldsymbol{x}$ 为多元正态分布的随机向量，则线性组合 $y=\boldsymbol{a}^{\mathrm{T}}\boldsymbol{x}$ 是一维的正态随机变量：

$$p(\boldsymbol{y})\sim\mathcal{N}(\boldsymbol{a}^{\mathrm{T}}\boldsymbol{\mu},\boldsymbol{a}^{\mathrm{T}}\boldsymbol{\Sigma a}) \tag{2.69}$$

其中,$\boldsymbol{a}^{\mathrm{T}}$是与 $\boldsymbol{x}$ 同维数的向量。

6. 白化变换

(1) $\boldsymbol{\Sigma}$ 的特征值与特征向量

下面介绍一种特殊的线性变换。为了简化问题且不失一般性,假设随机向量 $\boldsymbol{x}$ 的概率分布为 $p(\boldsymbol{x})\sim\mathcal{N}(0,\boldsymbol{\Sigma})$,即

$$\boldsymbol{\mu}=E[\boldsymbol{x}]=0 \tag{2.70}$$

$$\Rightarrow\boldsymbol{\Sigma}=E[\boldsymbol{x}\boldsymbol{x}^{\mathrm{T}}] \tag{2.71}$$

假设协方差 $\boldsymbol{\Sigma}$ 是对称正定矩阵,且 $\boldsymbol{\Sigma}$ 的特征向量方程为

$$\boldsymbol{\Sigma}\boldsymbol{u}=\lambda\boldsymbol{u} \tag{2.72}$$

假设式(2.72)的解为 $\lambda_i,\boldsymbol{u}_i,i=1,2,\cdots,D$。由于 $\boldsymbol{\Sigma}$ 是实对称矩阵,因此它的特征值也是实数,并且特征向量可以被选成单位正交的,即

$$\boldsymbol{u}_i^{\mathrm{T}}\boldsymbol{u}_j=I_{ij}\quad i,j=1,2,\cdots,D \tag{2.73}$$

其中,I_{ij}是单位矩阵 $\boldsymbol{I}$ 的第 i 行、j 列元素,满足:

$$I_{ij}=\begin{cases}1 & i=j\\ 0 & i\neq j\end{cases} \tag{2.74}$$

用 $\boldsymbol{\Sigma}$ 的特征值构成一个对角矩阵,使得:

$$\boldsymbol{\Lambda}=\begin{bmatrix}\lambda_1 & 0 & \cdots & 0\\ 0 & \lambda_2 & \cdots & 0\\ \vdots & \vdots & & \vdots\\ 0 & 0 & \cdots & \lambda_D\end{bmatrix} \tag{2.75}$$

(2) 变换为随机向量 $\boldsymbol{y}$

用 $\boldsymbol{\Sigma}$ 的特征向量构建一个变换矩阵 $\boldsymbol{U}$,且确保 $\boldsymbol{U}$ 中特征向量 $\boldsymbol{u}_i$ 与 $\boldsymbol{\Lambda}$ 中的特征值 λ_i 相对应。

$$\boldsymbol{U}^{\mathrm{T}}=[\boldsymbol{u}_1,\boldsymbol{u}_2,\cdots,\boldsymbol{u}_D] \tag{2.76}$$

其中,$\boldsymbol{U}$ 是标准正交矩阵,它满足 $\boldsymbol{U}\boldsymbol{U}^{\mathrm{T}}=\boldsymbol{I}$,及 $\boldsymbol{U}^{\mathrm{T}}\boldsymbol{U}=\boldsymbol{I}$。这时,变换后的随机向量 $\boldsymbol{y}=\boldsymbol{U}\boldsymbol{x}$ 的概率密度函数为

$$p(\boldsymbol{y})\sim\mathcal{N}(0,\boldsymbol{\Lambda}) \tag{2.77}$$

其证明过程为

$$E[\boldsymbol{y}\boldsymbol{y}^{\mathrm{T}}]=E[\boldsymbol{U}\boldsymbol{x}\boldsymbol{x}^{\mathrm{T}}\boldsymbol{U}^{\mathrm{T}}]=\boldsymbol{U}E[\boldsymbol{x}\boldsymbol{x}^{\mathrm{T}}]\boldsymbol{U}^{\mathrm{T}}$$
$$=\boldsymbol{U}\boldsymbol{\Sigma}\boldsymbol{U}^{\mathrm{T}}=\boldsymbol{U}\boldsymbol{U}^{\mathrm{T}}\boldsymbol{\Lambda}\boldsymbol{U}\boldsymbol{U}^{\mathrm{T}}=\boldsymbol{\Lambda}$$

(3) 变换为随机向量 $\boldsymbol{z}$

再进一步,定义变换矩阵 $\boldsymbol{V}=\boldsymbol{\Lambda}^{-\frac{1}{2}}\boldsymbol{U}$,则变换后的随机向量 $\boldsymbol{z}=\boldsymbol{\Lambda}^{-\frac{1}{2}}\boldsymbol{U}\boldsymbol{x}$ 的概率密度函数为

$$p(\boldsymbol{z})\sim\mathcal{N}(0,\boldsymbol{I}) \tag{2.78}$$

证明过程略。

二维情况下随机向量 $\boldsymbol{x},\boldsymbol{y},\boldsymbol{z}$ 的概率分布形式见图 2.10。经过变换后,我们得到了标准正态分布,因此这种线性变换也叫白化。

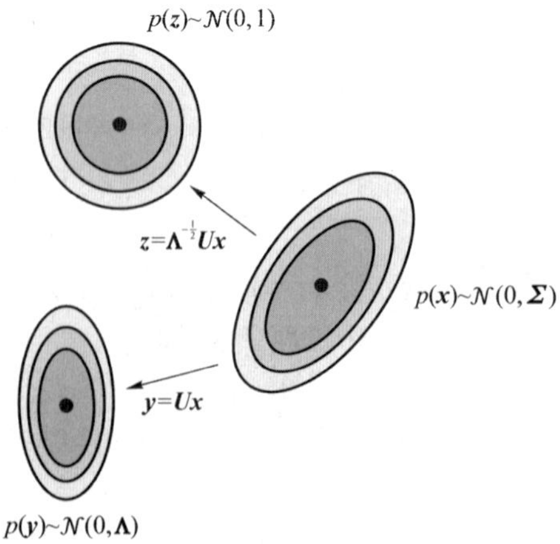

图 2.10　二维正态分布的白化

7. 改进方法

虽然正态分布被广泛用作概率密度模型,但

是它有一些局限性。前面提到正态分布的协方差矩阵有 $D(D+3)/2$ 个独立参数,参数的总数随着 D 的增加而以平方的方式增长。当 D 较大时,计算将变得非常困难。此外,正态分布在本质上是单峰的(即只有一个最大值),因此不能很好地近似多峰分布。

图 2.3 中构建了随机变量间的结构,从而使一些随机变量变得独立,减少了大量参数。一种极端的方法是,假设所有变量都是独立的,这时独立参数会大大减少,这样的模型称为朴素贝叶斯模型。引入潜在变量(Latent Variable),也被称为隐藏变量(Hidden Variable),会让正态分布的这两个问题都得到解决。特别地,通过引入离散型潜在变量,一些多峰分布可以使用混合高斯分布来描述,即高斯混合模型。

2.4.5 正态分布下的最小错误率准则

在统计决策理论中,类条件概率 $p(\boldsymbol{x}|\omega)$起着重要的作用。本节将讨论在类条件概率服从正态分布的情况下,判别函数和决策面函数的形式,这些讨论启发我们采用更简化的线性判别模型。

1. 判别函数和决策面方程

式(2.22)是最小错误率准则中 ω_c类的判别函数,我们将其写成如下形式:

$$g_c(\boldsymbol{x})=\ln p(\boldsymbol{x}|\omega_c)+\ln p(\omega_c) \tag{2.79}$$

如果类条件概率 $p(\boldsymbol{x}|\omega_c)\sim\mathcal{N}(\boldsymbol{\mu}_c,\boldsymbol{\Sigma}_c)$,则判别函数的表达式为

$$g_c(\boldsymbol{x})=-\frac{1}{2}(\boldsymbol{x}-\boldsymbol{\mu}_c)^{\mathrm{T}}\boldsymbol{\Sigma}_c^{-1}(\boldsymbol{x}-\boldsymbol{\mu}_c)-\frac{D}{2}\ln(2\pi)-\frac{1}{2}\ln|\boldsymbol{\Sigma}_c|+\ln p(\omega_c) \tag{2.80}$$

根据式(2.25),ω_i类决策域$\mathcal{R}_i$与 ω_j类决策域$\mathcal{R}_j$之间的决策面方程为

$$g_i(\boldsymbol{x})-g_j(\boldsymbol{x})=0$$

$$\Rightarrow-\frac{1}{2}[(\boldsymbol{x}-\boldsymbol{\mu}_i)^{\mathrm{T}}\boldsymbol{\Sigma}_i^{-1}(\boldsymbol{x}-\boldsymbol{\mu}_i)-(\boldsymbol{x}-\boldsymbol{\mu}_j)^{\mathrm{T}}\boldsymbol{\Sigma}_j^{-1}(\boldsymbol{x}-\boldsymbol{\mu}_j)]-\frac{1}{2}\ln\frac{|\boldsymbol{\Sigma}_i|}{|\boldsymbol{\Sigma}_j|}+\ln\frac{p(\omega_i)}{p(\omega_j)}=0 \tag{2.81}$$

下面进一步分析一些特殊情况下决策面函数的形式。

2. 第一种情况:$\boldsymbol{\Sigma}_i=\boldsymbol{\Sigma}_j=\boldsymbol{\sigma}^2\boldsymbol{I}$

(1) 线性决策面函数

第一种情况发生在各个特征(即 $\boldsymbol{x}$ 的各个维度)统计独立且每个特征具有相同方差 σ^2 的条件下。这时,ω_i类与 ω_j类的协方差矩阵都是对角阵,仅仅是 σ^2 与单位阵 $\boldsymbol{I}$ 的乘积。从几何上看,等概率密度点构成超球面。这时式(2.81)决策面方程中的二次项系数将会被消去,成为线性方程:

$$\boldsymbol{w}^{\mathrm{T}}(\boldsymbol{x}-\boldsymbol{x}_0)=0 \tag{2.82}$$

其中

$$\boldsymbol{w}=\boldsymbol{\mu}_i-\boldsymbol{\mu}_j \tag{2.83}$$

$$\boldsymbol{x}_0=\frac{1}{2}(\boldsymbol{\mu}_i+\boldsymbol{\mu}_j)-\frac{\sigma^2}{\|\boldsymbol{\mu}_i-\boldsymbol{\mu}_j\|^2}\ln\frac{p(\omega_i)}{p(\omega_j)}(\boldsymbol{\mu}_i-\boldsymbol{\mu}_j) \tag{2.84}$$

(2) 先验概率不相等时的决策面

式(2.82)的决策面方程定义了一个通过点 $\boldsymbol{x}_0$且法线方向为 $\boldsymbol{w}$ 的超平面。由于 $\boldsymbol{w}=\boldsymbol{\mu}_i-\boldsymbol{\mu}_j$,

所以法线方向就是两个类别中心点的连线。两个类中心连线的中点是$\frac{1}{2}(\boldsymbol{\mu}_i+\boldsymbol{\mu}_j)$，而$\boldsymbol{x}_0$的位置在$\frac{1}{2}(\boldsymbol{\mu}_i+\boldsymbol{\mu}_j)$再移动一段距离，其大小与先验概率的比值紧密相关。在图 2.11(a)中$p(\omega_i)=0.7$，$p(\omega_j)=0.3$，决策面稍稍偏向ω_j类；在图 2.11(b)中$p(\omega_i)=0.9$，$p(\omega_j)=0.1$，决策面进一步偏向ω_j类。图 2.11(c)和(d)展示了二维时的决策面函数。

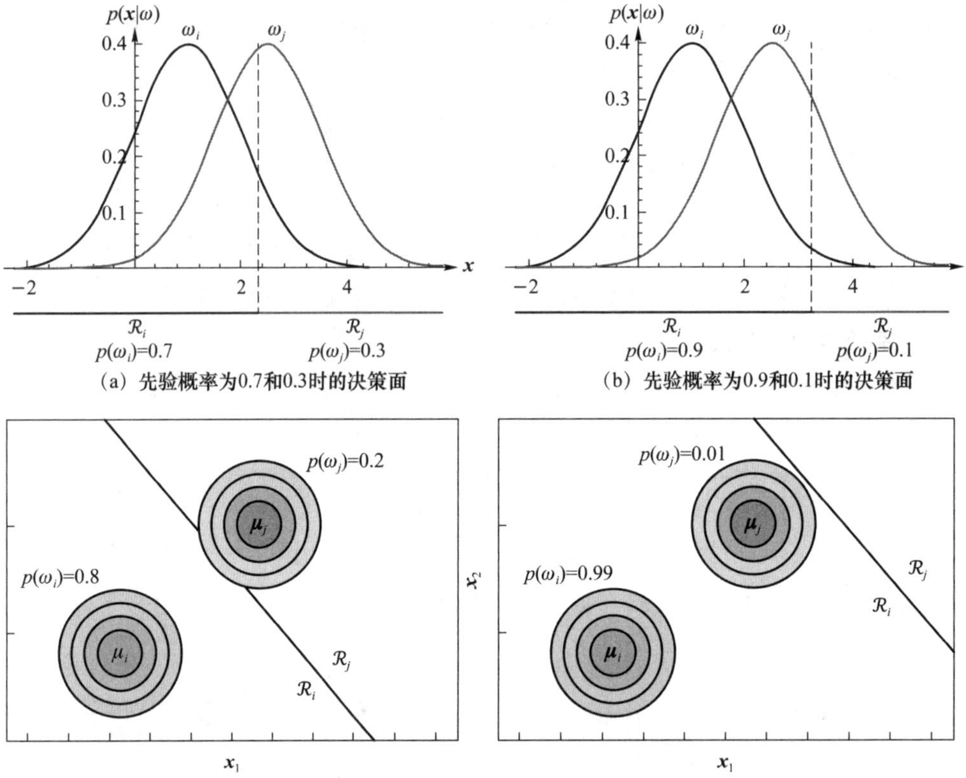

(a) 先验概率为0.7和0.3时的决策面

(b) 先验概率为0.9和0.1时的决策面

(c) 先验概率为0.8和0.2时的决策面函数

(d) 先验概率为0.99和0.01时的决策面函数

图 2.11 第一种情况下，特征空间分别为一维和二维时的决策面函数

(3) 先验概率相等时的决策面

特别地，当$p(\omega_i)=p(\omega_j)$时，$\mathcal{R}_i$与$\mathcal{R}_j$之间的决策面方程还可以进一步简化为

$$\boldsymbol{w}^{\mathrm{T}}(\boldsymbol{x}-\boldsymbol{x}_0)=0 \tag{2.85}$$

其中，$\boldsymbol{w}=\boldsymbol{\mu}_i-\boldsymbol{\mu}_j$，$\boldsymbol{x}_0=\frac{1}{2}(\boldsymbol{\mu}_i+\boldsymbol{\mu}_j)$。该决策面就是两个类别中点连线的垂直平分线或面，见图 2.12。

(4) 最小欧氏距离分类器

我们再观察$p(\omega_i)=p(\omega_j)$时的判别函数$g_i(\boldsymbol{x})$和$g_j(\boldsymbol{x})$：

$$\begin{aligned} g_i(\boldsymbol{x}) &= -\frac{1}{2}(\boldsymbol{x}-\boldsymbol{\mu}_i)^{\mathrm{T}}\boldsymbol{\Sigma}_i^{-1}(\boldsymbol{x}-\boldsymbol{\mu}_i)-\frac{D}{2}\ln(2\pi)-\frac{1}{2}\ln|\boldsymbol{\Sigma}_i|+\ln p(\omega_i) \\ g_j(\boldsymbol{x}) &= -\frac{1}{2}(\boldsymbol{x}-\boldsymbol{\mu}_j)^{\mathrm{T}}\boldsymbol{\Sigma}_j^{-1}(\boldsymbol{x}-\boldsymbol{\mu}_j)-\frac{D}{2}\ln(2\pi)-\frac{1}{2}\ln|\boldsymbol{\Sigma}_j|+\ln p(\omega_j) \end{aligned} \tag{2.86}$$

因为分类决策时只需要比较$g_i(\boldsymbol{x})$和$g_j(\boldsymbol{x})$的相对大小，因此可以将判别函数进一步简化。另外考虑到$(\boldsymbol{x}-\boldsymbol{\mu}_i)^{\mathrm{T}}(\boldsymbol{x}-\boldsymbol{\mu}_i)$是 $\boldsymbol{x}$ 到 $\boldsymbol{\mu}_i$ 的欧氏距离的平方，因此等价的判别函数为

$$g'(\boldsymbol{x})=-\|\boldsymbol{x}-\boldsymbol{\mu}\|^2 \tag{2.87}$$

根据上述结论，我们可以得到最小欧氏距离分类器的判决规则。对于 C 类别分类问题，如果先验概率 $p(\omega_i)=1/C$ 且 $p(\boldsymbol{x}|\omega_i)\sim\mathcal{N}(\boldsymbol{\mu}_i,\sigma^2 I)$，$i=1,\cdots,C$，则最小错误率准则等价于最小欧氏距离决策规则：

$$若\|\boldsymbol{x}-\boldsymbol{\mu}_i\|^2=\min_{j=1,\cdots,C}\|\boldsymbol{x}-\boldsymbol{\mu}_j\|^2，则\ \boldsymbol{x}\in\omega_i \tag{2.88}$$

最小欧氏距离分类器算法简单，并且非常实用。这种分类器一般属于非概率模型。但是上面的推导说明，在特定条件下，最小欧氏距离分类器也能达到最优的效果(错误率最小)。这为我们采用该分类器提供了理论支持。

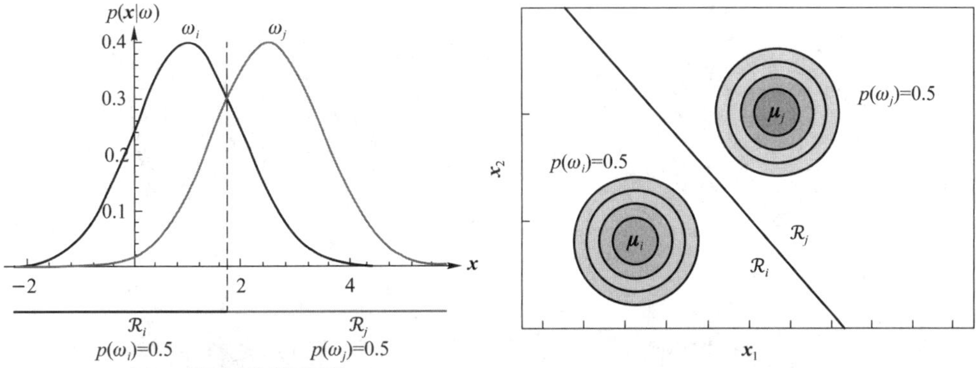

(a) 一维下的决策面函数　　(b) 二维下的决策面函数

图 2.12　第一种情况下，当 $p(\omega_i)=p(\omega_j)$时，一维和二维下的决策面函数

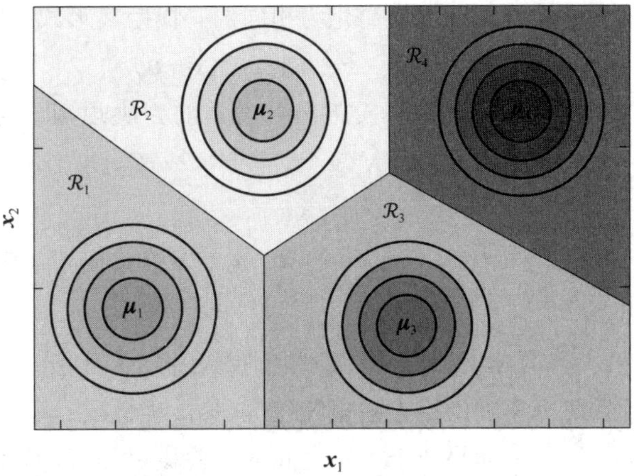

图 2.13　最小欧氏距离分类器

3. 第二种情况：$\boldsymbol{\Sigma}_i=\boldsymbol{\Sigma}_j=\boldsymbol{\Sigma}$

(1) 线性决策面函数

虽然两个类别的协方差矩阵相等，但 $\boldsymbol{\Sigma}$ 的非对角线元素不再非零。这时两个类条件概率函数的几何形状相同，且等概率密度点构成超椭球面，见图 2.14。这时 $\mathcal{R}_i$ 与 $\mathcal{R}_j$ 之间的决策面方程的二次项系数仍然会被消去，因此还是线性方程：

$$\boldsymbol{w}^{\mathrm{T}}(\boldsymbol{x}-\boldsymbol{x}_0)=0 \tag{2.89}$$

其中

$$\boldsymbol{w}=\boldsymbol{\Sigma}^{-1}(\boldsymbol{\mu}_i-\boldsymbol{\mu}_j) \tag{2.90}$$

$$\boldsymbol{x}_0=\frac{1}{2}(\boldsymbol{\mu}_i+\boldsymbol{\mu}_j)-\frac{1}{(\boldsymbol{\mu}_i-\boldsymbol{\mu}_j)^{\mathrm{T}}\boldsymbol{\Sigma}^{-1}(\boldsymbol{\mu}_i-\boldsymbol{\mu}_j)}\ln\frac{p(\omega_i)}{p(\omega_j)}(\boldsymbol{\mu}_i-\boldsymbol{\mu}_j) \tag{2.91}$$

如果先验概率相等，则 $\boldsymbol{x}_0=\frac{1}{2}(\boldsymbol{\mu}_i+\boldsymbol{\mu}_j)$，这时分类面经过 $\boldsymbol{\mu}_i$ 与 $\boldsymbol{\mu}_j$ 连线的中点，见图 2.14(a)。如果先验概率不等，最优边界超平面仍将远离先验概率较大的均值点，见图 2.14(b)。同前，如果偏移量足够大，决策面可以不落在两个均值向量之间。

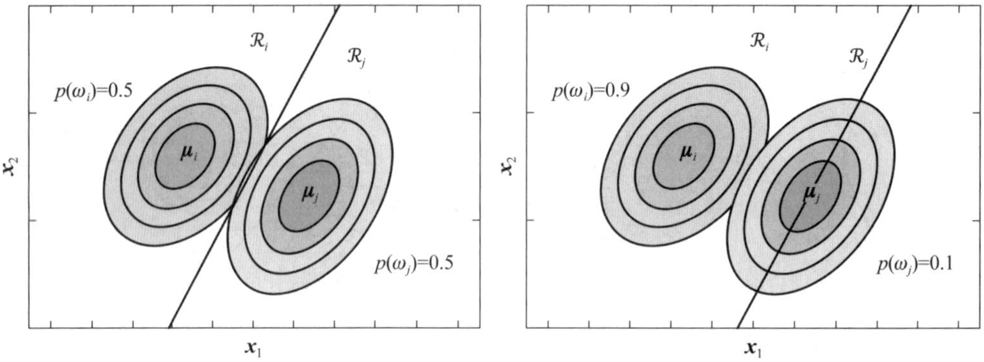

(a) 先验概率相等　　(b) 先验概率不等

图 2.14　第二种情况下的类条件概率及决策面函数

(2) 最小马氏距离分类器

先验概率相等时，还可以将判别函数简化为相同的马氏距离形式：

$$g(\boldsymbol{x})=-(\boldsymbol{x}-\boldsymbol{\mu})^{\mathrm{T}}\boldsymbol{\Sigma}^{-1}(\boldsymbol{x}-\boldsymbol{\mu}) \tag{2.92}$$

根据上述结论，我们可以得到最小马氏距离分类器的判决规则。对于 C 类别分类问题，如果先验概率 $p(\omega_i)=1/C$ 且 $p(\boldsymbol{x}|\omega_i)\sim\mathcal{N}(\boldsymbol{\mu}_i,\boldsymbol{\Sigma})$，i=1，…，C，则最小错误率准则等价于最小马氏距离决策规则：

$$\text{若}(\boldsymbol{x}-\boldsymbol{\mu}_i)^{\mathrm{T}}\boldsymbol{\Sigma}^{-1}(\boldsymbol{x}-\boldsymbol{\mu}_i)=\min_{j=1,\cdots,C}(\boldsymbol{x}-\boldsymbol{\mu}_j)^{\mathrm{T}}\boldsymbol{\Sigma}^{-1}(\boldsymbol{x}-\boldsymbol{\mu}_j)\text{，则 }\boldsymbol{x}\in\omega_i \tag{2.93}$$

(3) 线性分类器小结

在第一种情况和第二种情况下，最小错误率准则都等价于线性分类器。实际上，只要类条件概率服从正态分布，且两个类别的协方差矩阵相等(第二种情况)，那么这两个类别之间的决策面函数就是线性的。特别地，如果两个类别之间的先验概率相等，那么最小错误率准则就等价于最小欧氏距离分类器或者最小马氏距离分类器。无论是最小欧氏距离分类器还是最小马氏距离分类器，它们都体现了按照某种相似性进行分类的思想，这与人类的直觉具有一致性。

4. 第三种情况：$\boldsymbol{\Sigma}_i\neq\boldsymbol{\Sigma}_j$

第三种情况是类条件概率为多元正态分布时的最一般情况，即 ω_i 类与 ω_j 类的协方差矩阵不相等。$\mathcal{R}_i$ 与 $\mathcal{R}_j$ 之间决策面方程的二次项不能再被消去，因此对应的决策面为二次曲面。当有多个类别且类条件概率均为正态分布时，如果相邻两个类别的协方差矩阵相等，则决策面为线性函数，否则决策面是二次的，见图 2.15。

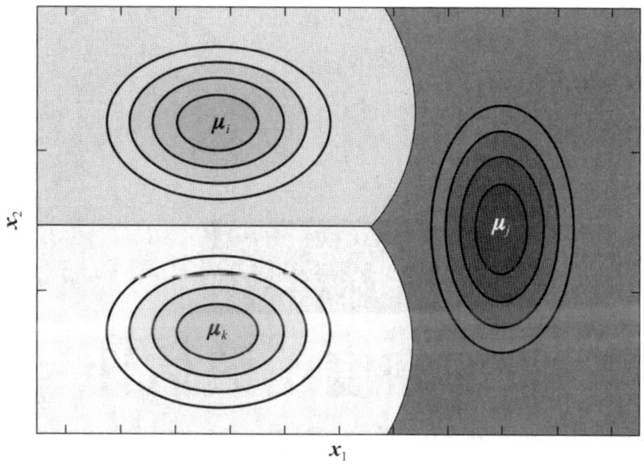

图 2.15 第三种情况下的类条件概率及决策面函数

2.5 本章小结

本章讲述了以贝叶斯决策为核心的统计决策理论。介绍了在具有不确定的环境下描述知识及推断的概率框架，即先验概率、类条件概率、后验概率和贝叶斯推断；介绍了统计决策的基本方法，重点介绍了最小错误率准则和最小风险准则；介绍了常见的概率分布，包括二元离散变量和多元离散变量的概率分布，以及连续变量的正态分布，并且介绍了正态分布下的最小错误率准则。

统计决策理论为统计机器学习提供了基本的方法框架，是全书的理论基础。需要注意以下几个问题。首先，以概率来描述知识的方式与人类的习惯并不相同，对于初学者需要多体会这种方式的原因和意义。其次，本章讨论的是所有分类知识均已知情况下的统计决策理论，后续章节则将讨论如何通过机器学习来获取这些知识并完成分类决策，因此虽然本章并不直接涉及学习问题，但为后续章节的理论基础。再次，本章介绍的概率分布是后续章节中的常识，需要读者牢牢掌握。最后，正态分布下的最小错误率准则在特殊情况下等价于更为简单的线性分类器，这是后续章节将模型简化为非概率模型的基础。

思考题

2-1 如何用先验概率、类条件概率和后验概率来描述模式识别问题中各种具有不确定的信息和知识？

2-2 生成模型、判别模型和判别函数模型的区别是什么？

2-3 请举例说明什么是最小错误率决策。

2-4 请举例说明什么是最小风险决策。

2-5 若正态分布概率下采用最小错误率贝叶斯决策，则当满足什么条件时，分类边界是线性函数？

第 3 章

概率密度函数估计

3.1 介　　绍

第 3 章课件

1. 学习与决策

根据统计决策理论，为了做出最优分类决策，首先需要获取以概率形式表示的分类知识（如先验概率和类条件概率），其次推断出后验概率，最后依据决策准则进行决策。但是，在实际应用中，这些概率知识并非一开始就已知，而是需要通过样本集来估计，如图 3.1 所示。在机器学习领域，这种利用样本集获取分类知识的过程被称为学习（Learning）或训练（Training）。第 2 章已经介绍了决策过程，本章讨论学习过程，重点讨论概率密度函数估计问题。

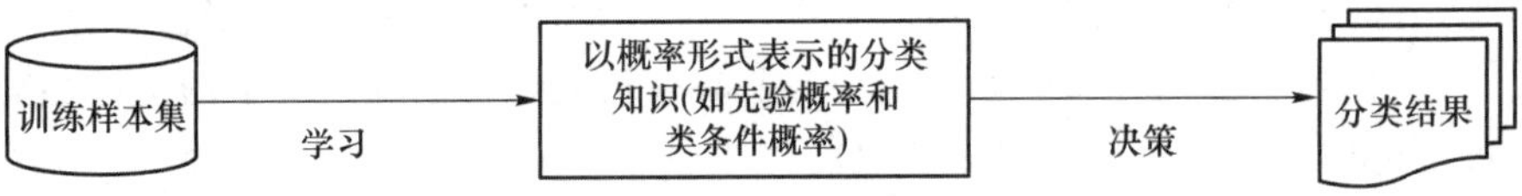

图 3.1　统计决策理论下的学习过程与决策过程

2. 概率密度函数估计的分类

概率密度函数估计问题可以分为两大类：参数估计（Parameter Estimation）和非参数估计（Nonparameter Estimation）。

在参数估计问题中，概率密度函数的形式是已知的，但其中部分或全部参数是未知的。学习的主要任务是利用样本数据来估计这些参数。参数估计的方法主要包括最大似然估计（Maximum Likelihood Estimation，MLE）和贝叶斯估计。

在非参数估计问题中，概率密度函数的形式是未知的，或者不符合任何已知的分布模型。因此要使用样本数据来数值化地估计整个概率密度函数。非参数估计的方法主要包括核函数估计和近邻估计。

3. 相关概念

（1）统计量

假设样本集$\mathcal{D}=\{\boldsymbol{x}_1,\boldsymbol{x}_2,\cdots,\boldsymbol{x}_N\}$。样本中包含着总体信息，为了通过样本集将有关信息抽取出来，我们可以针对不同要求构造出样本的某种函数，如 $d(\boldsymbol{x}_1,\boldsymbol{x}_2,\cdots,\boldsymbol{x}_N)$，这种函数在统计

学中称为统计量(Statistic)。

(2) 参数空间

假设概率密度函数的形式已知,未知的仅是分布中的几个参数,将未知参数记为 $\boldsymbol{\theta}$。在统计学中,由未知参数 $\boldsymbol{\theta}$ 的所有可能取值组成的集合称为参数空间(Parameter Space),记为 Θ。

(3) 点估计、估计量和估计值

点估计(Point Estimation)问题就是要构造一个统计量 $d(\boldsymbol{x}_1,\boldsymbol{x}_2,\cdots,\boldsymbol{x}_N)$ 作为参数 $\boldsymbol{\theta}$ 的估计 $\hat{\boldsymbol{\theta}}$。在统计学中称 $\hat{\boldsymbol{\theta}}$ 为 $\boldsymbol{\theta}$ 的估计量(Estimator)。如果 $\boldsymbol{x}_1,\boldsymbol{x}_2,\cdots,\boldsymbol{x}_N$ 是 N 个实际观测到的样本,将其代入统计量 $d(\boldsymbol{x}_1,\boldsymbol{x}_2,\cdots,\boldsymbol{x}_N)$,就得到了具体数值,这个数值在统计学中称为 $\boldsymbol{\theta}$ 的估计值(Estimated Value)。

(4) 区间估计

在点估计的基础上,给出总体参数估计的一个区间范围,该区间通常由样本统计量加减估计误差得到。与点估计不同,在进行区间估计(Interval Estimate)时,根据样本统计量的采样分布可以给出样本统计量与总体参数接近程度的概率度量。

(5) 判断估计好坏的常用标准

在数理统计中,用来判断估计好坏的常用标准有无偏性(Unbiased)、有效性(Efficiency)和一致性(Consistency)。如果参数 $\boldsymbol{\theta}$ 的一个估计量 $\hat{\boldsymbol{\theta}}(\boldsymbol{x}_1,\boldsymbol{x}_2,\cdots,\boldsymbol{x}_N)$ 的数学期望等于 $\boldsymbol{\theta}$,则称该估计量是无偏的。如果当样本数趋于无穷时估计才具有无偏性,则称估计量为渐近无偏。如果一种估计量的方差比另一种估计量的方差小,则认为方差小的估计更有效。如果对于任意给定的正数 ε,总有:

$$\lim_{N\to\infty} p(|\hat{\boldsymbol{\theta}}_N-\boldsymbol{\theta}|>\varepsilon)=0$$

则称 $\hat{\boldsymbol{\theta}}$ 是 $\boldsymbol{\theta}$ 的一致估计量。

3.2 最大似然估计

3.2.1 最大似然估计的基本原理

1. 问题的形式

假设随机向量 $\boldsymbol{x}$ 的概率密度函数形式是已知的,即 $\boldsymbol{x}$ 服从 $p(\boldsymbol{x}|\boldsymbol{\theta})$,其中参数向量 $\boldsymbol{\theta}$ 是确定但未知的。因此,一旦我们知道了 $\boldsymbol{\theta}$,那么整个概率密度函数也就确定了。例如,若 $\boldsymbol{x}$ 是连续的随机向量且服从多维正态分布 $p(\boldsymbol{x}|\boldsymbol{\mu},\boldsymbol{\Sigma})\sim\mathcal{N}(\boldsymbol{\mu},\boldsymbol{\Sigma})$,则参数 $\boldsymbol{\theta}$ 包括 $\boldsymbol{\mu},\boldsymbol{\Sigma}$,并且为了强调参数 $\boldsymbol{\theta}$,我们采用条件概率的表示形式。另外,$\boldsymbol{x}$ 也可以是离散的随机变量或向量,如服从二项分布或多项分布等。

给定一个样本集 $\mathcal{D}=\{\boldsymbol{x}_1,\boldsymbol{x}_2,\cdots,\boldsymbol{x}_N\}$,其中 $\boldsymbol{x}_n(n=1,\cdots,N)$ 是独立地从 $p(\boldsymbol{x}|\boldsymbol{\theta})$ 分布中采样获取的。参数估计的任务就是通过样本集 $\mathcal{D}$ 估计出参数 $\boldsymbol{\theta}$,从而学习到 $\boldsymbol{x}$ 的概率分布。

2. 似然函数

当自变量为 $\boldsymbol{x}$,$\boldsymbol{\theta}$ 为确定的参数时,$p(\boldsymbol{x}|\boldsymbol{\theta})$ 为条件概率密度函数。若 $\boldsymbol{x}_n\in\mathcal{D}$,即 $\boldsymbol{x}_n$ 是训练样本集中的一个观测值,$\boldsymbol{\theta}$ 为自变量时,$p(\boldsymbol{x}_n|\boldsymbol{\theta})$ 就是一个观测数据的似然函数(Likelihood),

记作 $l(\boldsymbol{\theta})$。如图 3.2 所示，似然函数 $l(\boldsymbol{\theta})=p(\boldsymbol{x}_n|\boldsymbol{\theta})$表示了数据 $\boldsymbol{x}_n$对参数 $\boldsymbol{\theta}$ 取不同值的支持程度，即 $l(\boldsymbol{\theta})$越大，$\boldsymbol{x}_n$对 $\boldsymbol{\theta}$ 的支持程度越高。似然函数的概念反映了基于数据进行推断的思想。

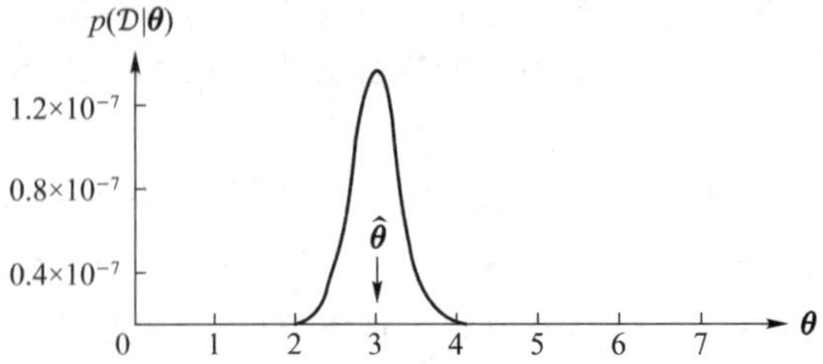

图 3.2 似然函数体现了观测数据对参数取不同值的支持程度

当观测到训练样本集$\mathcal{D}$时，似然函数在形式上是$\mathcal{D}$中 N 个样本的联合概率密度函数：

$$l(\boldsymbol{\theta})=p(\mathcal{D}|\boldsymbol{\theta})=p(\boldsymbol{x}_1,\boldsymbol{x}_2,\cdots,\boldsymbol{x}_N|\boldsymbol{\theta}) \tag{3.1}$$

由于样本是独立同分布的，所以似然函数可以表示为

$$l(\boldsymbol{\theta})=\prod_{n=1}^{N}p(\boldsymbol{x}_n|\boldsymbol{\theta}) \tag{3.2}$$

注意，这里的似然函数 $l(\boldsymbol{\theta})$仍然是 $\boldsymbol{\theta}$ 的函数。另外，为了便于分析，还可以定义对数似然函数(Log Likelihood)：

$$H(\boldsymbol{\theta})=\ln l(\boldsymbol{\theta})=\sum_{n=1}^{N}\ln p(\boldsymbol{x}_n|\boldsymbol{\theta}) \tag{3.3}$$

3. 最大似然估计的主要思想

当训练样本集为$\mathcal{D}$时，似然函数 $l(\boldsymbol{\theta})$反映了观测样本集$\mathcal{D}$对参数 $\boldsymbol{\theta}$ 取不同值的支持程度。所谓的最大似然估计就是选择当前训练集$\mathcal{D}$最支持的参数作为估计值，其目标是最大化似然函数 $l(\boldsymbol{\theta})$或对数似然函数 $H(\boldsymbol{\theta})$。最大似然估计的估计量为

$$\boldsymbol{\theta}_{\mathrm{ML}}=\underset{\boldsymbol{\theta}}{\operatorname{argmax}}\, l(\boldsymbol{\theta}) \tag{3.4}$$

或者

$$\boldsymbol{\theta}_{\mathrm{ML}}=\underset{\boldsymbol{\theta}}{\operatorname{argmax}}\, H(\boldsymbol{\theta}) \tag{3.5}$$

因为对数函数是单调递增的，因此采用对数似然函数 $H(\boldsymbol{\theta})$并不改变单调性。最大似然估计是选择一个最能够拟合观测数据的估计值。另外，在机器学习领域中常常将估计量 $\hat{\boldsymbol{\theta}}_{\mathrm{ML}}$简化表示为 $\boldsymbol{\theta}_{\mathrm{ML}}$。

4. 最大似然估计的求解算法

作为一种机器学习方法，最大似然估计同样包含了模型形式、准则函数和求解算法这 3 个要素。最大似然估计的模型形式为 $p(\boldsymbol{x}|\boldsymbol{\theta})$；准则函数为式(3.4)或式(3.5)，即最大化似然函数或最大化对数似然函数。接下来讨论最大似然估计的求解算法。

虽然式(3.2)的似然函数看起来比较复杂，但其中的函数形式 $p(\boldsymbol{x}|\boldsymbol{\theta})$是已知的，$\boldsymbol{x}_n(n=1,\cdots,N)$也都是已知的，未知量只有参数 $\boldsymbol{\theta}$。在似然函数满足连续、可微的条件下，如果 θ 是一维变量，即只有一个待估计参数，那么其最大似然估计量是以下微分方程的解：

$$\frac{\mathrm{d}l(\theta)}{\mathrm{d}\theta}=0 \tag{3.6}$$

或者

$$\frac{\mathrm{d}H(\theta)}{\mathrm{d}\theta}=0 \tag{3.7}$$

更一般地，当未知参数有 M 个，即 $\boldsymbol{\theta}=[\theta_1,\theta_2,\cdots,\theta_M]^{\mathrm{T}}$ 时，求解似然函数的最大值就需要对 θ 的每个维度分别求偏导数，即用以下的梯度算子来对似然函数或者对数似然函数求梯度：

$$\nabla_{\boldsymbol{\theta}}=\left[\frac{\partial}{\partial\theta_1},\frac{\partial}{\partial\theta_2},\cdots,\frac{\partial}{\partial\theta_M}\right]^{\mathrm{T}} \tag{3.8}$$

并令其等于零，即

$$\nabla_{\boldsymbol{\theta}}l(\boldsymbol{\theta})=0 \tag{3.9}$$

或者

$$\nabla_{\boldsymbol{\theta}}H(\boldsymbol{\theta})=0 \tag{3.10}$$

最终得到的 M 个方程组的解就是似然函数的极值点。需要注意，在某些情况下，似然函数可能有多个极值点，此时上述方程组可能有多个解，其中使似然函数最大的那个解才是最大似然估计量。

机器学习领域中的优化问题千差万别，常常遇到上述方法不可行的情况。这时就需要探索更多种类的求解算法。例如，当导数方程组无闭合形式解时，可以尝试使用第 7 章介绍的 EM 算法(Expectation-Maximization Algorithm)；当概率形式过于复杂时，可以采用近似推断(Approximate Inference)或采样方法(Sampling Methods)等近似算法。

3.2.2 正态分布下的最大似然估计

1. 问题描述

在正态分布情况下，概率密度函数的形式为 $p(\boldsymbol{x}|\boldsymbol{\mu},\boldsymbol{\Sigma})\sim\mathcal{N}(\boldsymbol{\mu},\boldsymbol{\Sigma})$：

$$p(\boldsymbol{x}|\boldsymbol{\mu},\boldsymbol{\Sigma})=\frac{1}{(2\pi)^{\frac{D}{2}}\,|\boldsymbol{\Sigma}|^{\frac{1}{2}}}\exp\left\{-\frac{1}{2}(\boldsymbol{x}-\boldsymbol{\mu})^{\mathrm{T}}\boldsymbol{\Sigma}^{-1}(\boldsymbol{x}-\boldsymbol{\mu})\right\} \tag{3.11}$$

其中，均值向量 $\boldsymbol{\mu}$ 和协方差矩阵 $\boldsymbol{\Sigma}$ 为未知参数，即我们要估计的参数为 $\boldsymbol{\theta}=[\boldsymbol{\theta}_1,\boldsymbol{\theta}_2]^{\mathrm{T}}$，$\boldsymbol{\theta}_1=\boldsymbol{\mu}$，$\boldsymbol{\theta}_2$ 对应于协方差矩阵 $\boldsymbol{\Sigma}$。当训练集为 $\mathcal{D}=\{\boldsymbol{x}_1,\boldsymbol{x}_2,\cdots,\boldsymbol{x}_N\}$ 时，其对数似然函数为

$$H(\boldsymbol{\theta})=\sum_{n=1}^{N}\ln p(\boldsymbol{x}_n|\boldsymbol{\theta})=-\frac{ND}{2}\ln(2\pi)-\frac{N}{2}\ln|\boldsymbol{\Sigma}|-\frac{1}{2}\sum_{n=1}^{N}(\boldsymbol{x}_n-\boldsymbol{\mu})^{\mathrm{T}}\boldsymbol{\Sigma}^{-1}(\boldsymbol{x}_n-\boldsymbol{\mu}) \tag{3.12}$$

通过简单的重新排列，我们看到似然函数对样本集的依赖只通过下面两个量体现：

$$\sum_{n=1}^{N}\boldsymbol{x}_n \tag{3.13}$$

$$\sum_{n=1}^{N}\boldsymbol{x}_n\boldsymbol{x}_n^{\mathrm{T}} \tag{3.14}$$

式(3.13)和式(3.14)被称为正态分布的充分统计量(Sufficient Statistics)。

2. 单变量正态分布下的最大似然估计

单变量正态分布的概率密度函数形式为

$$p(x)=\frac{1}{(2\pi)^{\frac{1}{2}}\sigma}\exp\left\{-\frac{1}{2\sigma^2}(x-\mu)^2\right\} \tag{3.15}$$

其中包含均值 μ 和方差 σ^2 两个参数，记为 $\boldsymbol{\theta}=[\mu,\sigma^2]^{\mathrm{T}}$。假设这两个参数均为未知参数，最大似然估计方法的估计量为式(3.4)或式(3.5)。当观测样本为 $x_n(x_n\in\mathcal{D})$ 时，根据式(3.10)的求解算法，并分别对两个未知参数求偏导，得到：

$$\nabla_{\boldsymbol{\theta}} H(x_n|\boldsymbol{\theta}) = \begin{bmatrix} \dfrac{1}{\sigma^2}(x_n-\mu) \\ -\dfrac{1}{2\sigma^2}+\dfrac{(x_n-\mu)^2}{2\sigma^4} \end{bmatrix} = 0 \tag{3.16}$$

对于数据集$\mathcal{D}$,最大似然估计是以下方程组的解:

$$\begin{cases} \sum_{n=1}^{N} \dfrac{1}{\sigma^2}(x_n-\mu) = 0 \\ -\sum_{n=1}^{N} \dfrac{1}{\sigma^2} + \sum_{n=1}^{N} \dfrac{(x_n-\mu)^2}{\sigma^4} = 0 \end{cases} \tag{3.17}$$

我们分别用μ_{ML}和σ_{ML}^2来表示最大似然估计的均值和方差估计量。虽然我们要同时考虑μ和σ^2来最大化似然函数,但是在正态分布情况下,μ_{ML}的解与σ_{ML}^2无关,因此可以先求出μ_{ML},然后使用它来求出σ_{ML}^2。容易解得:

$$\begin{cases} \mu_{\mathrm{ML}} = \dfrac{1}{N}\sum_{n=1}^{N} x_n \\ \sigma_{\mathrm{ML}}^2 = \dfrac{1}{N}\sum_{n=1}^{N} (x_n-\mu_{\mathrm{ML}})^2 \end{cases} \tag{3.18}$$

这种对均值和方差的估计方法,正是人们常用于正态分布样本的最大似然估计。

3. 多元正态分布下的最大似然估计

多元正态分布情况下,其待估计参数$\boldsymbol{\theta}$包括$\boldsymbol{\mu}$,$\boldsymbol{\Sigma}$。参考式(3.7),对数似然函数关于$\boldsymbol{\mu}$的导数为

$$\frac{\partial}{\partial \boldsymbol{\mu}} H(\boldsymbol{\theta}) = \sum_{n=1}^{N} \boldsymbol{\Sigma}^{-1}(\boldsymbol{x}_n-\boldsymbol{\mu}) \tag{3.19}$$

令这个导数等于零,我们便得到了均值的最大似然估计:

$$\boldsymbol{\mu}_{\mathrm{ML}} = \frac{1}{N}\sum_{n=1}^{N} \boldsymbol{x}_n \tag{3.20}$$

这是训练集$\mathcal{D}$中所有样本的算术平均。

关于$\boldsymbol{\Sigma}$的求解更加复杂,可以显式地利用对称性和正定性的限制来推导。此处省略过程,最后的解是:

$$\boldsymbol{\Sigma}_{\mathrm{ML}} = \frac{1}{N}\sum_{n=1}^{N} (\boldsymbol{x}_n-\boldsymbol{\mu}_{\mathrm{ML}})(\boldsymbol{x}_n-\boldsymbol{\mu}_{\mathrm{ML}})^{\mathrm{T}} \tag{3.21}$$

分析正态分布最大似然估计方法的估计量,容易得到:

$$E[\boldsymbol{\mu}_{\mathrm{ML}}] = \boldsymbol{\mu} \tag{3.22}$$

$$E[\boldsymbol{\Sigma}_{\mathrm{ML}}] = \frac{N-1}{N}\boldsymbol{\Sigma} \tag{3.23}$$

我们可以看到,均值的最大似然估计量的期望等于实际的均值,即$\boldsymbol{\mu}_{\mathrm{ML}}$是无偏估计。但是,协方差的最大似然估计量的期望小于真正的值,因此是有偏的。我们可以定义一个不同的估计量$\hat{\boldsymbol{\Sigma}}$来修正这个误差。新的估计量定义为

$$\hat{\boldsymbol{\Sigma}} = \frac{1}{N-1}\sum_{n=1}^{N} (\boldsymbol{x}_n-\boldsymbol{\mu}_{\mathrm{ML}})(\boldsymbol{x}_n-\boldsymbol{\mu}_{\mathrm{ML}})^{\mathrm{T}} \tag{3.24}$$

容易证明$\hat{\boldsymbol{\Sigma}}$是无偏估计,即$E[\hat{\boldsymbol{\Sigma}}]=\boldsymbol{\Sigma}$。

3.2.3 最大似然估计的过拟合问题

1. 正态分布下最大似然估计的过拟合

最大似然估计方法简单，并且在训练集样本数量足够大时能够获得相对准确的结果。最大似然估计的局限性主要体现在训练样本数量较少时。在前面的分析中我们已经发现最大似然估计方法系统化地低估了正态分布的协方差矩阵，这与过拟合现象非常类似。当样本数 N 较小时，如 $N=1$，最大似然解的偏差会非常明显；当样本数 N 增加时，最大似然解的偏差会变得不太严重，并且在极限（$N\to\infty$）情况下，方差的最大似然解与真实方差相等。在实际应用中，只要 N 不是很小，那么偏差的现象就不会太严重。为了更全面地理解最大似然估计的局限性，并启发思考相应的解决办法，我们再看看离散变量的最大似然估计。

2. 二元变量最大似然估计及过拟合问题

(1) 二元变量的似然函数

考虑一个二元随机变量 $x\in\{0,1\}$，x 服从伯努利分布，记为 $p(x|\mu)\sim\text{Bern}(x|\mu)$。该分布的参数为 μ，即 $\theta=\mu$。二元随机变量 x 可以用来表示抛硬币的结果，$x=1$ 表示“正面”，$x=0$ 表示“反面”。假设训练集$\mathcal{D}=\{x_1,x_2,\cdots,x_N\}$中的每个样本均是从伯努利分布下独立采样得到的。容易写出对数似然函数：

$$H(\mu)=\sum_{n=1}^{N}\ln p(x_n|\mu)=\sum_{n=1}^{N}(x_n\ln\mu+(1-x_n)\ln(1-\mu)) \tag{3.25}$$

式(3.25)中的对数似然函数 $H(\mu)$只通过和式 $\sum_{n=1}^{N}x_n$ 依赖于 x 的 N 次观测，因此这个和式是伯努利分布下数据的充分统计量。

(2) 二元变量的最大似然估计

下面采用最大似然估计方法求解参数 μ。令 $H(\mu)$关于 μ 的导数等于 0，我们就得到了伯努利分布的最大似然估计量：

$$\mu_{\text{ML}}=\frac{1}{N}\sum_{n=1}^{N}x_n \tag{3.26}$$

式(3.26)与式(3.18)的正态分布下均值的最大似然估计一样，都是样本的算术平均。如果把训练集$\mathcal{D}$中 $x=1$(正面)的样本数量记作 m，那么我们可以把式(3.26)简化为

$$\mu_{\text{ML}}=\frac{m}{N} \tag{3.27}$$

因此在最大似然框架下，“正面”概率的估计量是训练集里“正面”样本所占总数的比例。

(3) 过拟合分析

式(3.27)很符合我们的直觉，并且当 N 较大时结果也相对准确。但是当 N 很小时，过拟合现象非常明显。假设我们抛一个硬币 3 次，碰巧 3 次都是正面朝上，那么 $N=m=3$，这种情况并不少见。根据最大似然估计，$\mu_{\text{ML}}=1$。在抛硬币问题中 $\mu=1$ 是一种非常极端的情形，其意味着每次抛这枚硬币都将是正面向上的。常识告诉我们这是不合理的，这也是最大似然估计中过拟合现象的一个极端例子。

3. 多项分布最大似然估计及过拟合问题

(1) 多项分布的似然函数

假设多元离散随机变量 $\boldsymbol{x}$ 服从式(3.28)的分布：

$$p(\boldsymbol{x}|\boldsymbol{\mu}) = \prod_{k=1}^{K} \mu_k^{x_k} \tag{3.28}$$

其中，$\boldsymbol{\mu}=[\mu_1,\cdots,\mu_K]^{\mathrm{T}}$表示所有待估计的参数，即$\boldsymbol{\theta}=\boldsymbol{\mu}$。这里采用独热编码，例如，$\boldsymbol{x}=[0,0,1,0,0,0]^{\mathrm{T}}$表示$\boldsymbol{x}$有6种状态，当前发生的是第3个状态。假设训练集$\mathcal{D}=\{\boldsymbol{x}_1,\boldsymbol{x}_2,\cdots,\boldsymbol{x}_N\}$中的每个样本均是从$p(\boldsymbol{x}|\boldsymbol{\mu})$分布下独立采样得到的。对应的对数似然函数的形式为

$$H(\boldsymbol{\mu}) = \sum_{n=1}^{N} \ln p(\boldsymbol{x}_n|\boldsymbol{\mu}) = \sum_{n=1}^{N}\sum_{k=1}^{K} x_{nk}\ln\mu_k = \sum_{k=1}^{K}\left(\sum_{n=1}^{N} x_{nk}\right)\ln\mu_k = \sum_{k=1}^{K} m_k\ln\mu_k \tag{3.29}$$

其中，m_k表示观测到第k个状态发生（即$x_k=1$）的次数，即：

$$m_k = \sum_{n=1}^{N} x_{nk} \tag{3.30}$$

式(3.29)中，似然函数对于N个样本数据的依赖是通过$m_k(k=1,\cdots,K)$来体现的，它们是这个分布的充分统计量。

(2) 多项分布的最大似然估计

下面来求解参数$\boldsymbol{\mu}$。需要注意，这里在求取$\boldsymbol{\mu}$的最大似然解时不仅要最大化式(3.29)的对数似然函数，还需要限制μ_k的和必须等于1，从而确保$p(\boldsymbol{x}|\boldsymbol{\mu})$的归一化。这可以通过拉格朗日乘数$\lambda$实现，即最大化：

$$\sum_{k=1}^{K} m_k\ln\mu_k + \lambda\left(\sum_{k=1}^{K}\mu_k - 1\right) \tag{3.31}$$

求解后得到最大似然估计量：

$$\mu_k^{\mathrm{ML}} = \frac{m_k}{N} \quad k=1,\cdots,K \tag{3.32}$$

这是N次观测中，$x_k=1$的观测所占的比例。

(3) 过拟合分析

同伯努利分布相比，显然式(3.32)的最大似然估计更容易受到训练样本不足的影响。例如，对于一个有6个面的骰子，如果训练样本数$N<6$，那么肯定会出现某个面的概率$\mu_k^{\mathrm{ML}}=0$的极端情况。现实中，我们会对骰子有个先验的假设：各个状态出现的概率应该相差不大。因此，即使观测数据中$m_k=0$，直觉也会告诉我们$\mu_k\neq 0$。接下来会看到，通过引入先验概率，过拟合现象会得到缓解。

3.3 贝叶斯估计

最大似然估计把待估计的参数$\boldsymbol{\theta}$看作完全未知但确定的量，根据观察数据估计该参数的取值。相比之下，贝叶斯估计将参数$\boldsymbol{\theta}$看作随机变量，并根据观察数据推断参数的分布。预测分布(Predictive Distribution)则运用了贝叶斯估计的原理来直接估计概率密度函数。这一部分内容进一步展示了贝叶斯推断的思想。

3.3.1 最大后验估计

1. 主要思想

在训练样本有限时，最大似然估计容易产生过拟合问题。一种改进方法是引入关于参数

的领域知识。以硬币估计问题为例，我们可能在观测到样本数据之前就知道参数 μ 很可能接近0.5，并且几乎不可能是0或1。这暗示着虽然我们不知道参数 μ 的确切取值，但我们对其并非一无所知。这种具有不确定性的领域知识最适合用概率分布来表达，而且由于其不依赖于观测数据，这种概率分布属于先验概率。基于贝叶斯定理，先验概率与似然函数能够推断出后验概率。因此，最大似然估计就可以改进为最大后验估计（Maximum A Posteriori Estimation，MAP）。

2. 方法描述

同样假设随机向量 $\boldsymbol{x}$ 的概率密度函数形式是已知的，即 $\boldsymbol{x}$ 服从 $p(\boldsymbol{x}|\boldsymbol{\theta})$。参数估计的目标仍然是通过样本集 $\mathcal{D}=\{\boldsymbol{x}_1,\boldsymbol{x}_2,\cdots,\boldsymbol{x}_N\}$ 估计出参数 $\hat{\boldsymbol{\theta}}$，从而学习到 $\boldsymbol{x}$ 的概率分布。根据式(3.2)可以得到似然函数 $l(\boldsymbol{\theta})$。不同之处在于，最大后验估计将参数 $\boldsymbol{\theta}$ 看成随机向量，并用先验概率 $p(\boldsymbol{\theta})$ 来描述。根据贝叶斯推断可知：

$$\text{后验概率} \propto \text{似然函数} \times \text{先验概率} \tag{3.33}$$

其中，后验概率 $p(\boldsymbol{\theta}|\mathcal{D})$ 表示在观测到样本集 $\mathcal{D}$ 后参数 $\boldsymbol{\theta}$ 的概率密度分布。后验概率比似然函数更能反映参数 $\boldsymbol{\theta}$ 的可能取值。最大后验估计的对数准则函数为

$$\boldsymbol{\theta}_{\mathrm{MAP}}=\underset{\boldsymbol{\theta}}{\operatorname{argmax}}\ (H(\boldsymbol{\theta})+\ln p(\boldsymbol{\theta})) \tag{3.34}$$

与式(3.5)相比，最大后验估计比最大似然估计多考虑了先验概率 $p(\boldsymbol{\theta})$。只要合理选择先验概率，就能有效缓解过拟合问题。对于某种似然函数，如果先验概率分布与后验概率分布具有相同的函数形式，则称这两个分布是共轭的。选择具有共轭性质的先验概率常常可以简化分析。

3. 伯努利分布的最大后验估计

(1) 二项分布的共轭先验

下面以二项分布为例分析最大后验估计的效果。二项分布的似然函数 $\mathrm{Bin}(m|N,\mu)$ 为

$$\mathrm{Bin}(m|N,\mu)=\binom{N}{m}\mu^m(1-\mu)^{N-m} \tag{3.35}$$

二项分布的共轭先验是贝塔(Beta)分布，定义为

$$\mathrm{Beta}(\mu|a,b)=\frac{\Gamma(a+b)}{\Gamma(a)\Gamma(b)}\mu^{a-1}(1-\mu)^{b-1} \tag{3.36}$$

其中，$\Gamma(x)$ 是Gamma函数：

$$\Gamma(x)=\int_0^\infty u^{x-1}\mathrm{e}^{-u}\mathrm{d}u$$

贝塔分布的均值和方差为

$$E[\mu]=\frac{a}{a+b}$$

$$\mathrm{var}[\mu]=\frac{ab}{(a+b)^2(a+b+1)}$$

其中，参数 a 和 b 被称为超参数(Hyperparameter)，因为它们控制了参数 μ 的概率分布。

(2) 后验概率与最大后验估计

利用贝叶斯定理，通过贝塔先验〔式(3.36)〕和二项分布的似然函数〔式(3.35)〕可以推断出 μ 的后验概率为

$$p(\mu|m,l,a,b)=\frac{\Gamma(m+a+l+b)}{\Gamma(m+a)\Gamma(l+b)}\mu^{m+a-1}(1-\mu)^{l+b-1}=\mathrm{Beta}(\mu|m+a,l+b) \tag{3.37}$$

其中，$l=N-m$，即对应于硬币"反面朝上"的样本数量。我们看到 μ 的后验概率函数形式与先验分布相同，也服从贝塔分布，这反映出先验关于似然函数的共轭性质。

当 $m+a>1$ 且 $l+b>1$ 时，$\mathrm{Beta}(\mu|m+a,l+b)$ 的概率密度函数达到最大值的点就是二项分布的最大后验估计：

$$\mu_{\mathrm{MAP}}=\frac{m+a-1}{m+a+l+b-2} \tag{3.38}$$

(3) 共轭先验与等效样本

我们知道，m 表示训练样本中 $x=1$ 的观测次数，l 表示 $x=0$ 的观测次数。观测式(3.38)，并对比先验概率和后验概率可以发现，超参数 a 和 b 与观测样本数量有一定的对应关系。其中，$a-1$ 可以等效为观测到 $x=1$ 的次数，$b-1$ 等效为观测到 $x=0$ 的次数。所以，可以将 $a-1$ 和 $b-1$ 视作虚拟观测(Imaginary Trials)样本的数目。

(4) 过拟合分析

通过选择合适的先验概率，就可以有效缓解最大似然估计的过拟合问题。例如，当训练样本集中唯一的观测值为 $x=1$ 时，$N=m=1$，其似然函数会导致 $\hat{\mu}=1$ 的过拟合结果，见图 3.3(a)。如果加入贝塔先验，并且将 a 和 b 设置为 2 时($x=1$ 和 $x=0$ 的虚拟观测样本数目各为 1)，$\mathrm{Beta}(\mu|2,2)$ 是在 $\mu=0.5$ 时具有最大值的先验概率，见图 3.3(b)。这个先验概率和似然函数推断出的后验概率分布为 $\mathrm{Beta}(\mu|3,2)$，可以缓解过拟合情况，见图 3.3(c)。

当训练样本较少时，似然函数容易面临过拟合问题，这时先验概率对后验概率的影响更为显著，有助于缓解过拟合；随着训练样本数量的增加，最大似然估计变得更加准确，此时似然函数对后验概率的影响更大，得到的估计结果更符合样本集。另外，随着观测到的数据量的增加，后验概率的方差也会持续下降，表明估计量的不确定性在减少。

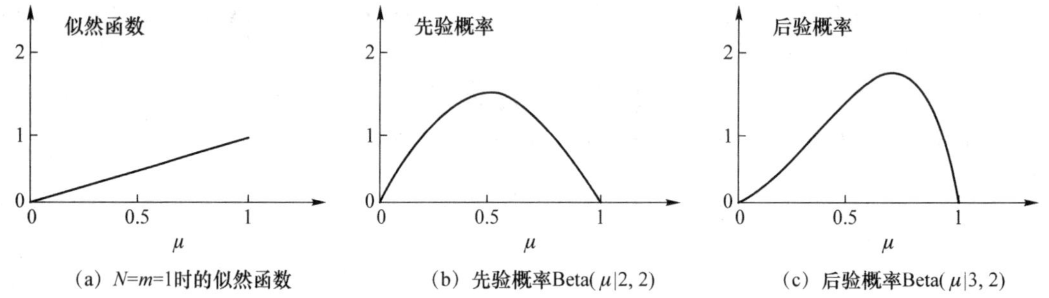

(a) $N=m=1$ 时的似然函数　(b) 先验概率 $\mathrm{Beta}(\mu|2,2)$　(c) 后验概率 $\mathrm{Beta}(\mu|3,2)$

图 3.3　共轭先验与等效样本

4. 多项分布的最大后验估计

(1) 似然函数

对于多项分布，最大后验估计同样具有缓解过拟合的显著效果。观测训练集为 $\mathcal{D}=\{\boldsymbol{x}_1,\boldsymbol{x}_2,\cdots,\boldsymbol{x}_N\}$ 时，多项分布的似然函数为

$$\mathrm{Mult}(m_1,m_2,\cdots,m_K|N,\boldsymbol{\mu})=\binom{N}{m_1,m_2,\cdots,m_K}\prod_{k=1}^{K}\mu_k^{m_k} \tag{3.39}$$

(2) 共轭先验

多项分布的共轭先验是狄利克雷(Dirichlet)分布，函数形式为

$$\mathrm{Dir}(\boldsymbol{\mu}|\boldsymbol{\alpha})=\frac{\Gamma(\alpha_0)}{\Gamma(\alpha_1)\cdots\Gamma(\alpha_K)}\prod_{k=1}^{K}\mu_k^{\alpha_k-1} \tag{3.40}$$

其中

$$\alpha_0 = \sum_{k=1}^{K} \alpha_k \tag{3.41}$$

(3) 后验概率

利用贝叶斯定理,推断出后验概率为

$$p(\boldsymbol{\mu} \mid \mathcal{D},\boldsymbol{\alpha}) = \frac{\Gamma(\alpha_0 + N)}{\Gamma(\alpha_1 + m_1)\cdots\Gamma(\alpha_K + m_K)} \prod_{k=1}^{K} \mu_k^{\alpha_k + m_k - 1} = \mathrm{Dir}(\boldsymbol{\mu} \mid \boldsymbol{m} + \boldsymbol{\alpha}) \tag{3.42}$$

其中,$\boldsymbol{m}=[m_1,\cdots,m_K]^{\mathrm{T}}$。类似于二项分布中的贝塔分布,我们也可以将狄利克雷分布的参数 α_k-1 视为 $x_k=1$ 的虚拟观测样本数目。

(4) 最大后验估计

当$(\alpha_k-1)>1(k=1,\cdots,K)$时,后验概率密度函数 $\mathrm{Dir}(\boldsymbol{\mu} \mid \boldsymbol{m}+\boldsymbol{\alpha})$达到最大值的点就是多项分布的最大后验估计:

$$\mu_k^{\mathrm{MAP}} = \frac{\alpha_k + m_k - 1}{\alpha_0 + N - K} \quad k=1,\cdots,K \tag{3.43}$$

通过选择合适的先验概率超参数 $\boldsymbol{\alpha}$,利用最大后验估计就可以有效缓解最大似然估计的过拟合问题。

(5) 拉普拉斯平滑

对于多项分布的参数估计,一种简单有效的避免过拟合的方法叫作拉普拉斯平滑(Laplace Smoothing)。该方法将每个状态的虚拟观测样本数目设置为 1,即选择超参数 $\boldsymbol{\alpha}=[\alpha_1=2, \alpha_2=2,\cdots,\alpha_K=2]^{\mathrm{T}}$的狄利克雷分布作为先验概率,对应的估计量为

$$\mu_k^{\mathrm{Laplace}} = \frac{m_k + 1}{N + K} \quad k=1,\cdots,K \tag{3.44}$$

3.3.2 最小风险贝叶斯估计

1. 最小风险贝叶斯估计基本原理

(1) 参数估计的问题描述

我们可以运用第 2 章的统计决策方法来解决概率密度函数的参数估计问题。不过这里要决策的不是离散的类别,而是在连续参数空间中选择参数的取值。

假设随机向量 $\boldsymbol{x}$ 的概率密度函数形式是已知的,即 $\boldsymbol{x}$ 服从 $p(\boldsymbol{x} \mid \boldsymbol{\theta})$。将待估计参数 $\boldsymbol{\theta}$ 视为具有先验概率 $p(\boldsymbol{\theta})$的随机变量。贝叶斯估计的任务就是根据样本集$\mathcal{D}=\{\boldsymbol{x}_1,\boldsymbol{x}_2,\cdots,\boldsymbol{x}_N\}$估计最优的 $\boldsymbol{\theta}$,记作 $\boldsymbol{\theta}^*$。

(2) 最小风险决策准则

在用于分类的统计决策中,我们通过损失函数定义了最小错误率准则和最小风险准则等决策准则。在这里,对连续变量 $\boldsymbol{\theta}$,我们假定将其估计值为 $\hat{\boldsymbol{\theta}}$ 所带来的损失记为 $L(\hat{\boldsymbol{\theta}},\boldsymbol{\theta})$,也称作损失函数。相应的决策准则就是最小化损失函数的期望值,这对应了最小风险决策准则。

将样本集$\mathcal{D}$看成随机变量,参数 $\boldsymbol{\theta}$ 的取值空间是 Θ,那么,当用 $\hat{\boldsymbol{\theta}}$ 来作为估计值时,总期望风险就是:

$$\begin{aligned} R &= \iint_{\Theta} L(\hat{\boldsymbol{\theta}},\boldsymbol{\theta})\, p(\mathcal{D},\boldsymbol{\theta})\, \mathrm{d}\boldsymbol{\theta}\, \mathrm{d}\mathcal{D} \\ &= \int \left(\int_{\Theta} L(\hat{\boldsymbol{\theta}},\boldsymbol{\theta})\, p(\boldsymbol{\theta} \mid \mathcal{D})\, \mathrm{d}\boldsymbol{\theta} \right) p(\mathcal{D})\, \mathrm{d}\mathcal{D} \end{aligned} \tag{3.45}$$

(3) 条件风险最小化的准则函数

当训练数据集为$\mathcal{D}$且用$\hat{\boldsymbol{\theta}}$来作为估计值时，条件期望风险为

$$R(\hat{\boldsymbol{\theta}}|\mathcal{D}) = \int_{\Theta} L(\hat{\boldsymbol{\theta}},\boldsymbol{\theta})p(\boldsymbol{\theta}|\mathcal{D})\mathrm{d}\boldsymbol{\theta} \tag{3.46}$$

则式(3.45)简化为

$$R = \int R(\hat{\boldsymbol{\theta}}|\mathcal{D})p(\mathcal{D})\mathrm{d}\,\mathcal{D} \tag{3.47}$$

与贝叶斯分类决策时相似，式(3.47)的期望风险也是在所有可能的训练集$\mathcal{D}$情况下的条件风险积分，而条件风险是非负的，所以求期望风险最小就等价于对所有可能的训练集$\mathcal{D}$求条件风险$R(\hat{\boldsymbol{\theta}}|\mathcal{D})$最小，即：

$$\boldsymbol{\theta}^* = \underset{\hat{\boldsymbol{\theta}}}{\arg\min} R(\hat{\boldsymbol{\theta}}|\mathcal{D}) \tag{3.48}$$

(4) 平方误差损失函数下的贝叶斯估计量

最常用的损失函数是平方误差损失函数，当θ是一维参数时，平方误差损失函数为

$$L(\hat{\theta},\theta)=(\theta-\hat{\theta})^2 \tag{3.49}$$

可以证明，如果采用式(3.49)的损失函数，则在给定训练集$\mathcal{D}$下，θ的贝叶斯估计量是：

$$\boldsymbol{\theta}^* = E[\theta|\mathcal{D}] = \int \theta p(\theta|\mathcal{D})\mathrm{d}\theta \tag{3.50}$$

当参数$\boldsymbol{\theta}$为多维参数时也可以得到类似的贝叶斯估计量：

$$\boldsymbol{\theta}^* = E[\boldsymbol{\theta}|\mathcal{D}] = \int_{\Theta} \boldsymbol{\theta} p(\boldsymbol{\theta}|\mathcal{D})\mathrm{d}\boldsymbol{\theta} \tag{3.51}$$

2. 贝叶斯估计的步骤

在最小平方误差损失函数下，贝叶斯估计的步骤是：

① 根据对问题的认识选择$\boldsymbol{\theta}$的先验概率密度$p(\boldsymbol{\theta})$。

② 对于独立地从$p(\boldsymbol{x}|\boldsymbol{\theta})$分布中采样获取的样本集$\mathcal{D}=\{\boldsymbol{x}_1,\boldsymbol{x}_2,\cdots,\boldsymbol{x}_N\}$，求出似然函数：

$$l(\boldsymbol{\theta}) = p(\mathcal{D}|\boldsymbol{\theta}) = \prod_{n=1}^{N} p(\boldsymbol{x}_n|\boldsymbol{\theta}) \tag{3.52}$$

③ 利用贝叶斯定理推断出$\boldsymbol{\theta}$的后验分布：

$$p(\boldsymbol{\theta}|\mathcal{D}) = \frac{p(\mathcal{D}|\boldsymbol{\theta})p(\boldsymbol{\theta})}{\int p(\mathcal{D}|\boldsymbol{\theta})p(\boldsymbol{\theta})\mathrm{d}\boldsymbol{\theta}} \tag{3.53}$$

④ 求出参数$\boldsymbol{\theta}$的贝叶斯估计量：

$$\boldsymbol{\theta}^* = \int \boldsymbol{\theta} p(\boldsymbol{\theta}|\mathcal{D})\mathrm{d}\boldsymbol{\theta} \tag{3.54}$$

3. 一维正态分布的贝叶斯估计

下面以最简单的一维正态分布模型为例来说明贝叶斯估计的应用。假设模型的均值μ是待估计的参数，方差为σ^2为已知，概率密度函数可以写为

$$p(x|\mu)=\frac{1}{(2\pi)^{\frac{1}{2}}\sigma}\exp\left\{-\frac{1}{2\sigma^2}(x-\mu)^2\right\} \tag{3.55}$$

我们的任务是根据训练集$\mathcal{D}=\{x_1,x_2,\cdots,x_N\}$推断期望$\mu$。

(1) 先验概率选择

我们看到,似然函数为 μ 的二次型的指数形式。如果先验分布 $p(\mu)$ 服从正态分布,那么它就是似然函数的一个共轭分布。因此令先验概率分布为正态分布,其分布参数为 μ_0 和 σ_0^2:

$$p(\mu)=\mathcal{N}(\mu_0,\sigma_0^2)=\frac{1}{(2\pi)^{\frac{1}{2}}\sigma_0}\exp\left\{-\frac{1}{2\sigma_0^2}(\mu-\mu_0)^2\right\} \tag{3.56}$$

(2) 求似然函数

似然函数为

$$l(\mu)=p(\mathcal{D}|\mu)=\prod_{n=1}^{N}p(x_n|\mu)=\frac{1}{(2\pi)^{\frac{N}{2}}\sigma^N}\exp\left\{-\frac{1}{2\sigma^2}\sum_{n=1}^{N}(x_n-\mu)^2\right\} \tag{3.57}$$

(3) 推断后验概率

根据式(3.33)可知 $p(\mu|\mathcal{D})\propto p(\mathcal{D}|\mu)p(\mu)$,再对指数项进行配方,可以得到后验概率的形式为

$$p(\mu|\mathcal{D})=\mathcal{N}(\mu_N,\sigma_N^2)=\frac{1}{(2\pi)^{\frac{1}{2}}\sigma_N}\exp\left\{-\frac{1}{2\sigma_N^2}(\mu-\mu_N)^2\right\} \tag{3.58}$$

其中

$$\mu_N=\frac{\sigma^2}{N\sigma_0^2+\sigma^2}\mu_0+\frac{N\sigma_0^2}{N\sigma_0^2+\sigma^2}\mu_{\mathrm{ML}} \tag{3.59}$$

$$\frac{1}{\sigma_N^2}=\frac{1}{\sigma_0^2}+\frac{N}{\sigma^2} \tag{3.60}$$

μ_{ML}是 μ 的最大似然解,由样本均值给出:

$$\mu_{\mathrm{ML}}=\frac{1}{N}\sum_{n=1}^{N}x_n \tag{3.61}$$

对比式(3.56)与式(3.58)可以发现,由于采用了共轭先验,因此后验概率和先验概率具有相同的数学形式。共轭先验不仅便于推导,而且有时还会让先验概率更具有实际含义。

(4) 计算贝叶斯估计量

由于后验概率仍然是正态分布,因此其期望很容易求出:

$$\mu^*=\int\mu p(\mu|\mathcal{D})\mathrm{d}\mu=\mu_N \tag{3.62}$$

4. 过拟合问题分析

式(3.59)表明,贝叶斯估计量 μ^* 是先验期望 μ_0 和最大似然解 μ_{ML} 的折中。若观测样本的数量 $N=0$,则贝叶斯估计量就是先验的期望 μ_0。当训练样本数量很少时,先验知识对结果的影响更显著,有助于避免过拟合问题。随着训练样本数量增加,通过数据获得的最大似然解的权重增大,从而保证估计量的准确性。当 $N\to\infty$ 时,贝叶斯估计量等于最大似然解。

方差的倒数被称为精度。从式(3.60)可以看出,精度是可累加的,后验概率的精度等于先验的精度加上每个观测样本贡献的精度。随着训练样本数量 N 增加,精度持续提升,对应于后验分布的方差持续减少。没有观测样本时,精度最小。$N\to\infty$ 时,方差 σ_N^2 趋于零,后验分布在最大似然解附近呈现无限大的尖峰。这种结果充分展示了基于数据推断的思想:随着观测数据的增加,结果的不确定性逐渐减小。

3.3.3 预测分布

1. 基本思想

在目前的参数估计中，贝叶斯推断的核心思想是确定参数 $\boldsymbol{\theta}$ 的最优取值 $\boldsymbol{\theta}^*$，这通常是通过最大化后验概率或满足某些最优性准则来实现的。确定了 $\boldsymbol{\theta}^*$ 之后，我们将其代入概率密度函数 $p(\boldsymbol{x}|\boldsymbol{\theta})$ 中，从而得到关于观测数据 $\boldsymbol{x}$ 的概率分布。然而，这种方法只考虑了 $\boldsymbol{\theta}$ 的最优取值，而忽略了 $\boldsymbol{\theta}$ 取其他所有值的可能性。

本小节将探讨一种考虑更全面的推断方法——预测分布(Predictive Distribution)。预测分布将 $\boldsymbol{x}$ 的概率分布 $p(\boldsymbol{x})$ 直接作为推断的目标，并为此考虑了 $\boldsymbol{\theta}$ 所有取值的可能性，从而提供了一种更细致的处理参数不确定性的方法。该方法最终推断出来的概率分布甚至有可能不再是给定的概率分布形式了。

2. 预测分布的核心方法

预测分布的任务可以描述为：根据训练集 $\mathcal{D}=\{\boldsymbol{x}_1,\boldsymbol{x}_2,\cdots,\boldsymbol{x}_N\}$ 推断 x 的概率分布 $\mathrm{p}(\boldsymbol{x}|\mathcal{D})$。值得注意的是，我们的最终目标是 $p(\boldsymbol{x}|\mathcal{D})$，并不直接涉及参数 $\boldsymbol{\theta}$。然而，为了推断出最终目标，我们需要引入 $\boldsymbol{\theta}$。

具体的方法是，首先采用加法准则引入 $\boldsymbol{x}$ 与 $\boldsymbol{\theta}$ 的联合概率，再利用乘法准则将联合概率分解为乘积形式，得到：

$$p(\boldsymbol{x}|\mathcal{D}) = \int p(\boldsymbol{x},\boldsymbol{\theta}|\mathcal{D})\mathrm{d}\boldsymbol{\theta} = \int p(\boldsymbol{x}|\boldsymbol{\theta})p(\boldsymbol{\theta}|\mathcal{D})\mathrm{d}\boldsymbol{\theta} \tag{3.63}$$

式(3.63)中的 $p(\boldsymbol{x}|\boldsymbol{\theta})$ 是参数估计中已知的函数，后验概率 $p(\boldsymbol{\theta}|\mathcal{D})$ 可以根据贝叶斯公式得到：

$$p(\boldsymbol{\theta}|\mathcal{D}) = \frac{p(\mathcal{D}|\boldsymbol{\theta})p(\boldsymbol{\theta})}{\int p(\mathcal{D}|\boldsymbol{\theta})p(\boldsymbol{\theta})\mathrm{d}\boldsymbol{\theta}} \tag{3.64}$$

其中，$p(\boldsymbol{\theta})$ 和 $p(\mathcal{D}|\boldsymbol{\theta})$ 分别是先验概率和似然函数。类似于 3.3.2 节的最小风险贝叶斯估计，其可以被视为已知信息或可推断得到。似然函数 $p(\mathcal{D}|\boldsymbol{\theta})$ 可以表示为

$$p(\mathcal{D}|\boldsymbol{\theta}) = \prod_{n=1}^{N} p(\boldsymbol{x}_n|\boldsymbol{\theta}) \tag{3.65}$$

式(3.63)就是预测分布中最核心的公式，它把预测分布 $p(\boldsymbol{x}|\mathcal{D})$ 和未知参量的后验概率 $p(\boldsymbol{\theta}|\mathcal{D})$ 联系起来。如果后验概率 $p(\boldsymbol{\theta}|\mathcal{D})$ 在某一个值 $\hat{\boldsymbol{\theta}}$ 附近形成明显的尖峰，则有 $p(\boldsymbol{x}|\mathcal{D})\approx p(\boldsymbol{x}|\hat{\boldsymbol{\theta}})$，即用估计量 $\hat{\boldsymbol{\theta}}$ 近似代替真实值的结果。但是，若参数向量 $\boldsymbol{\theta}$ 的后验概率密度 $p(\boldsymbol{\theta}|\mathcal{D})$ 并非尖峰分布，则表明我们应该考虑 $\boldsymbol{\theta}$ 所有取值的可能性，并且按照可能性的大小对 $p(\boldsymbol{x}|\boldsymbol{\theta})$ 进行加权平均。

3. 增量学习形式

为了清晰展示基于数据的推断过程，我们将贝叶斯公式转换为增量学习的形式。为了明确表示集合中已有的样本个数 N，我们采用标记 $\mathcal{D}^N=\{\boldsymbol{x}_1,\boldsymbol{x}_2,\cdots,\boldsymbol{x}_N\}$。根据式(3.65)，如果 $N>1$，则有：

$$p(\mathcal{D}^N|\boldsymbol{\theta})=p(\boldsymbol{x}_N|\boldsymbol{\theta})p(\mathcal{D}^{N-1}|\boldsymbol{\theta}) \tag{3.66}$$

将式(3.66)代入式(3.64)，并且结合贝叶斯公式，我们可以得到以下结果：

$$p(\boldsymbol{\theta}|\mathcal{D}^N)=\frac{p(\boldsymbol{x}_N|\boldsymbol{\theta})p(\boldsymbol{\theta}|\mathcal{D}^{N-1})}{\int p(\boldsymbol{x}_N|\boldsymbol{\theta})p(\boldsymbol{\theta}|\mathcal{D}^{N-1})\mathrm{d}\boldsymbol{\theta}} \tag{3.67}$$

当尚未有观测样本时，令 $p(\boldsymbol{\theta}|\mathcal{D}^0)=p(\boldsymbol{\theta})$。反复运用如式(3.67)所示的递归公式，能够产生一系列的概率密度函数：$p(\boldsymbol{\theta})$，$p(\boldsymbol{\theta}|\mathcal{D}^1)$，$p(\boldsymbol{\theta}|\mathcal{D}^2)$等。这一过程也被称为参数估计的递归贝叶斯方法(Recursive Bayes Approach)。

例 3-1 均匀分布的最大似然估计、贝叶斯估计以及预测分布。我们通过一个例子来比较最大似然估计、贝叶斯估计以及预测分布之间的差异，展示基于数据进行推断的过程。

(1) 问题描述

已知一维随机变量 x 服从均匀分布：

$$p(x|\theta)\sim U(0,\theta)=\begin{cases}\theta^{-1} & 0\leqslant x\leqslant\theta\\ 0 & \text{其他}\end{cases} \tag{3.68}$$

其中，参数 θ 是有界且大于 0 的实数，具体数值未知。独立地从概率密度 $p(x)$ 采样多次，获得训练集$\mathcal{D}^4=\{x_1=4,x_2=7,x_3=2,x_4=8\}$。采用增量学习来估计参数 θ 和概率密度函数 $p(x)$。

(2) 最大似然估计

对于训练集$\mathcal{D}^N$，似然函数为

$$l(\theta)=\prod_{n=1}^{N}p(x_n|\theta)=\begin{cases}\theta^{-N} & 0\leqslant x\leqslant\theta\\ 0 & \text{其他}\end{cases} \tag{3.69}$$

似然函数是 θ 的减函数，因此为了最大化似然函数，θ 的估计值越小越好。当训练集为$\mathcal{D}^1=\{x_1=4\}$时，θ 取 4 会最大化似然函数，因此最大似然估计为 $\theta_{\mathrm{ML}}^{[1]}=4$。类似地，对于$\mathcal{D}^2$，$\mathcal{D}^3$，$\mathcal{D}^4$，最大似然估计分别对应为 $\theta_{\mathrm{ML}}^{[2]}=7$，$\theta_{\mathrm{ML}}^{[3]}=7$，$\theta_{\mathrm{ML}}^{[4]}=8$。最后将 $\theta_{\mathrm{ML}}^{[4]}$代入概率密度函数中获得 x 的概率分布 $p(x|\theta_{\mathrm{ML}}^{[4]})\sim U(0,8)$，并且这个概率分布仍然是均匀分布。

当我们观测到 $x_4=8$ 时，说明 θ 最小可能取值是 8，但是 θ 仍然具有取值比 8 更大的可能性。然而，为了最大化似然函数，就需要忽略 θ 取其他值的可能性。可见，最大似然估计在训练样本较少时非常容易过拟合。

(3) 增量形式的最大后验估计

为了采用贝叶斯推断，需要将参数 θ 看成随机变量，并且用概率分布来表示 θ 的不确定性。这里我们选择 θ 的先验概率为 $p(\theta)\sim U(0,10)$。因此，在尚未观测任何学习样本时 θ 的概率分布为

$$p(\theta|\mathcal{D}^0)\sim U(0,10) \tag{3.70}$$

当观测到第一个样本 $x_1=4$ 时，根据式(3.67)得到：

$$p(\theta|\mathcal{D}^1)=\frac{p(x_1|\theta)p(\theta|\mathcal{D}^0)}{\int p(x_1|\theta)p(\theta|\mathcal{D}^0)\mathrm{d}\theta}\propto p(x_1|\theta)p(\theta|\mathcal{D}^0)=\begin{cases}\theta^{-1} & 4\leqslant\theta\leqslant 10\\ 0 & \text{其他}\end{cases} \tag{3.71}$$

为了简便，我们忽略了归一化。然后继续观测第 2 个数据，并得到：

$$p(\theta|\mathcal{D}^2)\propto p(x_2|\theta)p(\theta|\mathcal{D}^1)=\begin{cases}\theta^{-2} & 7\leqslant\theta\leqslant 10\\ 0 & \text{其他}\end{cases} \tag{3.72}$$

对后续到达的样本都进行同样的处理。每一次递归都将引入系数因子 θ^{-1}，并且调整取值区间为 $\max[\mathcal{D}^N]\leqslant\theta\leqslant 10$，得到：

$$p(\theta|\mathcal{D}^N)\propto\theta^{-N}\quad \max[\mathcal{D}^N]\leqslant\theta\leqslant 10 \tag{3.73}$$

将 $N=0,\cdots,4$ 对应的 $p(\theta|\mathcal{D}^N)$ 均表示在图 3.4 中。如图 3.4 所示，未学到任何观测样本时 θ 的概率为 $p(\theta|\mathcal{D}^0)\sim U(0,10)$，是一个水平曲线，表明 θ 取值的可能性非常分散，因此不确定性也最大。每观测到一个学习样本，θ 的概率都变得更加尖锐。特别是 x_3 样本，虽然没有改变 θ 的分布区间，但仍然使得 θ 的取值可能性集中在更小的范围内，也就是说不确定性减小了。

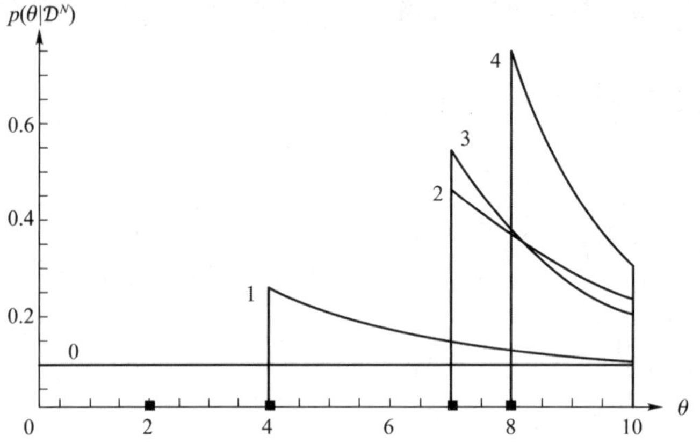

图 3.4　后验概率(每当观测到新的学习样本，后验概率都会更新)

根据式(3.34)，最大后验估计为

$$\theta_{\text{MAP}}^{[N]}=\underset{\theta}{\operatorname{argmax}}(p(\theta|\mathcal{D}^N)) \tag{3.74}$$

从图 3.4 中可见，这里的最大后验估计值与最大似然估计值相等。当 $N=4$ 时，$\theta_{\text{MAP}}^{[4]}=8$，因此 x 的概率分布 $p(x|\theta_{\text{MAP}}^{[4]})\sim U(0,8)$。虽然 θ 真实值为 8 的可能性最大，但最大后验估计方法忽略了 θ 取大于 8 的值的可能性。

(4) 平方误差损失函数下的贝叶斯估计

根据式(3.50)，取平方误差损失函数，则最小风险准则下的贝叶斯估计量为

$$\theta^*=E[\theta|\mathcal{D}^N]=\int\theta p(\theta|\mathcal{D}^N)\mathrm{d}\theta \tag{3.75}$$

将式(3.73)代入式(3.75)，当 $N=4$ 时，可以得到 $\theta^*=8.85$，对应的 x 概率分布为 $p(x|\theta^*)\sim U(0,8.85)$，仍然为均匀分布。根据 $p(\theta|\mathcal{D}^N)$ 可以知道 θ 有取值超过 θ^* 的可能性，因此 x 的观测值大于 θ^* 的概率并不应该是 0。显然式(3.75)的贝叶斯估计也忽略了这些可能性。

(5) 贝叶斯预测分布

最后根据式(3.63)计算预测分布，结果如下：

$$p(x|\mathcal{D}^N)=\int p(x|\theta)p(\theta|\mathcal{D}_{\text{T}}^N)\mathrm{d}\theta=\begin{cases}c_0\displaystyle\int_8^{10}\theta^{-5}\mathrm{d}\theta & 0\leqslant x\leqslant 8\\ c_0\displaystyle\int_x^{10}\theta^{-5}\mathrm{d}\theta & 8<x\leqslant 10\end{cases} \tag{3.76}$$

其中，c_0 为归一化因子。从图 3.5 中可见，预测分布估计出的密度函数在 $0\leqslant x\leqslant 8$ 时是均匀分布，而对于更高的值，则有一个小的拖尾，表明 x 的概率仍然不为 0。从这里可以看出，贝叶斯预测分布更完整地展示了基于数据进行推断的思想。

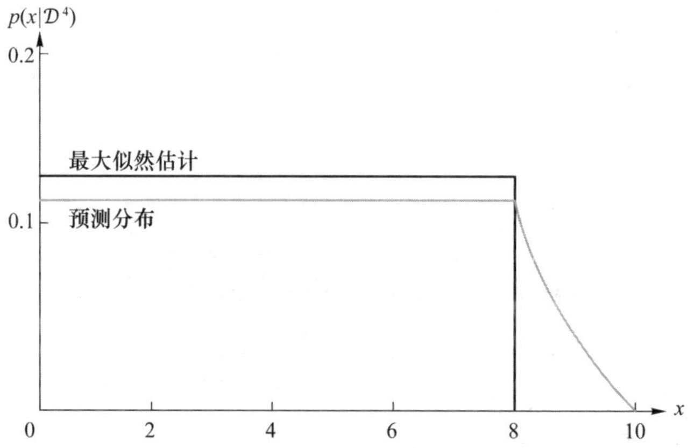

图 3.5 预测分布估计的密度函数

3.4 概率密度函数的非参数估计方法

在参数估计任务中，概率分布的函数形式已知，并且由少量参数控制，这些参数的值可以由训练样本集推断得出。然而，在许多情况下，我们并不了解样本的分布情况，无法事先确定概率分布函数的形式。另外，有些概率分布也很难用简单的函数描述。

本节讨论概率密度函数的非参数估计方法。假设 $\boldsymbol{x}$ 为 D 维随机向量，我们的任务是根据从真实 $p(\boldsymbol{x})$分布中独立采样获得的训练样本集$\mathcal{D}=\{\boldsymbol{x}_1,\boldsymbol{x}_2,\cdots,\boldsymbol{x}_N\}$来估计 $\hat{p}(\boldsymbol{x})$。这种方法不对概率分布的形式进行太多的假设，最终估计出的概率分布更依赖于训练数据。非参数估计方法的模型中仍然具有参数，但是这些参数一般控制的是模型的复杂度而不是分布的形式。本节介绍 3 种非参数估计方法，分别是直方图方法、核函数估计以及近邻估计。

3.4.1 直方图方法与非参数估计的基本原理

1. 直方图方法

直方图(Histogram)方法是最简单且直观的非参数估计方法，也是人们日常常用的统计分析方法之一。我们重点关注一元连续变量 x，多维变量的情况与此类似，因此不再赘述。

标准的直方图简单地将 x 的取值范围划分成宽度为 Δ_i 的箱子，然后对落在第 i 个箱子中的观测样本数量n_i进行计数。为了把这种计数转换为归一化的概率密度，把观测数量除以观测的总数 N，再除以箱子的宽度 Δ_i，得到每个箱子内的概率密度值：

$$\hat{p}_i=\frac{n_i}{N\Delta_i} \tag{3.77}$$

在这个模型中，概率密度在每个箱子内是常数，并且满足$\int\hat{p}(x)\mathrm{d}x=1$。通常每个箱子的宽度是相同，即 $\Delta_i=\Delta$。

图 3.6 给出了一个用直方图方法估计概率密度的例子。虚线表示的曲线是数据的真实分布，共 50 个观测样本，它由两个正态分布混合而成，表现为双峰的光滑曲线。同时给出了 3 个用直方图方法估计概率密度的结果，分别对应于箱子宽度 Δ 的 3 种不同选择。我们看到，当 Δ

非常小的时候，最终得到的概率密度函数有很多尖峰，并且很多箱子内的概率密度为 0，详见图 3.6(a)；当 Δ 取一个适中的值时，可以得到最佳结果，详见图 3.6(b)；如果 Δ 过大，那么最终的概率密度函数过于模糊，无法描述真实分布的双峰特性，详见图 3.6(c)。

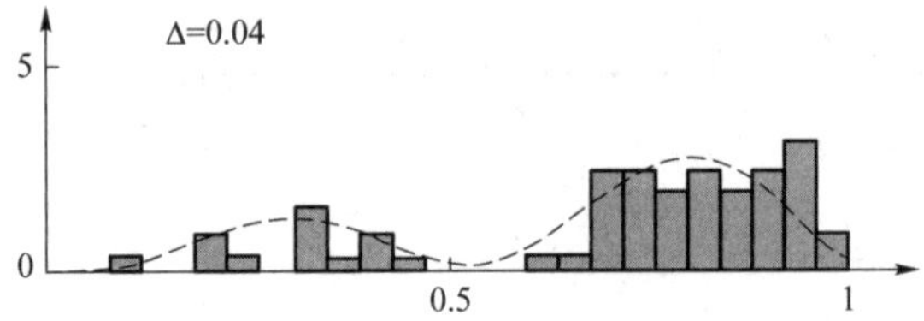

(a) 窗宽Δ=0.04的直方图

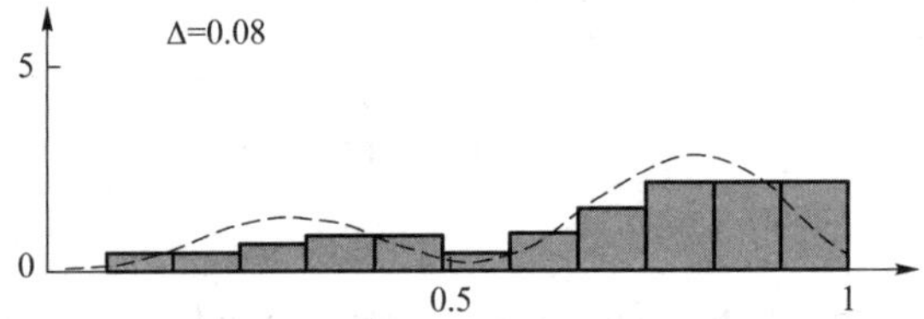

(b) 窗宽Δ=0.08的直方图

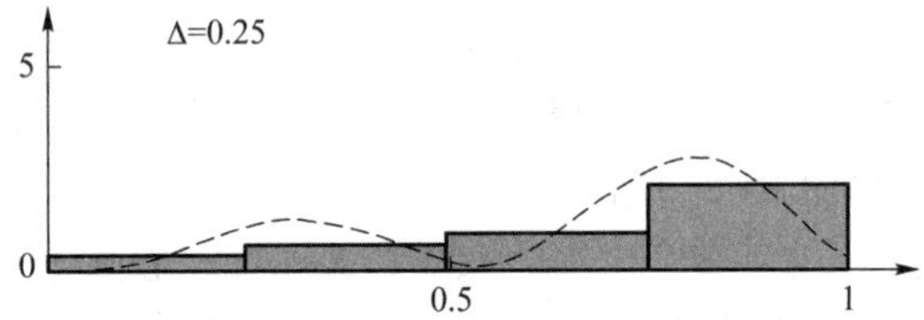

(c) 窗宽Δ=0.25的直方图

图 3.6 直方图方法用于概率密度估计

2. 非参数估计的基本原理

下面来讨论非参数估计的基本原理。我们的问题是根据$\mathcal{D}=\{\boldsymbol{x}_1,\boldsymbol{x}_2,\cdots,\boldsymbol{x}_N\}$来估计 $\hat{p}(\boldsymbol{x})$。

(1) 区域 R 内的概率估计

在估计 $\boldsymbol{x}$ 点的概率密度时，先考虑包含 $\boldsymbol{x}$ 的某个小区域 R。随机向量 $\boldsymbol{x}$ 出现在这个小区域的概率是：

$$p_R = \int_R p(\boldsymbol{x})\mathrm{d}\boldsymbol{x} \tag{3.78}$$

根据二项分布，在包含 N 个训练样本的$\mathcal{D}$中有 K 个样本落在区域 R 中的概率为

$$p_R(K)=\binom{N}{K}p_R^K(1-p_R)^{N-K} \tag{3.79}$$

K 的期望值为 $E[K]=Np_R$。因此，当$\mathcal{D}$中有 K 个样本落入区域 R 中时，p_R的估计量为

$$\hat{p}_R=\frac{K}{N} \tag{3.80}$$

(2) 区域 R 内的概率密度估计

当 $p(\boldsymbol{x})$连续且区域 R 的体积 V 足够小时，可以假定在该区域范围内 $p(\boldsymbol{x})$是常数，则式(3.78)可近似为

$$p_R = \int_R p(\boldsymbol{x})\mathrm{d}\boldsymbol{x} \approx p(\boldsymbol{x})V \tag{3.81}$$

用式(3.80)的估计代入式(3.81)中，可得在区域 R 的范围内：

$$\hat{p}(\boldsymbol{x})=\frac{K}{NV} \tag{3.82}$$

对比式(3.77),发现式(3.82)也是直方图方法中对箱子内概率密度的估计。

(3) 收敛的条件

下面考虑如何让式(3.82)的估计量更准确。一方面要将区域 R 设置得尽量小,从而使得这个区域内的概率密度近似为常数;另一方面也要让区域 R 足够大,从而避免区域内因没有样本或者样本很少而导致概率密度函数不连续。

区域 R 的选择应该与样本总数相适应。理论上讲,假定样本总数是 N,区域 R_N 的体积为 V_N,在 $\boldsymbol{x}$ 附近位置上落入区域 R_N 的样本个数是 K_N,那么当样本趋于无穷多时 $\hat{p}(\boldsymbol{x})$ 收敛于真实分布 $\hat{p}(\boldsymbol{x})$ 的条件是:

$$\begin{aligned}
&① \lim_{N\to\infty} V_N=0\\
&② \lim_{N\to\infty} K_N=\infty\\
&③ \lim_{N\to\infty} \frac{K_N}{N}=0
\end{aligned} \tag{3.83}$$

直观的解释是:随着样本数的增加,区域 R_N 体积应该尽可能小,同时又必须保证 R_N 内有充分多的样本,并且每个 R_N 内的样本数必须是总样本数中很小的一部分。

下面介绍两种满足上述条件的非参数估计方法:核函数估计以及近邻估计。

3.4.2 核函数估计

1. 单位方窗函数

对于包括 N 个观测样本的训练集 $\mathcal{D}$,我们采用以 $\boldsymbol{x}$ 为中心的超立方体形状区域 R。为了统计落在这个区域内样本的数量 K,定义 D 维单位方窗函数:

$$\varphi(\boldsymbol{u})=\begin{cases}1 & |u_i|\leqslant\frac{1}{2}, i=1,\cdots,D\\ 0 & \text{其他}\end{cases} \tag{3.84}$$

其中,$\boldsymbol{u}=[u_1,u_2,\cdots,u_D]^{\mathrm{T}}$。式(3.84)表示以原点为中心的单位立方体。$\varphi(\boldsymbol{u})$ 就是核函数(Kernel Function)的一个实例,在这个问题中核函数也被称为 Parzen 窗。

2. 核函数形式的概率密度估计

(1) 一元核函数形式的概率密度估计

根据 $\varphi(\boldsymbol{u})$ 的定义,如果样本 $\boldsymbol{x}_n$ 位于以 $\boldsymbol{x}$ 为中心,边长为 h 的立方体中,那么 $\varphi\left(\frac{\boldsymbol{x}-\boldsymbol{x}_n}{h}\right)$ 的值为 1,否则它的值为 0。于是,位于这个立方体内的样本的总数为

$$K=\sum_{n=1}^{N}\varphi\left(\frac{\boldsymbol{x}-\boldsymbol{x}_n}{h}\right) \tag{3.85}$$

把该式代入式(3.82),可以得到点 $\boldsymbol{x}$ 处的概率密度估计:

$$\hat{p}(\boldsymbol{x})=\frac{1}{N}\sum_{n=1}^{N}\frac{1}{V}\varphi\left(\frac{\boldsymbol{x}-\boldsymbol{x}_n}{h}\right) \tag{3.86}$$

(2) 二元核函数形式的概率密度估计

式(3.84)中的 $\varphi(\boldsymbol{u})$ 只有一个自变量 $\boldsymbol{u}$,因此可以称之为一元核函数。此外,我们还可以定

义包含两个自变量的二元核函数：

$$k(\boldsymbol{x},\boldsymbol{x}_n)=\frac{1}{V}\varphi\left(\frac{\boldsymbol{x}-\boldsymbol{x}_n}{h}\right) \tag{3.87}$$

它反映了一个观测样本 $\boldsymbol{x}_n$ 对在 $\boldsymbol{x}$ 处的概率密度估计的贡献，其数值主要和样本 $\boldsymbol{x}_n$ 与 $\boldsymbol{x}$ 的距离有关，也可记作 $k(\boldsymbol{x}-\boldsymbol{x}_n)$。概率密度估计就是在每一点上把所有观测样本的贡献进行平均。将式(3.87)代入式(3.86)中，得到：

$$\hat{p}(\boldsymbol{x}) = \frac{1}{N}\sum_{n=1}^{N}k(\boldsymbol{x},\boldsymbol{x}_n) \tag{3.88}$$

式(3.88)是核函数估计的标准表示方式。根据式(3.88)可以将核函数估计看作用核函数对样本在取值空间中进行插值。采用核函数估计概率密度的方法也称作 Parzen 窗方法。

3. 核函数的基本条件

为了使估计出的函数 $\hat{p}(\boldsymbol{x})$ 满足概率密度函数的基本条件，即函数值非负且积分为 1，需要核函数满足以下要求：

$$k(\boldsymbol{x},\boldsymbol{x}_n) \geqslant 0 \tag{3.89}$$

$$\int k(\boldsymbol{x},\boldsymbol{x}_n)\mathrm{d}\boldsymbol{x} = 1 \tag{3.90}$$

4. 高斯核函数

由式(3.84)定义的核函数称作单位方窗函数，其缺点是有人为带来的非连续性。如果选择一个平滑的核函数，那么我们就可以得到一个更加光滑的模型。一个常见的选择是高斯核函数：

$$k(\boldsymbol{x},\boldsymbol{x}_n)=\frac{1}{(2\pi)^{\frac{1}{2}}h}\exp\left\{-\frac{\|\boldsymbol{x}-\boldsymbol{x}_n\|^2}{2h^2}\right\} \tag{3.91}$$

其中，h 表示正态分布的标准差，其协方差为 hI_D。将式(3.91)的高斯核函数代入式(3.88)，可以得到下面的核概率密度模型：

$$\hat{p}(\boldsymbol{x}) = \frac{1}{N}\sum_{n=1}^{N}\frac{1}{(2\pi)^{\frac{1}{2}}h}\exp\left\{-\frac{\|\boldsymbol{x}-\boldsymbol{x}_n\|^2}{2h^2}\right\} \tag{3.92}$$

式(3.92)的含义是，假设每个样本点都服从正态分布，把样本集里的每个样本点的贡献相加后除以 N，使概率密度被归一化。

在图 3.7 中，我们把式(3.92)应用于图 3.6 的样本集上。可以看到，参数 h 对平滑起着重要的作用。小的 h 会造成模型对噪声过于敏感，见图 3.7(a)。而大的 h 会造成过度平滑，见图 3.7(b)。因此要进行一个折中，见图 3.7(c)。对 h 的选择涉及模型的复杂度问题，一种简单有效的方法是将其设置为训练样本数 N 的函数，且满足式(3.83)的 3 个极限条件。

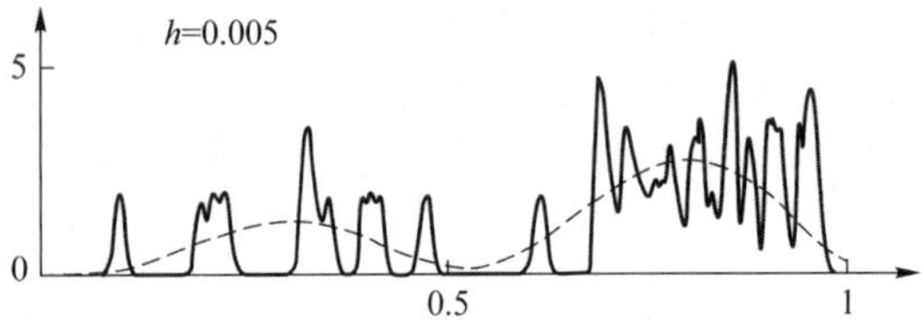

(a) 采用h=0.005的高斯核函数

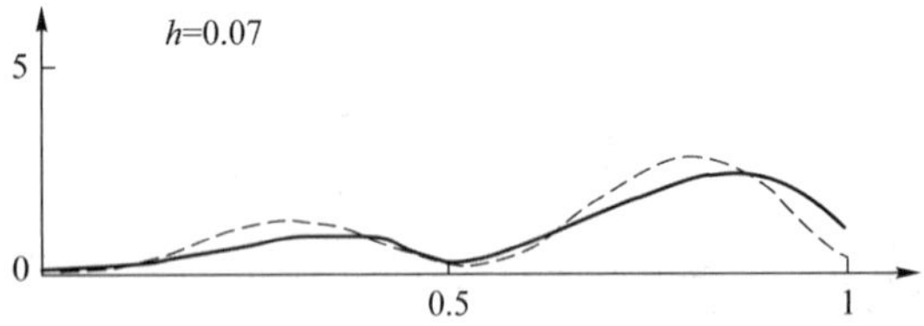

(b) 采用h=0.07的高斯核函数

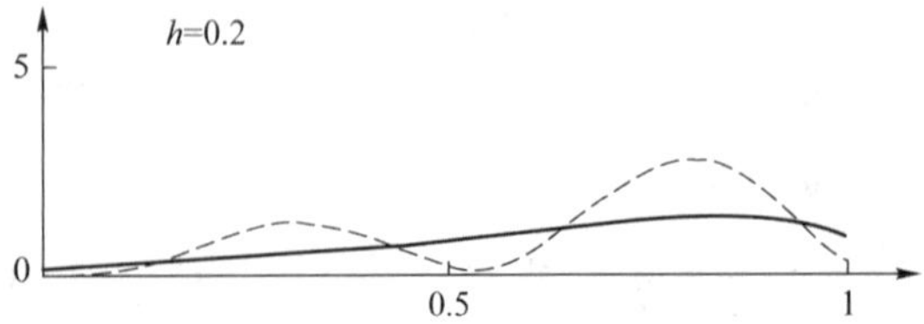

(c) 采用h=0.02的高斯核函数

图 3.7 核函数估计中窗宽参数 h 的影响

3.4.3 近邻估计

1. 基本原理

在核函数估计方法中，当 N 给定时，核函数的宽度h_N固定不变。如果样本分布不均匀，那么在样本密度大的地方，窗口(核函数)内可能落入过多的样本，而在密度小的地方，窗口内可能落入很少的样本，甚至没有。这样就可能导致概率密度的估计在不同的地方表现不一致。

近邻估计是一种采用可变窗口大小的概率密度估计方法。其基本做法是：根据样本总数 N 确定一个参数 K_N，在估计 $\boldsymbol{x}$ 处的密度 $\hat{p}(\boldsymbol{x})$时，我们调整窗口的大小，让其恰好落入 K_N个样本，并用式(3.82)来计算估计概率密度，即：

$$\hat{p}(\boldsymbol{x})=\frac{K_N}{NV} \tag{3.93}$$

这样，在样本密度比较高的区域窗口就会比较小，而在密度比较低的区域窗口则会自动增大，从而更好地兼顾高密度区域的分辨率和低密度区域的连续性。

2. 方法举例

图 3.8 使用与图 3.6 和图 3.7 相同的训练集进行 K 近邻估计。我们看到参数 K 控制了平滑程度，因此一个过小的 K 值会产生一个噪声相当大的概率密度函数，详见图 3.8(a)；而一个过大的 K 值会平滑掉真实概率分布的双峰性质，详见图 3.8(b)；只有选择适当的 K 值，才会得到相对令人满意的概率密度函数，详见图 3.8(c)。可见 K 是一个与控制模型复杂度相关的参数。

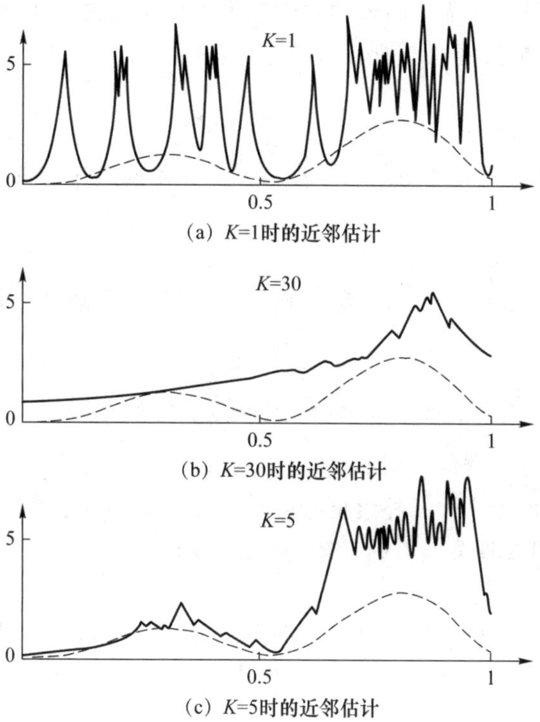

(a) K=1时的近邻估计

(b) K=30时的近邻估计

(c) K=5时的近邻估计

图 3.8 近邻估计中的 K 值选择

3.5 常见的生成模型

3.5.1 朴素贝叶斯分类器

1. 基本原理

(1) 通用的贝叶斯推断

朴素贝叶斯分类器(Naive Bayes Classifier)是经典的机器学习算法之一,也是一种基于概率的生成模型。在分类问题中,假设 $\boldsymbol{x}=[x_1,x_2,\cdots,x_D]^{\mathrm{T}}$ 是包括 D 个维度的输入向量,y 是需要预测的输出,根据贝叶斯决策理论,如果获得了 $\boldsymbol{x}$ 与 y 的联合概率 $p(\boldsymbol{x},y)$,就能够给出最优决策。具体地,先学习出先验概率 $p(y)$ 和条件概率 $p(\boldsymbol{x}|y)$,然后通过贝叶斯公式推断出后验概率 $p(y|\boldsymbol{x})$:

$$p(y|\boldsymbol{x})=\frac{p(y)p(\boldsymbol{x}|y)}{p(\boldsymbol{x})}\propto p(y)p(\boldsymbol{x}|y) \tag{3.94}$$

最后根据后验概率做出最优决策。

(2) 条件独立性假设

在比较不同类别后验概率相对大小的时候,$p(\boldsymbol{x})$ 对决策没有影响,一般都可以消去,$p(y)$ 相对容易学习,难点在于 $\boldsymbol{x}$ 的各个维度并不一定统计独立,导致 $p(\boldsymbol{x}|y)$ 常常难以准确获得。朴素贝叶斯分类器对条件概率做了条件独立性假设。由于这是一个较强的假设,朴素贝叶斯分类器也由此得名。具体地,条件独立性假设是:

$$p(\boldsymbol{x}|y)=\prod_{i=1}^{D}p(x_i|y) \tag{3.95}$$

在分类问题中,条件独立性假设的实际意义就是在不同类别中的输入特征之间是统计独立的。

(3) 朴素贝叶斯分类器

将式(3.95)代入式(3.94)中并取对数形式,最后按照最小错误率决策规则,可以得到如下输出:

$$y=\underset{y}{\operatorname{argmax}}[\log p(y)+\sum_{i=1}^{D}\log p(x_i|y)] \tag{3.96}$$

这就是朴素贝叶斯分类器的模型形式,其中的 $p(y)$ 和 $p(x_i|y)(i=1,\cdots,D)$ 是模型的待学习参数。下面以一个例子来介绍朴素贝叶斯分类器的学习与分类过程。

例 3-2 基于朴素贝叶斯分类器的过敏与感冒诊断。

(1) 问题描述

假设对于没有医学背景的普通人经常会混淆"过敏"与"感冒"。对于这个分类问题,输出 y 有两个取值,即 $y=1$ 表示"过敏",$y=0$ 表示"感冒"。为了区分"过敏"与"感冒",我们选择了两个特征,即输入 $\boldsymbol{x}$ 包括 x_1 和 x_2 两个分量,x_1 表示症状,x_2 表示季节。其中,x_1 有 3 个取值,$x_1=1$ 表示"发烧",$x_1=2$ 表示"头痛",$x_1=3$ 表示"打喷嚏";x_2 有 3 个取值,$x_2=\mathrm{W}$ 表示"冬天",$x_2=\mathrm{S}$ 表示"春天",$x_2=\mathrm{A}$ 表示"秋天"。基于我们对亲朋好友的长期观测,积累了一些训练数据，如表3.1所示。

表3.1 “过敏”与“感冒”的训练数据

维度	样例														
	1	2	3	4	5	6	7	8	9	10	11	12	13	14	15
x_1	1	1	1	1	1	2	2	2	2	2	3	3	3	3	3
x_2	W	S	S	W	W	W	S	S	A	A	A	S	S	A	A
y	0	0	1	1	0	0	0	1	1	1	1	1	1	1	0

(2) 参数的最大似然估计

这是一种多项分布，通过最大似然估计方法可以估计出参数。即使我们不了解概率和数理统计，也可以基于频度得到类似表3.2的信息。

表3.2 基于训练数据学习到的先验概率和条件概率

先验概率	$p(y=1)=9/15$		$p(y=0)=6/15$
条件概率	$p(x_1=1\mid y=1)=2/9$	$p(x_1=2\mid y=1)=3/9$	$p(x_1=3\mid y=1)=4/9$
	$p(x_2=\mathrm{W}\mid y=1)=1/9$	$p(x_2=\mathrm{S}\mid y=1)=4/9$	$p(x_2=\mathrm{A}\mid y=1)=4/9$
	$p(x_1=1\mid y=0)=3/6$	$p(x_1=2\mid y=0)=2/6$	$p(x_1=3\mid y=0)=1/6$
	$p(x_2=\mathrm{W}\mid y=0)=3/6$	$p(x_2=\mathrm{S}\mid y=0)=2/6$	$p(x_2=\mathrm{A}\mid y=0)=1/6$

从表3.2中可以发现一些粗浅的“医学知识”：“过敏”$p(y=1)=9/15$比“感冒”$p(y=0)=6/15$更常见；“过敏”的最明显症状是“打喷嚏”$p(x_1=3\mid y=1)=4/9$，高发季节是“春天”$p(x_2=\mathrm{S}\mid y=1)=4/9$和秋天$p(x_2=\mathrm{A}\mid y=1)=4/9$；“感冒”的最明显症状是“发烧”$p(x_1=1\mid y=0)=3/6$，高发季节是“冬天”$p(x_2=\mathrm{W}\mid y=0)=3/6$。

(3) 贝叶斯推断

经过上述的实例学习，我们掌握了一点诊断经验。那么，当在“冬天”($x_2=\mathrm{W}$)发生“头痛”($x_1=2$)的症状时，应该诊断为哪个类别呢？可以从3个因素来做出判断：先验概率表明“过敏”$p(y=1)=9/15$比“感冒”$p(y=0)=6/15$更常见；$p(x_1=2\mid y=1)=3/9$和$p(x_1=2\mid y=0)=2/6$表明“头痛”症状为“过敏”和“感冒”的可能性相同；$p(x_2=\mathrm{W}\mid y=1)=1/9$和$p(x_2=\mathrm{W}\mid y=0)=3/6$表明在“冬天”中更有可能是“感冒”。因此综合考虑，我们的决策应该是“感冒”。对于人脑来说，这种分析方式直观，而且几个要素可以通过加法组合在一起，运算量较小。但对于机器来说，这完全可以凭借计算能力得出精确解(为了方便观测，没有采用对数形式)：

$$p(y=1)p(x_1=2\mid y=1)p(x_2=\mathrm{W}\mid y=1)=\frac{9}{15}\times\frac{3}{9}\times\frac{1}{9}=\frac{1}{45}$$

$$p(y=0)p(x_1=2\mid y=0)p(x_2=\mathrm{W}\mid y=0)=\frac{6}{15}\times\frac{2}{6}\times\frac{3}{6}=\frac{1}{15}$$

因为$1/45<1/15$，所以最后的输出是$y=0$。需要注意的是，这个例子只用来说明朴素贝叶斯分类器的原理，并不具有任何医学意义。

(4) 分析总结

朴素贝叶斯分类器仅加入了输入特征之间统计独立的假设，就大大简化了模型。虽然这个独立假设在实际应用中很难完全成立，但是即使独立假设不成立，朴素贝叶斯分类器也常常可以获得良好的效果。因此朴素贝叶斯分类器应用广泛，如文本分类、信用评估、网站安全检测等。此外,朴素贝叶斯分类器将各个特征分别建模,并通过加法综合得出最终结果的方式,与人脑具有相似性,因此值得初学者重视。

3.5.2 隐马尔可夫模型

1. 目标问题

隐马尔可夫模型(Hidden Markov Model, HMM),又称隐马模型,是一种基于状态序列的生成模型。在隐马模型中,系统在多个隐藏状态之间进行转换,这一过程遵循马尔可夫性质,即每个状态的出现只依赖于前一个状态。然而,这些状态对于观测者是不可见的。以孩子的情绪为例,情绪状态(如快乐、悲伤)不直接可见,而是通过行为(如笑、哭)间接表现。这些情绪状态对应隐藏状态 $S=\{s_1,s_2,\cdots,s_T\}$,而行为则是观测结果 $O=\{o_1,o_2,\cdots,o_T\}$,其中,$s_i\in\{q_1,q_2\}$, $o_i\in\{v_1,v_2\}$。

假设孩子初始情绪为快乐或者悲伤的概率分布为 π,然后以一定概率在两种情绪之间转换,则这一过程就可被描述为马尔可夫过程:$t-1$ 时刻孩子的情绪为 q_i,而 t 时刻情绪为 q_j 的概率就是跳转概率 $p(s_t=q_j|s_{t-1}=q_i)$;在每个情绪状态下,孩子表现出的具体行为称为发射概率 $p(o_t=v_i|s_t=q_i)$。任何一个隐马模型都可以使用初始概率、跳转概率和发射概率来完整描述。

隐马模型可用于解决 3 类经典问题:

① 模型评估:计算给定模型下,一个特定可观测序列 O 出现的概率 $p(O|\lambda)$,其中 λ 为模型参数。

② 状态解码:根据观测序列推断最可能的隐藏状态序列,表述为$\underset{S}{\operatorname{argmax}}\, p(S|O,\lambda)$,例如,解读孩子一系列行为背后的情绪变化。

③ 参数学习:基于已知的行为数据调整模型参数,表述为$\underset{\lambda}{\operatorname{argmax}}\, p(S|O,\lambda)$,这一过程可采用有监督或非监督学习的方式进行。

2. 模型评估

首先,我们将讨论在给定模型结构及其参数 λ 的情况下,如何计算观测序列 O 出现的概率 $p(O|\lambda)$。在隐状态序列 S 已知的情形下,观测序列 O 出现的概率 $p(O|\lambda)$ 可被直接计算:

$$p(O|S)=\prod_{t=1}^{T}p(o_t|s_t) \tag{3.97}$$

此时,观测序列 O 与隐状态序列 S 的联合概率可表示为

$$p(O,S)=p(O|S)p(S)=\prod_{t=1}^{T}p(o_t|s_t)(\pi(s_1)\sum_{t=2}^{T}p(s_t|s_{t-1})) \tag{3.98}$$

当隐状态序列 S 未知时,需要估计模型 λ 下产生观测序列 O 的概率,即通过穷举所有可能的隐状态序列 S 来实现:

$$p(O)=\sum_{S}p(O,S)=\sum_{S}p(O|S)p(S) \tag{3.99}$$

对于一个有 N 个隐藏状态、长度为 T 的序列来说,求解过程的时间复杂度为 $O(N^T)$。当 N 和 T 较大的时候,暴力枚举是一件几乎不可能的事情。为了优化这一计算过程,可以采用前向算法和后向算法,这两种基于动态规划的方法可以有效地计算观测序列的概率。

(1) 前向算法

前向算法从观测序列的起始位置开始,逐步计算至序列末尾。定义 $\alpha_t(j)$为从序列开始到时刻 t 的观测序列,并且时刻 t 的状态为 $s_t=q_j$的累计概率:

$$\alpha_t(j)=p(o_1o_2\cdots o_t,s_t=q_j) \tag{3.100}$$

由于 o_t和除 s_t之外的一切条件都独立,所以可以得到递推关系:

$$\alpha_t(j) = p(o_t\,|\,s_t = q_j)\sum_{i=1}^{N}\alpha_{t-1}(i)p(s_t = q_j\,|\,s_{t-1} - q_i) \tag{3.101}$$

通过最终时刻的累计概率,我们得到整个观测序列的概率:

$$p(O) = \sum_{i=1}^{N}\alpha_T(i) \tag{3.102}$$

(2) 后向算法

后向算法从观测序列的最后一个观测值开始,逆向计算至序列的起始位置。设$\beta_t(j)$为从时刻 t 的状态 $s_t=q_j$开始,直到序列结束的观测序列的概率:

$$\beta_t(j)=p(o_{t+1}o_{t+2}\cdots o_T,s_t=q_j) \tag{3.103}$$

类似地,其递推公式如下:

$$\beta_t(j) = \sum_{i=1}^{N}p(s_{t+1} = q_i\,|\,s_t = q_j)p(o_{t+1}\,|\,s_{t+1} = q_i)\beta_{t+1}(i) \tag{3.104}$$

整个观测序列的概率可以通过所有可能的起始状态的概率加权求和得到:

$$p(O) = \sum_{i=1}^{N}\pi_i p(o_1\,|\,s_1 = q_j\,|)\beta_1(i) \tag{3.105}$$

这样的方法有效地将计算复杂度降为 $O(N^2T)$,显著提高了概率计算的效率。

3. 状态解码

在实际应用中,我们不仅需要计算给定模型下观测序列出现的概率,而且更重要的是能够推断出最可能的隐状态序列。例如,在孩子情绪场景中,我们希望通过孩子的行为序列推断出其内心情绪的一系列变化。最直接的方式是选择每个时刻其最可能的隐变量,但显然如此贪心的做法不能够得到全局最优解。为此,我们介绍一种利用动态规划求解最优路径的方法,即,维特比算法(Viterbi Algorithm)。

该算法的核心思想是:若从 A 到 B 的最优路径必经过 C,则从 A 到 C 的路径也必然是最优的。算法从 $t=1$ 开始,递归计算至 $t=T$,计算出在每个时刻的部分路径的最大概率,并通过回溯得到整体最优路径。其具体步骤如下:

① 初始状态设置:设 $v(j)=p(o_1\,|\,s_1=p_j)$为在 $t=1$ 时刻,给定观测 o_1下状态为 q_j的概率。设$pa_1(j)=0$,这表述初始路径的来源。

② 递归计算:对于 t 从 2 到 T 的每个时间点,更新每个状态 q_j的概率,

$$v_t(j)=\max_i(v_{t-1}(i)p(s_t=q_j\,|\,s_{t-1}=q_i))p(o_t\,|\,s_t=q_j) \tag{3.106}$$

同时更新路径,

$$pa_t(j)=\operatorname*{argmax}_i\ v_{t-1}(i)p(s_t=q_j\,|\,s_{t-1}=q_i) \tag{3.107}$$

这里$pa_t(j)$记录的是在 t 时刻,状态 q_j的最优前驱状态。

③ 终止:在终点 T 时,整体路径的最大概率为

$$p^*=\max_i\ v_T(i) \tag{3.108}$$

并记录终止时的状态:

$$pa_T = \operatorname*{argmax}_i \ v_T(i) \tag{3.109}$$

④ 路径回溯:从 $t=T$ 开始至 $t=1$,逐步通过 $pa_t(j)$ 确定最优路径。这个步骤通过记录的路径来源,从 pa_T^* 开始逆向追溯 pa_1。

维特比算法的时间复杂度 $O(N^2T)$,其能够有效求解最优隐藏状态序列。

4. 参数学习

在实践中,我们通常拥有大量的观测数据,但模型的具体参数未知。在这种情况下,我们需要根据已知的模型结构、观测值的范围以及隐状态集,并利用观测序列的样本来学习模型参数。例如,在孩子情绪场景中,若我们观测并记录孩子大量的行为,则可以学习到其情绪变化的模型,从而对其未来的情绪变化进行预测。

在模型训练问题中,如果隐状态序列已知,则参数的求解相对简单,可以直接使用最大似然估计方法。然而,在大多数情况下,我们只能观测到 O,而隐状态序列 S 是未知的。在模型参数和隐状态都未知的情况下,我们只能通过假设猜测最可能的参数。例如,可以先随意设定一组模型参数,然后利用维特比算法求解最有可能的隐状态序列。将这样推断出的隐状态序列视为真实状态序列,并将问题转换为有监督的训练问题,使用最大似然估计来更新模型参数。这样,通过不断迭代这一过程,可以逐步优化参数,即所谓的 Baum-Welch 算法,这是一种结合动态规划和期望最大化(EM)算法的方法。

EM 算法的基本原理包括两个交替进行的步骤:

① E 步骤(Expectation step):利用模型当前的参数来估计隐变量的取值。

② M 步骤(Maximization step):根据 E 步骤中估计的隐变量值,对模型参数进行最大似然估计并更新。

在隐马模型学习框架下,我们先利用当前模型参数估计在任意时刻 t 从状态 q_i 迁移到状态 q_j 的概率,再通过链式法则和条件独立关系进行分解。其中,$\alpha_t(i)$ 和 $\beta_t(i)$ 分别表示前向算法和后向算法中所定义的概率,因此该算法也被称为前向后向算法。

综上,通过 EM 算法的迭代执行 E 步骤和 M 步骤,直到模型参数收敛或达到预设的迭代次数,可以有效地学习隐马模型的参数。需要注意的是,EM 算法可能不会收敛到全局最优解,因此实践中常需尝试多个不同的初始值,选择最佳拟合的模型参数作为最终结果。

3.5.3 贝叶斯网络

1. 模型形式

在 3.5.1 节中我们讨论了朴素贝叶斯分类器,本节我们将进一步讨论更为普遍应用的贝叶斯网络。与朴素贝叶斯分类器的主要区别在于,贝叶斯网络借助有向无环图(DAG)来描述变量之间的依赖关系,并使用条件概率表(CPT)来刻画变量的联合概率分布。

具体来说,一个贝叶斯网络 B 由结构 G 和参数 θ 两部分构成,即 $B=\langle G,\theta\rangle$。网络结构 G 是一个有向无环图,其每个节点对应了一个属性,若两个属性有直接依赖关系,则它们由一条边连接起来;参数 θ 定量描述了这种依赖关系,假设属性 x_i 在 G 中的父节点为 π_i,则 θ 包含了每个属性的条件概率表 $\theta_{x_i|\pi_i}=p_B(x_i|\pi_i)$。

值得一提的是,贝叶斯网络的 3 个变量 X,Y,Z 之间的典型依赖关系可分为 3 种:

① X 同时影响 Y 和 Z,此时,Y 和 Z 没有直接的依赖关系,其联合分布概率:

$$p(X,Y,Z)=p(X)p(Y|X)p(Z|X) \tag{3.110}$$

② X 和 Y 同时影响 Z，此时，X，Y 条件独立于 Z，其联合分布概率：

$$p(X,Y,Z)=p(X)p(Y)p(Z|X,Y) \tag{3.111}$$

③ X 通过 Y 影响 Z，此时，X，Y，Z 符合马尔可夫性质，其联合分布概率：

$$p(X,Y,Z)=p(X)p(Y|X)p(Z|Y) \tag{3.112}$$

这些基本结构构成了复杂贝叶斯网络中各变量之间交互的基础，通过它们可以推断出网络中更复杂的依赖关系和概率分布。

例 3-3 基于贝叶斯网络的患病诊断。例如，我们希望考虑更多的变量来判断是否患病。假设输入 $\boldsymbol{x}$ 包括 3 个分量，x_1 表示体温，x_2 表示咳嗽，x_3 表示季节，其中，x_1 有 2 个取值，$x_1=1$ 表示"发烧"，$x_1=0$ 表示"正常体温"；x_2 有 2 个取值，$x_2=1$ 表示"咳嗽"，$x_2=0$ 表示"无咳嗽"；x_3 有 3 个取值，$x_3=\mathrm{W}$ 表示"冬天"，$x_3=\mathrm{S}$ 表示"夏天"，$x_3=\mathrm{A}$ 表示"秋天"。输出 y 有 2 个取值，即 $y=1$ 表示"患病"；$y=0$ 表示"未患病"。

我们假设 x_3 影响 x_1 和 x_2，x_1 和 x_2 共同影响 y，则需要考虑 $p(x_3)$，$p(x_1|x_3)$，$p(x_2|x_3)$ 以及 $p(y|x_1,x_2)$。给定训练数据如表 3.3 所示。

表 3.3 "体温"、"咳嗽"、"季节"与"患病"的训练数据

维度	样例									
	1	2	3	4	5	6	7	8	9	10
x_1	1	1	0	1	0	1	0	1	1	0
x_2	1	0	1	1	0	1	0	1	1	0
x_3	W	W	S	A	W	S	A	A	W	S
y	1	0	0	1	0	1	0	1	1	0

对训练数据进行频率统计，我们可以得到经验概率分布，以近似估计 $p(x_3)$，$p(x_1|x_3)$，$p(x_2|x_3)$ 以及 $p(y|x_1,x_2)$：

$$p(x_3)=\begin{cases} p(x_3=\mathrm{W})=4\div 10=0.4 \\ p(x_3=\mathrm{S})=3\div 10=0.3 \\ p(x_3=\mathrm{A})=3\div 10=0.3 \end{cases} \tag{3.113}$$

$$p(x_1|x_3)=\begin{cases} p(x_1=1|x_3=\mathrm{W})=3\div 4=0.75 \\ p(x_1=0|x_3=\mathrm{W})=1\div 4=0.25 \\ p(x_1=1|x_3=\mathrm{W})=1\div 3\approx 0.33 \\ p(x_1=0|x_3=\mathrm{S})=2\div 3\approx 0.67 \\ p(x_1=1|x_3=\mathrm{A})=2\div 3\approx 0.67 \\ p(x_1=0|x_3=\mathrm{A})=1\div 3\approx 0.33 \end{cases} \tag{3.114}$$

$$p(x_2|x_3)=\begin{cases} p(x_2=1|x_3=\mathrm{W})=2\div 4=0.5 \\ p(x_2=0|x_3=\mathrm{W})=2\div 4=0.5 \\ p(x_2=1|x_3=\mathrm{S})=2\div 3\approx 0.67 \\ p(x_2=0|x_3=\mathrm{S})=1\div 3\approx 0.33 \\ p(x_2=1|x_3=\mathrm{A})=2\div 3\approx 0.67 \\ p(x_2=0|x_3=\mathrm{A})=1\div 3\approx 0.33 \end{cases} \tag{3.115}$$

$$p(y|x_1,x_2)=\begin{cases}p(y=1|x_1=1,x_2=1)=4\div 5=0.8\\p(y=0|x_1=1,x_2=1)=1\div 5=0.2\\p(y=1|x_1=1,x_2=0)=0\div 1=0.0\\p(y=0|x_1=1,x_2=0)=1\div 1=1.0\\p(y=1|x_1=0,x_2=1)=1\div 1=1.0\\p(y=0|x_1=0,x_2=1)=0\div 1=0.0\\p(y=1|x_1=0,x_2=0)=1\div 3\approx 0.33\\p(y=0|x_1=0,x_2=0)=2\div 3\approx 0.67\end{cases}\tag{3.116}$$

2. 学习准则

在上述的计算过程中，我们假设了网络的结构，即，变量之间的依赖关系。然而，在实际应用中，我们往往不能合理地假设多个变量之间的复杂依赖关系。这时，一个通常的做法是采用“评分搜索”来找到最优的网络结构。具体地，我们通过定义一个评分函数来评估贝叶斯网络在训练数据上的适应程度，然后根据该评分函数搜索最优的网络结构。

基于信息准则，我们可以将使用最短编码长度来描述训练数据作为学习目标，从而有效地去除变量依赖关系中的冗余。给定训练数据$\mathcal{D}_T=\{x_1,x_2,\cdots,x_N\}$，贝叶斯网络$B=\langle G,\theta\rangle$在$D$上的评分函数可写为

$$s(B|\mathcal{D}_T)=f(\theta)|B|-\mathrm{LL}(B|\mathcal{D}_T)\tag{3.117}$$

其中，$|B|$是贝叶斯网络的参数个数，$f(\theta)$表示描述每个参数θ所需的字节数，而

$$\mathrm{LL}(B|\mathcal{D}_T)=\sum_{i=1}^{N}\log P_B(x_i)\tag{3.118}$$

是贝叶斯网络B的对数似然。

3. 求解算法

不幸的是，在所有可能的网络结构空间中搜索最优贝叶斯网络是一个 NP 难问题。因此，在实际中常常使用贪心法或添加额外的约束条件来得到近似解。那么如何根据部分观测变量和训练好的贝叶斯网络来推断未知变量呢？最理想的情况是根据贝叶斯网络定义的联合分布来精确计算。然而，这一过程也被证明是一个 NP 难问题。因此，在现实应用中，其近似推断吉布斯采样常常被使用。

吉布斯采样是一种随机采样方法，其核心思想是：基于已知变量的条件概率分布来迭代更新未知变量的值。在每一次迭代中，吉布斯采样方法将逐个变量地进行更新，这些更新是在固定其他所有变量的前提下进行的。这种方法的优点是能够直接利用贝叶斯网络中的条件依赖结构，而不需要对整个联合分布进行显式计算。吉布斯采样算法步骤如算法 3.1 所示。

算法 3.1 吉布斯采样算法步骤

输入：贝叶斯网 $B=\langle G,\theta\rangle$；

采样次数 T；

证据变量 E 及其取值 e；

待查询变量 Q 及其取值 q.

过程：

1： $n_q=0$

2: $q^0 =$ 对 Q 随机赋初值
3: **for** $t=1,2,\cdots,T$ **do**
4:     **for** $Q_i \in Q$ **do**
5:         $Z = E \cup Q \backslash \{Q_i\}$;
6:         $z = e \cup q^{t-1} \backslash \{q_i^{t-1}\}$;
7:         根据 B 计算分布 $p_B(Q_i | Z=z)$;
8:         $q_i^t =$ 根据 $p_B(Q_i | Z=z)$ 采样所获 Q_i 取值;
9:         $q^t =$ 将 q^{t-1} 中的 q_i^{t-1} 用 q_i^t 替换
10:    **end for**
11:    **if** $q^t = q$ **then**
12:        $n_q = n_q + 1$
13:    **end if**
14: **end for**
输出: $p(Q=q | E=e) \simeq \dfrac{n_q}{T}$

在例 3-3 中,训练样本的所有属性均被观测到。然而,在一些情况下,我们仅能观测到样本的部分属性。那么在存在未观测变量时,我们应该怎样对贝叶斯网络的参数进行估计呢?

在统计学中,未观测变量称为"隐变量"。令 X 表示已观测变量,Z 表示隐变量,θ 表示模型参数。如果我们采用极大似然估计,那么可以得到最大对数似然:

$$\mathrm{LL}(\theta | X, Z) = \ln p(X, Z | \theta) \tag{3.119}$$

由于隐变量 Z 无法直接观测,因此需要计算 Z 的期望来求解已观测数据的对数"边际似然":

$$\mathrm{LL}(\theta | X) = \ln p(X | \theta) = \ln \sum_z p(X, Z | \theta) \tag{3.120}$$

与隐马模型类似,我们也可以通过 EM 算法来估计参数隐变量,具体步骤如下:

① E 步骤:根据已观测变量 X 和当前参数估计量 θ^t,计算后验分布 $p(Z | X, \theta^t)$ 的期望。

② M 步骤:通过最大化 E 步骤计算出的期望对数似然来更新参数。

$$\theta^{t+1} = \underset{\theta}{\mathrm{argmax}}\, E_{(Z | X, \theta^t)}[\log p(X, Z | \theta)] \tag{3.121}$$

通过重复执行 E 步骤和 M 步骤直至收敛,我们即可完成贝叶斯网络的训练。

3.6 本章小结

本章讲述基于数据推断概率密度函数的基本方法。根据贝叶斯决策理论,知识的基本形式是概率或概率分布,而获取知识的基本途径是基于数据的贝叶斯推断。本章介绍了参数估计的基本方法,包括最大似然估计、贝叶斯估计以及预测分布;介绍了非参数估计的两种方法,即核函数估计和近邻估计;还介绍了常见的生成模型,如朴素贝叶斯分类器、隐马尔可夫模型和贝叶斯网络。

首先,本章的内容体现了统计机器学习的基本方式,即基于数据的统计推断,后续章节的所有机器学习方法也都遵循了这种方式，建议深入分析最大似然估计、贝叶斯估计以及预测分布的区别，这有助于理解统计机器学习的本质。其次，机器学习的形式与人类学习的形式似乎并不完全一样，但是它们都属于基于数据的归纳推理，初学者有必要思考两者的异同。

思 考 题

3-1 请分析概率密度函数估计与获取分类知识之间的联系。

3-2 什么是概率密度函数估计中的参数估计和非参数估计？

3-3 请简述最大似然估计的基本原理和主要方法。

3-4 请简述贝叶斯估计的基本原理和主要方法。

3-5 请结合例 3-1 中的分布预测体会贝叶斯推断过程。

第4章
线性模型

第4章课件

4.1 介　　绍

1. 判别模型的优势

生成模型在统计机器学习的理论中占据着关键位置，但是在应用中会面临诸多挑战。一方面，构建概率模型并准确估计概率分布函数并非易事，这通常需要大量的训练数据；另一方面，估计概率函数也并不总是必要的。在模式识别问题中，概率分布仅是重要的中间信息，最终目标是对样本的类别进行预测。

判别模型则省略了推断过程，直接利用训练数据来拟合后验概率。判别函数进一步简化概率信息，直接学习输入数据与输出标签之间的映射关系。相较于生成模型，尽管判别模型和判别函数舍弃了大量的概率信息和推断过程，并且在大多数情况下放弃了最优解，但判别模型更为简单直接，更适合处理大规模数据集，而且很多情况下也能提供良好的预测效果。这种卓越的实用性使判别模型和判别函数在机器学习领域中发挥着重要作用。

判别模型或判别函数可以分为参数模型和非参数模型，本章及第5章讨论参数模型，而第6章则介绍非参数模型。

2. 判别模型的表示形式

第1章中将参数模型的一般形式表示为

$$\mathcal{F}=\{f\mid y=f_{\boldsymbol{\theta}}(\boldsymbol{x}),\boldsymbol{\theta}\in\mathbb{R}^M\} \tag{4.1}$$

其中，$\boldsymbol{x}\in\mathcal{X}$，$\mathcal{X}$表示输入空间，输入空间为$D$维特征空间，即$\mathcal{X}=\mathbb{R}^D$；而$y\in\mathcal{Y}$，$\mathcal{Y}$表示输出空间。在分类问题中，$y$就是对$\boldsymbol{x}$所属类别的判断，通常用离散的数字标量或向量表示。在回归问题中，y通常是连续的实数或实数向量。式(4.1)中的$\boldsymbol{\theta}$用于表示模型参数。

在机器学习领域中，人们更习惯将判别参数模型简化为

$$f(\boldsymbol{x},\boldsymbol{w}) \tag{4.2}$$

式(4.2)与式(4.1)并无本质差别，只是用$\boldsymbol{w}$取代$\boldsymbol{\theta}$表示参数，并简化了式(4.1)的表示形式。在不引起混淆的情况下，式(4.2)也会进一步简化为$f(\boldsymbol{x})$。

与概率密度函数的参数估计类似，参数模型的模型形式$f(\boldsymbol{x},\boldsymbol{w})$也需要在学习过程之前由

人工给出[①]。不同参数模型的主要区别在于 $f(\boldsymbol{x},\boldsymbol{w})$采用了不同的数学表达形式。模型参数 $\boldsymbol{w}$ 的取值是通过训练数据集学习得到的。

3. 本章主要内容

本章介绍最基本的参数模型,即线性模型(Linear Model)。线性模型的主要特征在于其模型形式 $f(\boldsymbol{x},\boldsymbol{w})$为线性或广义线性函数。线性模型不仅简单易用,而且为构建更复杂模型奠定了基础。

本章将以不同任务为主线介绍几种线性模型。4.2 节结合回归任务介绍线性回归模型,4.3 节针对分类任务介绍线性判别函数。尽管这些线性模型并未显性使用概率,但仍然可以从统计学角度分析其性能,并将其解释为统计意义上的近似最优解。我们将发现,不同的准则函数与最大似然估计或者贝叶斯估计之间存在密切联系,这有助于指导我们更好地避免过拟合现象。4.4 节将介绍对后验概率进行建模的逻辑回归模型和广义线性模型。通过广义线性模型以及基函数等概念,本章内容将与后续的神经网络模型紧密衔接。

4.2 线性回归模型

4.2.1 线性基函数模型

回归问题的任务是通过训练数据集$\mathcal{D}=\{(\boldsymbol{x}_1,y_1),(\boldsymbol{x}_2,y_2),\cdots,(\boldsymbol{x}_N,y_N)\}$学习出自变量 $\boldsymbol{x}$ 与因变量 y 之间的函数关系,并能够对新的 $\boldsymbol{x}$ 值预测相应的 y 值。回归问题中也包括同时预测多个目标值的任务,此时输出 $\boldsymbol{y}$ 为多维实数向量。为了简化问题且不失一般性,本节将重点考虑 y 为一维实数的情况。

1. 模型形式

(1) 标准线性回归模型

最基本的回归模型是线性回归模型(Linear Regression Model),其输出值依赖于所有输入变量及偏置项 w_0 的线性组合,具体形式为

$$f(\boldsymbol{x},\boldsymbol{w})=w_0+w_1x_1+\cdots+w_Dx_D \tag{4.3}$$

其中,$\boldsymbol{x}=[x_1,\cdots,x_D]^{\mathrm{T}}$是 D 维输入向量,$\boldsymbol{w}=[w_0,w_1,\cdots,w_D]^{\mathrm{T}}$是 $D+1$ 维参数向量。

线性回归模型是自变量 $\boldsymbol{x}$ 和参数 $\boldsymbol{w}$ 的线性函数。当因变量与自变量的实际关系接近于线性关系时,该模型通常能提供良好的预测效果。如图 4.1 所示,其中数据点为训练样本,直线为学习到的预测曲线,自变量 x 为一维实数,取值范围在[0,100]之间,训练数据显示因变量 y 与自变量 x 之间具有显著的线性关系,因此采用线性回归模型能够较为准确地预测 y。

(2) 基函数线性回归模型

线性回归模型的局限性在于其仅能表示自变量 $\boldsymbol{x}$ 和参数 $\boldsymbol{w}$ 之间的线性关系。如果因变量 y 与自变量 $\boldsymbol{x}$ 具有非线性关系,则式(4.3)无法提供良好的预测效果。为了解决这一问题,可以将式(4.3)扩展为带有基函数(Basis Function)的线性回归模型:

① 通过数据选择模型形式的学习任务叫做模型选择(Model Selection)。

$$f(\boldsymbol{x},\boldsymbol{w})=w_0+w_1\phi_1(\boldsymbol{x})+\cdots+w_{M-1}\phi_{M-1}(\boldsymbol{x})=\boldsymbol{w}^{\mathrm{T}}\boldsymbol{\phi}(\boldsymbol{x}) \tag{4.4}$$

其中，$\phi_j(\boldsymbol{x})(j=1,\cdots,M-1)$被称为基函数。为了简化表示，对于偏置 w_0 也可以定义一个"虚"的基函数，即 $\phi_0(\boldsymbol{x})=1$。因此式(4.4)中一共包含了 M 个基函数，记为 $\boldsymbol{\phi}(\boldsymbol{x})=[\phi_0(\boldsymbol{x}),\phi_1(\boldsymbol{x}),\cdots,\phi_{M-1}(\boldsymbol{x})]^{\mathrm{T}}$。式(4.4)中参数的总数是 M，记为 $\boldsymbol{w}=[w_0,w_1,\cdots,w_{M-1}]^{\mathrm{T}}$。可以证明，只要 M 的数量足够大，并且选择合适的基函数，式(4.4)就能够拟合任意复杂的函数。

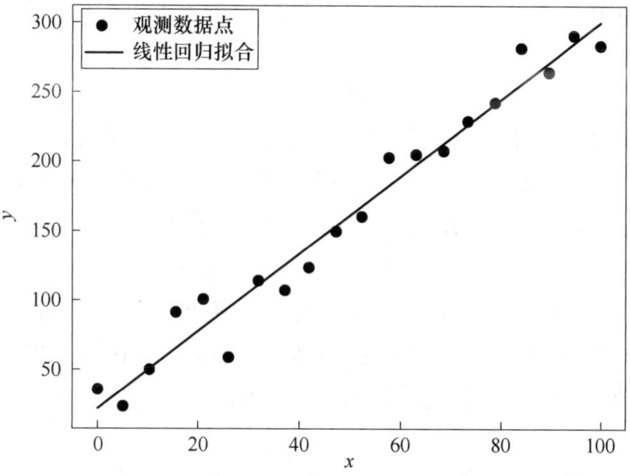

图 4.1 线性回归模型拟合观测数据点

2. 全局基函数与局部基函数

在数学中，基函数是函数空间中特定基底的元素，函数空间中的每个连续函数可以表示为基函数的线性组合。常见的基函数有多项式基函数、高斯基函数、傅里叶基函数等。

(1) 全局基函数

多项式基函数是一组由输入变量的不同幂次构成的函数。对于一维输入变量 x，其多项式基函数为

$$\phi_j(x)=x^j \quad j=0,1,2\cdots \tag{4.5}$$

只要一个函数满足一些基本条件，泰勒公式就可以根据该函数在某一点的各阶导数得到参数 w_j，并用式(4.5)做基函数，从而构成式(4.4)的形式来近似表达这个函数。这说明采用多项式基函数的线性回归模型有能力拟合各种函数。

多项式基函数的局限性在于，式(4.5)中均是全局基函数，即在$(-\infty,+\infty)$的大部分区域上，式(4.5)的取值均非 0 且不断变化，这使得我们在通过调整参数 $\boldsymbol{w}$ 来改变一个区域的函数值时，不可避免地会影响其他所有区域的函数取值，导致调参困难。

(2) 局部基函数

对于一维输入变量 x，高斯基函数形式为

$$\phi_j(x)=\exp\left\{-\frac{(x-\mu_j)^2}{2s^2}\right\} \quad j=0,\pm1,\pm2\cdots \tag{4.6}$$

其中，μ_j 决定了基函数的中心位置，而 s 控制了基函数的宽度。高斯基函数是一种局部基函数，它们在$(-\infty,+\infty)$的大部分区域上的取值均接近 0。使用高斯基函数时，调整少数基函数对应的参数 w_j 就可以利用式(4.4)的模型来拟合特定区域的函数值，而不会对其他区域的函数取值产生显著影响。局部基函数的这一特性简化了线性回归模型的调参过程。

3. 基函数与特征提取

(1) 基函数的作用是特征提取

机器学习领域对基函数的选择标准与数学领域有所不同。数学领域通常强调基函数的完备性和正交性,而机器学习领域更关注基函数集合是否能够充分捕捉数据的内在特性。机器学习中的基函数与特征提取紧密相关,传统手工构建的特征可视为一种提取特征的基函数。例如,在花卉识别中,通过手工构造的基函数可以从原始图像中提取花瓣颜色、形状等特征。

(2) 特征基函数的自动学习

在第 5 章中,我们将了解到浅层神经网络的隐藏层在本质上学习的是输出层的基函数,因此可以为输出层提供更好的特征空间。第 8 章将介绍特征空间的构建与优化方法,这些方法旨在解决基函数的选择和优化问题。深度学习中,每一层模型对应不同的基函数,并提供不同层次的特征表示。随着网络层次的增加,学习到的特征将变得更加抽象。

(3) 本章的讨论范围

式(4.4)的基函数线性回归模型可以被广泛用于各种问题的决策部分。需要注意的是,式(4.4)中可调节的不仅包括参数 $\boldsymbol{w}$,也包括基函数 $\boldsymbol{\phi}(\boldsymbol{x})$。其中基函数 $\boldsymbol{\phi}(\boldsymbol{x})$ 的学习问题将在后续章节中介绍,而本章中主要讨论参数 $\boldsymbol{w}$ 的学习问题。

4.2.2 准则函数:平方误差与最大似然

接下来讨论线性回归模型的几种准则函数。我们将会发现,几种常见的准则函数与最大似然估计和贝叶斯估计具有紧密的联系,这可以指导我们更好地避免过拟合现象。

1. 最小平方误差准则函数

为了利用训练数据集 $\mathcal{D}=\{(\boldsymbol{x}_1,y_1),(\boldsymbol{x}_2,y_2),\cdots,(\boldsymbol{x}_N,y_N)\}$ 学习出模型的最佳参数,我们需要采用合适的学习准则。学习准则最终反映在目标函数上,也就是准则函数。

(1) 平方损失函数与经验风险

对于训练集中的每个样本对 $(\boldsymbol{x}_n,y_n)\in\mathcal{D}$,将 $\boldsymbol{x}_n$ 输入式(4.4)后,可以用损失函数来度量模型 $f(\boldsymbol{x}_n,\boldsymbol{w})$ 的预测值与真实观测值 y_n 之间的误差。在回归问题中,常用的损失函数是平方损失函数:

$$L(y_n,f(\boldsymbol{x}_n,\boldsymbol{w}))=(f(\boldsymbol{x}_n,\boldsymbol{w})-y_n)^2 \tag{4.7}$$

将训练集 $\mathcal{D}$ 中所有样本的损失函数累加起来就得到了经验风险:

$$R_{\text{emp}}(f(\boldsymbol{x},\boldsymbol{w}))=\frac{1}{2}\sum_{n=1}^{N}L(y_n,f(\boldsymbol{x}_n,\boldsymbol{w}))=\frac{1}{2}\sum_{n=1}^{N}(f(\boldsymbol{x}_n,\boldsymbol{w})-y_n)^2 \tag{4.8}$$

式(4.8)计算了预测值与训练集 $\mathcal{D}$ 中真实值之间误差的平方和,所以也被称为平方和误差函数。

(2) 准则函数

将式(4.4)代入式(4.8),得到线性回归模型的准则函数:

$$E_{\mathcal{D}}(\boldsymbol{w})=\frac{1}{2}\sum_{n=1}^{N}(\boldsymbol{w}^{\mathrm{T}}\boldsymbol{\phi}(\boldsymbol{x}_n)-y_n)^2 \tag{4.9}$$

通过最小化 $E_{\mathcal{D}}(\boldsymbol{w})$ 就可以给出模型参数的估计值。由于式(4.9)采用了平方误差,因此,我们得到的参数解称为最小平方误差(Least Square Error, LSE)解:

$$w_{\mathrm{LSE}}=\min_{w} E_{\mathcal{D}}(\boldsymbol{w})=\min_{w} \frac{1}{2} \sum_{n=1}^{N}\left(\boldsymbol{w}^{\mathrm{T}} \boldsymbol{\phi}(\boldsymbol{x}_{n})-y_{n}\right)^{2} \tag{4.10}$$

2. 最小平方误差求解算法

(1) 矩阵形式的准则函数

接下来讨论式(4.10)的求解算法。将所有的输入表示成矩阵形式,其中输入 $\boldsymbol{x}_n$ 对应的 M 个基函数的值作为矩阵的第 n 行,得到一个 $N\times M$ 的矩阵 $\boldsymbol{\Phi}$,所有输入构成向量 $\boldsymbol{y}$:

$$\boldsymbol{\Phi}=\begin{bmatrix}\phi_0(\boldsymbol{x}_1) & \phi_1(\boldsymbol{x}_1) & \cdots & \phi_{M-1}(\boldsymbol{x}_1)\\ \phi_0(\boldsymbol{x}_2) & \phi_1(\boldsymbol{x}_2) & \cdots & \phi_{M-1}(\boldsymbol{x}_2)\\ \vdots & \vdots & & \vdots\\ \phi_0(\boldsymbol{x}_N) & \phi_1(\boldsymbol{x}_N) & \cdots & \phi_{M-1}(\boldsymbol{x}_N)\end{bmatrix}\quad \boldsymbol{y}=\begin{bmatrix}y_1\\ y_2\\ \vdots\\ y_N\end{bmatrix} \tag{4.11}$$

根据矩阵 $\boldsymbol{\Phi}$ 将式(4.9)的目标函数改写为

$$E_{\mathcal{D}}(\boldsymbol{w})=\frac{1}{2} \sum_{n=1}^{N}\left(\boldsymbol{w}^{\mathrm{T}} \boldsymbol{\phi}(\boldsymbol{x}_{n})-y_{n}\right)^{2}=\frac{1}{2}\|\boldsymbol{\Phi} \boldsymbol{w}-\boldsymbol{y}\|^{2} \tag{4.12}$$

(2) 最小二乘解

对式(4.12)求偏导数,且令偏导数为 0,得

$$\frac{\partial E_{\mathcal{D}}(\boldsymbol{w})}{\partial \boldsymbol{w}}=\boldsymbol{\Phi}^{\mathrm{T}}(\boldsymbol{\Phi} \boldsymbol{w}-\boldsymbol{y})=0 \Rightarrow \boldsymbol{\Phi}^{\mathrm{T}} \boldsymbol{\Phi} \boldsymbol{w}=\boldsymbol{\Phi}^{\mathrm{T}} \boldsymbol{y} \tag{4.13}$$

因此求得的解为

$$\boldsymbol{w}_{\mathrm{LSE}}=(\boldsymbol{\Phi}^{\mathrm{T}} \boldsymbol{\Phi})^{-1} \boldsymbol{\Phi}^{\mathrm{T}} \boldsymbol{y} \tag{4.14}$$

其中$(\boldsymbol{\Phi}^{\mathrm{T}}\boldsymbol{\Phi})^{-1}\boldsymbol{\Phi}^{\mathrm{T}}$被称作矩阵 $\boldsymbol{\Phi}$ 的伪逆矩阵,记作 $\boldsymbol{\Phi}^{\dagger}$。伪逆矩阵可以看成逆矩阵的概念对于非方阵矩阵的推广。容易证明当 $\boldsymbol{\Phi}$ 是方阵且可逆时,$\boldsymbol{\Phi}^{\dagger}=\boldsymbol{\Phi}^{-1}$。另外,式(4.14)被称为最小二乘解。

3. 最大似然估计准则函数

(1) 概率模型

接下来从统计学习角度分析回归问题。由于不确定性的存在,即使同样的输入 $\boldsymbol{x}$,其对应的真实目标变量 y 也可能会不同。我们使用概率分布来描述目标变量值的不确定性。假设目标变量 y 由确定的函数 $f(\boldsymbol{x},\boldsymbol{w})$给出,但是被附加了噪声 ϵ:

$$y=f(\boldsymbol{x},\boldsymbol{w})+\epsilon \tag{4.15}$$

假设 ϵ 是一个均值为 0 的正态分布随机变量,方差为 σ^2。因此我们有:

$$p(y|\boldsymbol{x},\boldsymbol{w},\sigma^2)=\mathcal{N}(y|f(\boldsymbol{x},\boldsymbol{w}),\sigma^2) \tag{4.16}$$

(2) 预测模型

回顾第 3 章的贝叶斯估计,对于 $\boldsymbol{x}$ 的一个新值,最优预测由目标变量的条件均值给出。在式(4.16)给出的正态条件分布的情况下,条件均值可以简单地写成:

$$E[y|\boldsymbol{x}]=\int y p(y|\boldsymbol{x}) \mathrm{d} y=f(\boldsymbol{x},\boldsymbol{w}) \tag{4.17}$$

式(4.16)直接对目标变量的概率分布建模,参数除了 $\boldsymbol{w}$ 还包括了 σ^2,不过式(4.17)的预测模型仍然为 $f(\boldsymbol{x},\boldsymbol{w})$。另外,由于式(4.16)引入了概率,我们可以采用统计推断的方式得到模型的参数。

(3) 最大似然估计的准则函数

下面分析式(4.16)最大似然估计的准则函数。对于训练集 $\mathcal{D}=\{(\boldsymbol{x}_1,y_1),(\boldsymbol{x}_2,y_2),\cdots,(\boldsymbol{x}_N,y_N)\}$,假设$(\boldsymbol{x}_n,y_n)\in\mathcal{D}$是一对训练样本,则$(\boldsymbol{x}_n,y_n)$对应的对数似然函数为

$$H(\boldsymbol{w},\sigma^2)=\ln p(y_n|\boldsymbol{x}_n,\boldsymbol{w},\sigma^2)=\ln \mathcal{N}(y_n|f(\boldsymbol{x}_n,\boldsymbol{w}),\sigma^2) \tag{4.18}$$

式(4.18)与式(4.16)的对数形式是相似的。不同的是,式(4.16)中的 $\boldsymbol{x}$,y 是自变量,$\boldsymbol{w}$,σ^2 是参数;而式(4.18)中的 $\boldsymbol{x}_n$,y_n 是常量,$\boldsymbol{w}$,σ^2 是可调节的变量。

对于训练集 $\mathcal{D}$ 中的所有样本,对数似然函数为

$$H(\boldsymbol{w},\sigma^2)=\sum_{n=1}^{N}\ln \mathcal{N}(y_n|f(\boldsymbol{x}_n,\boldsymbol{w}),\sigma^2) \tag{4.19}$$

(4) 正态分布下的准则函数

将一元正态分布的标准形式代入式(4.19)后得到:

$$H(\boldsymbol{w},\sigma^2)=-\frac{1}{2\sigma^2}\sum_{n=1}^{N}(f(\boldsymbol{x}_n,\boldsymbol{w})-y_n)^2-\frac{N}{2}\ln\sigma^2-\frac{N}{2}\ln(2\pi) \tag{4.20}$$

当我们采用线性回归模型时,将式(4.4)代入式(4.20)中,则

$$H(\boldsymbol{w},\sigma^2)=-\frac{1}{2\sigma^2}\sum_{n=1}^{N}(\boldsymbol{w}^{\mathrm{T}}\boldsymbol{\phi}(\boldsymbol{x}_n)-y_n)^2-\frac{N}{2}\ln\sigma^2-\frac{N}{2}\ln(2\pi) \tag{4.21}$$

再参考式(4.9)得到最终的似然函数:

$$H(\boldsymbol{w},\sigma^2)=-\frac{1}{\sigma^2}E_{\mathcal{D}}(\boldsymbol{w})-\frac{N}{2}\ln\sigma^2-\frac{N}{2}\ln(2\pi) \tag{4.22}$$

4. 最大似然求解算法

有了式(4.22)的似然函数,我们就可以根据最大似然的方法求解 $\boldsymbol{w}$ 和 σ^2。

(1) 求解参数 $\boldsymbol{w}$

由于式(4.22)右边的第2、3项对参数 $\boldsymbol{w}$ 的优化没有影响,因此可以忽略,并且第一项的系数也可以看成常数,对求解没有影响。可以发现最大化如式(4.22)所示的对数似然函数就等价于最小化如式(4.9)所示的平方和误差。因此最大似然函数的解就等价于最小化平方和误差的解:

$$\boldsymbol{w}_{\mathrm{ML}}=\boldsymbol{w}_{\mathrm{LSE}}=(\boldsymbol{\Phi}^{\mathrm{T}}\boldsymbol{\Phi})^{-1}\boldsymbol{\Phi}^{\mathrm{T}}\boldsymbol{y} \tag{4.23}$$

注意,前面我们并没有显性地采用概率就得到了式(4.9)的准则函数,采用了概率知识后得到的对数似然函数式(4.22)与式(4.9)是等价的。

(2) 求解参数 σ^2

σ^2 的最大似然解也很容易求出:

$$\sigma_{\mathrm{ML}}^2=\frac{1}{N}\sum_{n=1}^{N}(\boldsymbol{w}_{\mathrm{ML}}^{\mathrm{T}}\boldsymbol{\phi}(\boldsymbol{x}_n)-y_n)^2 \tag{4.24}$$

(3) 概率分布预测

求出参数 $\boldsymbol{w}_{\mathrm{ML}}$ 和 σ_{ML}^2 后,再对新的 $\boldsymbol{x}$ 预测目标值时,根据式(4.16)可以给出一个分布的预测,而不是式(4.4)给出的点估计:

$$p(y|\boldsymbol{x},\boldsymbol{w}_{\mathrm{ML}},\sigma_{\mathrm{ML}}^2)=\mathcal{N}(\boldsymbol{w}_{\mathrm{ML}}^{\mathrm{T}}\boldsymbol{\phi}(\boldsymbol{x}_n),\sigma_{\mathrm{ML}}^2) \tag{4.25}$$

4.2.3 准则函数:正则化与最大后验

1. 正则化技术

(1) 正则化项

平方误差准则函数仅考虑了模型与训练集之间的拟合程度,而没有考虑对模型的容量或复杂性进行控制。因此该准则函数容易受到过拟合现象的影响。经常用来控制过拟合现象的

一种技术是正则化(Regularization)。这种技术通过给误差函数增加一个惩罚项 $E_W(\boldsymbol{w})$,使系数 $\boldsymbol{w}$ 不会取值过大,从而避免过拟合。对于平方误差准则函数式(4.9),修改后的准则函数为

$$E(\boldsymbol{w})=E_D(\boldsymbol{w})+\lambda E_W(\boldsymbol{w}) \tag{4.26}$$

其中,λ 是正则化系数,用于控制数据误差 $E_D(\boldsymbol{w})$ 和正则化项 $E_W(\boldsymbol{w})$ 的相对重要性。

(2) L_2 正则化项

一种常用的正则化项是计算权向量各个元素的平方和,也叫作 L_2 正则化项:

$$E_W(\boldsymbol{w}) = \frac{1}{2}\boldsymbol{w}^{\mathrm{T}}\boldsymbol{w} = \frac{1}{2}\sum_j w_j^2 \tag{4.27}$$

将式(4.9)和式(4.27)代入式(4.26),则准则函数就变成:

$$E(\boldsymbol{w}) = \frac{1}{2}\sum_{n=1}^{N}(\boldsymbol{w}^{\mathrm{T}}\boldsymbol{\phi}(\boldsymbol{x}_n) - y_n)^2 + \frac{\lambda}{2}\boldsymbol{w}^{\mathrm{T}}\boldsymbol{w} \tag{4.28}$$

采用如式(4.27)所示的 L_2 正则化项的方法被称为权值衰减(Weight Decay)。在顺序学习算法中,除非有数据支持,否则权值衰减倾向于让权值向零的方向衰减。式(4.28)的准则函数被称为岭回归(Ridge Regression)。

(3) L_2 正则化项的解

式(4.28)是 $\boldsymbol{w}$ 的二次函数,令其关于 $\boldsymbol{w}$ 的梯度等于零,解出:

$$\boldsymbol{w}_{L_2}=(\lambda \boldsymbol{I}+\boldsymbol{\Phi}^{\mathrm{T}}\boldsymbol{\Phi})^{-1}\boldsymbol{\Phi}^{\mathrm{T}}\boldsymbol{y} \tag{4.29}$$

式(4.29)是最小二乘解式(4.14)的一个扩展。

2. 正则化项的一般形式

(1) 正则化项的一般形式

正则化项 $E_W(\boldsymbol{w})$ 可以被写成更加一般的形式:

$$E_W(\boldsymbol{w}) = \frac{1}{2}\sum_j |w_j|^q \tag{4.30}$$

其中,$|\cdot|$ 是计算绝对值。对应的线性回归模型的准则函数变为

$$E(\boldsymbol{w}) = \frac{1}{2}\sum_{n=1}^{N}(\boldsymbol{w}^{\mathrm{T}}\boldsymbol{\phi}(\boldsymbol{x}_n) - y_n)^2 + \frac{\lambda}{2}\sum_j |w_j|^q \tag{4.31}$$

其中 $q=2$,对应于式(4.27)的 L_2 正则化项。由于 L_2 正则化项便于导数计算,因此被广泛应用。不过在不同场景中也可以采用其他正则化项。

图 4.2 给出了不同 q 值下的正则化函数的轮廓线。当 $q=1$ 时,式(4.30)被称为 L_1 正则化项,加入 L_1 正则化项的式(4.26)被称为套索回归(Lasso Regression):

$$E(\boldsymbol{w}) = E_D(\boldsymbol{w}) + E_W(\boldsymbol{w}) = \frac{1}{2}\sum_{n=1}^{N}(\boldsymbol{w}^{\mathrm{T}}\boldsymbol{\phi}(\boldsymbol{x}_n) - y_n)^2 + \frac{\lambda}{2}\sum_j |w_j| \tag{4.32}$$

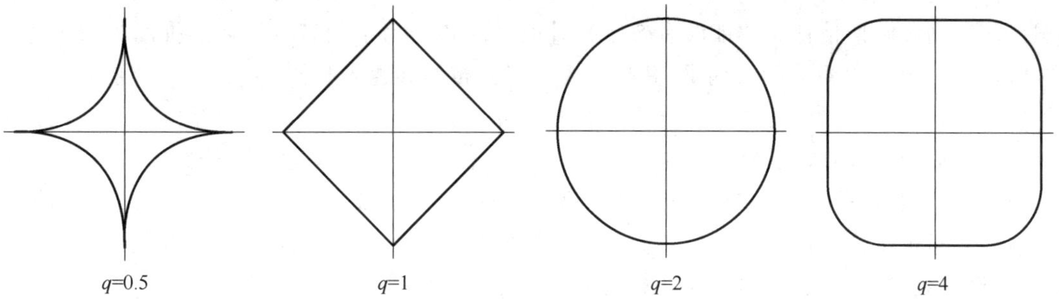

图 4.2 对于不同的参数 q,式(4.30)正则化项的轮廓线

(2) 正则化项对求解参数的影响

图 4.3 展示了正则化项对求解参数的影响。若不采用正则化项，则目标函数为图 4.3(a)和(b)上部的圆形轮廓线误差函数，并且最优解位于轮廓线的圆心。当采用 L_2 正则化项时，目标函数为误差函数与正则项之和，最优解会从误差函数的中心偏向于正则项函数的中心，最终位于两个圆形轮廓线的切点，详见图 4.3(a)。

当采用 L_1 正则化项时，最优解也会发生类似的偏移。由于 L_1 正则化函数轮廓线的突出部位在坐标轴上，因此最优解向坐标轴偏移。当 L_1 正则化项权重足够大时，得到的解中的某些系数 w_j 会变为零，从而产生一个稀疏模型。稀疏性的来源可以从图 4.3(b)中看出来。随着 λ 的增大，越来越多的参数会变为零。

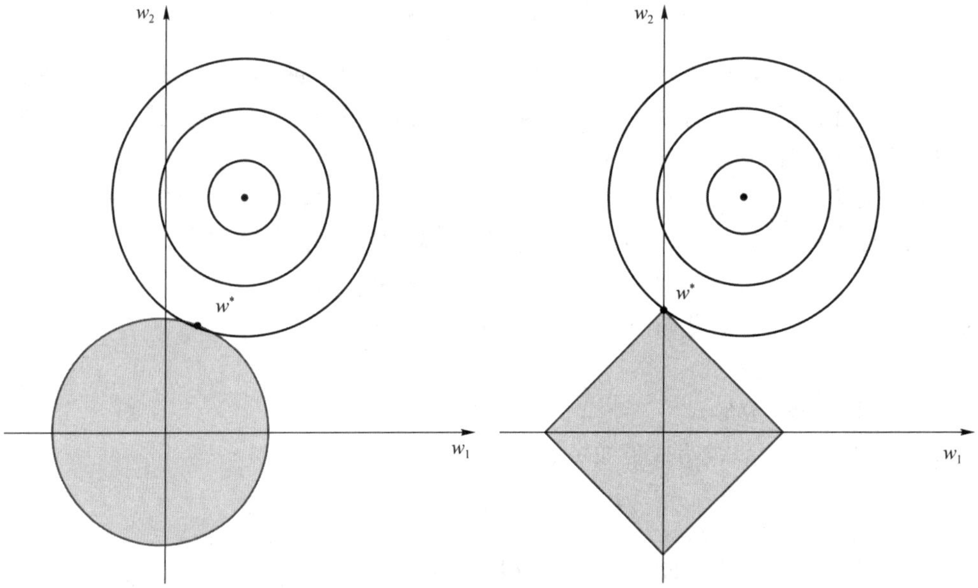

(a) L_2正则化项　　(b) L_1正则化项

图 4.3　加入正则化项的准则函数

无论 q 如何取值，所有的正则化项都会将最优解拉向坐标原点，从而限制了参数的取值范围，也就限制了模型的复杂程度。正则化方法通过限制模型的复杂程度，使模型能够在有限大小的数据集上进行训练，而不会产生严重的过拟合。

3. 贝叶斯估计

(1) 改进的概率模型

再回到概率方法。在第 3 章中我们了解到，最大似然估计方法在训练数据较少时容易产生过拟合，而贝叶斯估计方法能够有效缓解过拟合问题。为了朝着贝叶斯的推断方法前进一步，将模型参数 $\boldsymbol{w}$ 也看成随机向量，并且引入正态分布的共轭先验：

$$p(w) \sim \mathcal{N}(\boldsymbol{m}_0, \boldsymbol{S}_0) \tag{4.33}$$

其中，期望值为 $\boldsymbol{m}_0$，协方差矩阵为 $\boldsymbol{S}_0$。

接下来计算后验分布，它正比于似然函数与先验分布的乘积。由于选择了共轭的高斯先验，后验分布也将是高斯分布的。我们可以对指数项进行配方，然后使用归一化的正态分布的标准结果找到归一化系数，这样就计算出了后验分布的形式：

$$p(\boldsymbol{w} \mid \mathcal{D}) = \mathcal{N}(\boldsymbol{w} \mid \boldsymbol{m}_N, \boldsymbol{S}_N) \tag{4.34}$$

其中，$\mathcal{D}$是包括 N 个训练样本对的数据集，$\boldsymbol{m}_N$是期望值，$\boldsymbol{S}_N$是协方差矩阵，且

$$\boldsymbol{m}_N=\boldsymbol{S}_N(\boldsymbol{S}_0^{-1}\boldsymbol{m}_0+\sigma^{-2}\boldsymbol{\Phi}^{\mathrm{T}}\boldsymbol{y}) \tag{4.35}$$

$$\boldsymbol{S}_N^{-1}=\boldsymbol{S}_0^{-1}+\sigma^{-2}\boldsymbol{\Phi}^{\mathrm{T}}\boldsymbol{\Phi} \tag{4.36}$$

其中 σ^2 是式(4.16)中噪声的方差，$\boldsymbol{\Phi}$ 和 $\boldsymbol{y}$ 参见式(4.11)，此处省略推导过程。

(2) 正态分布下的概率模型

为了简化起见，将(4.33)设定为各向同性的正态分布，且每个方向上的方差均为 σ_0^2，即

$$p(\boldsymbol{w})\sim\mathcal{N}(\boldsymbol{0},\sigma_0^2\boldsymbol{I}) \tag{4.37}$$

对应的 $\boldsymbol{w}$ 的后验概率分布可由式(4.34)给出，并且

$$\boldsymbol{m}_N=\sigma^{-2}\boldsymbol{S}_N\boldsymbol{\Phi}^{\mathrm{T}}\boldsymbol{y} \tag{4.38}$$

$$\boldsymbol{S}_N^{-1}=\sigma_0^{-2}\boldsymbol{I}+\sigma^{-2}\boldsymbol{\Phi}^{\mathrm{T}}\boldsymbol{\Phi} \tag{4.39}$$

对数后验概率通过对数似然函数与先验的对数求和的方式得到。它是 $\boldsymbol{w}$ 的函数，形式为

$$\ln p(\boldsymbol{w}|\mathcal{D})\propto\ln p(\mathcal{D}|\boldsymbol{w},\sigma^2)+\ln p(\boldsymbol{w}|\sigma_0^2)=-\frac{1}{2\sigma^2}\sum_{n=1}^{N}(\boldsymbol{w}^{\mathrm{T}}\boldsymbol{\phi}(\boldsymbol{x}_n)-y_n)^2-\frac{1}{2\sigma_0^2}\boldsymbol{w}^{\mathrm{T}}\boldsymbol{w}+c_0 \tag{4.40}$$

其中，c_0是与参数 $\boldsymbol{w}$ 无关的常数项。

(3) 准则函数与最优解

采用最大后验估计，则准则函数等价为

$$\ln p(\boldsymbol{w}|\mathcal{D})\propto-E_{\mathcal{D}}(\boldsymbol{w})-\frac{\lambda}{2}\|\boldsymbol{w}\|^2 \tag{4.41}$$

其中，$\lambda=\sigma^2/\sigma_0^2$是调解式(4.41)右侧两项权重的参数；$\boldsymbol{w}^T\boldsymbol{w}=\|\boldsymbol{w}\|^2$，是 $\boldsymbol{w}$ 的 2 范数的平方。

令式(4.41)关于 $\boldsymbol{w}$ 的梯度等于零，解出最大后验估计量为

$$\boldsymbol{w}_{\mathrm{MAP}}=\underset{\boldsymbol{w}}{\operatorname{argmax}}\left(-E_{\mathcal{D}}(\boldsymbol{w})-\frac{\lambda}{2}\|\boldsymbol{w}\|^2\right)=(\lambda\boldsymbol{I}+\boldsymbol{\Phi}^{\mathrm{T}}\boldsymbol{\Phi})^{-1}\boldsymbol{\Phi}^{\mathrm{T}}\boldsymbol{y} \tag{4.42}$$

对比式(4.22)的似然函数和式(4.41)的后验函数，由于多考虑了先验概率，式(4.41)增加了$\|\boldsymbol{w}\|^2$项，从而使得目标函数偏重 L_2正则化项更小的参数。其效果是，在训练样本较少的情况下，式(4.42)的最大后验解可以比式(4.23)的最大似然解更好地缓解过拟合问题。

4. 正则化与贝叶斯估计比较

对比式(4.28)与式(4.41)，增加了 L_2正则化项的线性回归模型与最大后验方法具有等价性，而最大后验的准则函数相当于对数似然函数加上对数先验概率。回忆第 3 章，引入先验概率的主要目的也是缓解过拟合。所以，从贝叶斯推断角度看，我们可以将用于拟合数据的误差项〔如式(4.9)〕类比于对数似然函数，将限制模型复杂度的正则化项〔如式(4.30)〕类比于对数先验概率。

4.3 线性判别函数

4.3.1 线性判别函数的一般形式

1. 类别的表示

在回归问题中，预测目标可以直接表示成实数或实数向量，因此可以通过线性模型直接预

测其数值。在分类问题中,预测目标是类别标签,首先需要将其表示成数字。二分类情况下,一种方便的方式是二元表示法,即目标变量 $y\in\{0,1\}$,其中 $y=1$ 表示类别 ω_1,$y=0$ 表示类别 ω_2。二元表示法容易从概率角度进行解释,其中 y 的取值即代表分类结果为 ω_1 的概率。多类别(类别数 $C>2$)情况下,常常采用独热编码,其中 $\boldsymbol{y}$ 是 C 维向量,并且如果类别 ω_j 发生,那么 $\boldsymbol{y}$ 的第 j 个维度 $y_j=1$,其余维度都为 0。例如,如果我们有 6 个类别,当前发生的类别是 ω_3,那么目标向量为

$$\boldsymbol{y}=[0,0,1,0,0,0]^{\mathrm{T}} \tag{4.43}$$

这种表示方法同样方便于将分类结果解释为概率。

2. 二分类问题

(1) 模型形式

对于二分类问题,线性判别函数可以表示成

$$g(\boldsymbol{x})=\boldsymbol{w}^{\mathrm{T}}\boldsymbol{x}+w_0 \tag{4.44}$$

其中,$\boldsymbol{x}=[x_1,x_2,\cdots,x_D]^{\mathrm{T}}$ 是 D 维特征向量,又称样本向量;$\boldsymbol{w}=[w_1,w_2,\cdots,w_D]^{\mathrm{T}}$ 是权向量;w_0 被称为偏置参数或阈值权。对于输入向量 $\boldsymbol{x}$,式(4.44)对应的决策规则为

$$\begin{cases}\text{如果 } g(\boldsymbol{x})\geqslant 0,\text{则决策 } \boldsymbol{x}\in\omega_1\\ \text{如果 } g(\boldsymbol{x})<0,\text{则决策 } \boldsymbol{x}\in\omega_2\end{cases} \tag{4.45}$$

线性判别函数可以被写成如下形式:

$$f(\boldsymbol{x})=H(g(\boldsymbol{x}))=H(\boldsymbol{w}^{\mathrm{T}}\boldsymbol{x}+w_0) \tag{4.46}$$

其中 $H(\cdot)$ 为阶跃函数:

$$H(z)=\begin{cases}1 & z\geqslant 0\\ 0 & z<0\end{cases} \tag{4.47}$$

(2) 决策面

线性判别函数的决策面方程为

$$g(\boldsymbol{x})=0 \tag{4.48}$$

式(4.48)对应着 D 维空间的一个超平面。假设 $\boldsymbol{x}_A$ 和 $\boldsymbol{x}_B$ 都位于决策面上,则有

$$\boldsymbol{w}^{\mathrm{T}}\boldsymbol{x}_A+w_0=\boldsymbol{w}^{\mathrm{T}}\boldsymbol{x}_B+w_0 \tag{4.49}$$

因此

$$\boldsymbol{w}^{\mathrm{T}}(\boldsymbol{x}_A-\boldsymbol{x}_B)=0 \tag{4.50}$$

由于 $\boldsymbol{x}_A$ 和 $\boldsymbol{x}_B$ 代表决策面上任意的两个点,所以 $\boldsymbol{x}_A-\boldsymbol{x}_B$ 可以表示决策面上的任一向量。式(4.50)表明参数 $\boldsymbol{w}$ 与决策面上任一向量正交,从而 $\boldsymbol{w}$ 确定了决策面的方向($\boldsymbol{w}$ 是决策面的法向量)。类似地,如果 $\boldsymbol{x}$ 是决策面上的一个点,那么 $g(\boldsymbol{x})=0$,因此从原点到决策面的垂直距离 r_0 为

$$r_0=\frac{|w_0|}{\|\boldsymbol{w}\|} \tag{4.51}$$

偏置参数 w_0 确定了决策面的位置。若 $w_0>0$,则原点在决策面法线 $\boldsymbol{w}$ 的正方向上;若 $w_0<0$,则原点在 $\boldsymbol{w}$ 的反方向上;若 $w_0=0$,则判别函数是没有常数项的齐次函数,即 $g(\boldsymbol{x})=\boldsymbol{w}^{\mathrm{T}}\boldsymbol{x}$,这时决策面是过原点的超平面。决策面将特征空间分为 ω_1 类的决策域 $\mathcal{R}_1$,对应于 $\boldsymbol{w}$ 向量的正方向;ω_2 类的决策域 $\mathcal{R}_2$,对应于 $\boldsymbol{w}$ 向量的反方向。图 4.4 给出了 $D=2$ 情况下的这些性质。

(3) 线性判别函数的几何含义

接下来分析判别函数 $g(\boldsymbol{x})$ 的含义。考虑任意一点 $\boldsymbol{x}$，其在决策面上的投影为 $\boldsymbol{x}_p$，到决策面的有符号距离为 r，$\frac{\boldsymbol{w}}{\|\boldsymbol{w}\|}$ 是 $\boldsymbol{w}$ 的单位方向向量，因此

$$\boldsymbol{x}=\boldsymbol{x}_p+r\frac{\boldsymbol{w}}{\|\boldsymbol{w}\|} \tag{4.52}$$

将这个等式的两侧同时乘以 $\boldsymbol{w}^T$，然后加上 w_0，并且参考式(4.44)及决策面上的向量 $\boldsymbol{x}_p$ 满足式(4.48)，得到

$$g(\boldsymbol{x})=r\|\boldsymbol{w}\| \tag{4.53}$$

可以看出，判别函数 $g(\boldsymbol{x})$ 给出了特征空间中点 $\boldsymbol{x}$ 到决策面距离的一种有符号度量。如果 $r>0$，则说明 $\boldsymbol{x}$ 在 $\mathcal{R}_1$ 决策域；如果 $r<0$，则说明 $\boldsymbol{x}$ 在 $\mathcal{R}_2$ 决策域。并且如果 $\boldsymbol{w}$ 是单位向量，则 $g(\boldsymbol{x})$ 的值就是点 $\boldsymbol{x}$ 到决策面的有符号距离。图 4.4 说明了这个结果。

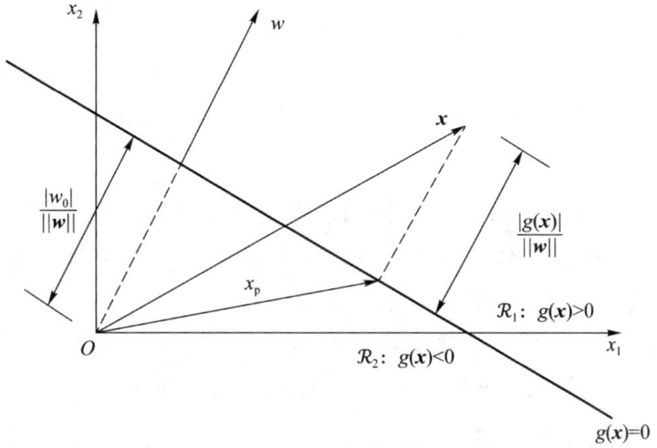

图 4.4 二维空间中的线性判别函数

(4) 基函数形式

同线性回归模型一样，如果仅采用输入与参数的线性模型，那么模型的能力是有限的。如图 4.5 所示，在二维平面上，假设 ω_1 类别的样本分布在左下和右上两个区域，而 ω_2 类别的样本分布在左上和右下区域，这种对角同类的问题被称为异或问题。异或问题是经典的线性不可分问题。如果使用如式(4.44)所示的模型，则无法完全分开两类数据点。如果定义 $\phi_1(\boldsymbol{x})=x_1$，$\phi_2(\boldsymbol{x})=x_2$，$\phi_3(\boldsymbol{x})=\alpha x_1 x_2$，则在 $\boldsymbol{\phi}(\boldsymbol{x})=[\phi_1(\boldsymbol{x}),\phi_2(\boldsymbol{x}),\phi_3(\boldsymbol{x})]^T$ 构成的变换空间里，二维的异或问题将变得线性可分。

类似于线性回归模型，也可以将式(4.44)的线性判别函数写成基函数形式：

$$g(\boldsymbol{x})=\boldsymbol{w}^T\boldsymbol{\phi}(\boldsymbol{x}) \tag{4.54}$$

相应地，式(4.46)改写为

$$f(\boldsymbol{x})=H(\boldsymbol{w}^T\boldsymbol{\phi}(\boldsymbol{x})) \tag{4.55}$$

其中，$\boldsymbol{\phi}(\boldsymbol{x})=[\phi_0(\boldsymbol{x}),\phi_1(\boldsymbol{x}),\cdots,\phi_{M-1}(\boldsymbol{x})]^T$，$\boldsymbol{w}=[w_0,w_1,\cdots,w_{M-1}]^T$，偏置 w_0 则对应了虚“基函数”$\phi_0(\boldsymbol{x})=1$，参数的总数是 M。

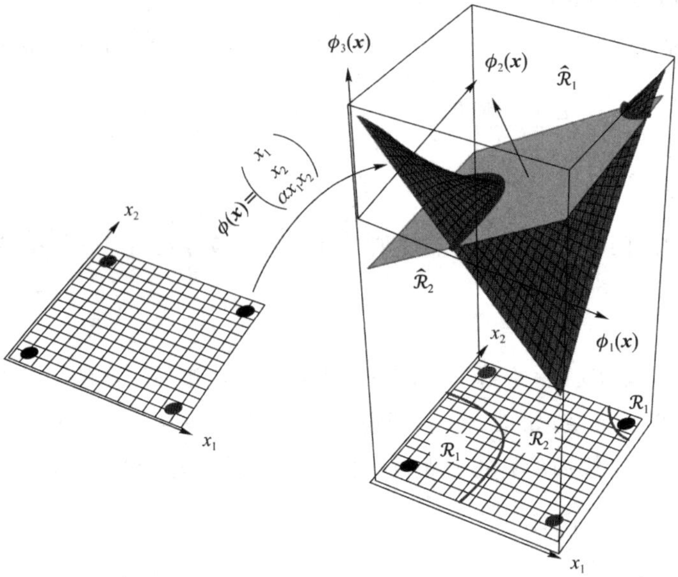

彩图 4.5

图 4.5　基函数形式的线性模型可以解决异或分类问题(线性不可分问题)

3. 多分类问题

对于多个类别,可以基于二分类模型来构建多类别分类器。此外,也可以直接构建多类别的线性判别函数。对于每个类别 $\omega_j(j=1,\cdots,C)$,均构建一个线性判别函数:

$$g_j(\boldsymbol{x})=\boldsymbol{w}_j^{\mathrm{T}}\boldsymbol{x}+w_{j0} \tag{4.56}$$

对于输入向量 $\boldsymbol{x}$,式(4.56)对应的决策规则为

$$\text{如果 } g_c(\boldsymbol{x})=\max_{j=1,\cdots,C} g_j(\boldsymbol{x}),\text{那么决策 } \boldsymbol{x}\in\omega_c \tag{4.57}$$

式(4.57)中默认取最大值的判别函数只有一个。实际应用中,如果有多个判别函数同时取最大值,则任取其中一个作为最大判别函数就可以了。

对于任意两个类别 ω_i 和 ω_j,它们之间的决策面方程为 $g_i(\boldsymbol{x})=g_j(\boldsymbol{x})$,该函数对应于一个超平面,形式为

$$(\boldsymbol{w}_i-\boldsymbol{w}_j)^{\mathrm{T}}\boldsymbol{x}+(w_{i0}-w_{j0})=0 \tag{4.58}$$

这与二分类的决策边界形式相同,因此也有类似的几何性质。

同样可以引入基函数,并将判别函数式(4.56)写成:

$$g_j(\boldsymbol{x})=\boldsymbol{w}_j^{\mathrm{T}}\boldsymbol{\phi}(\boldsymbol{x}) \tag{4.59}$$

将决策函数写成 $f(\boldsymbol{x})=[y_1,y_2,\cdots,y_C]^{\mathrm{T}}$,可以得到独热编码的输出:

$$y_c=\begin{cases}1 & g_c(\boldsymbol{x})=\max\limits_{j=1,\cdots,C} g_j(\boldsymbol{x})\\ 0 & g_c(\boldsymbol{x})\neq\max\limits_{j=1,\cdots,C} g_j(\boldsymbol{x})\end{cases}\quad c=1,2,\cdots,C \tag{4.60}$$

4.3.2 线性判别分析

1. 基本思想

线性判别分析(Linear Discriminant Analysis,LDA)是费舍尔(Fisher)在 1936 年提出的一种线性判别函数,也称为费舍尔线性判别。线性判别分析属于一种有监督的特征空间降维

方法，其基本思想是将高维数据投影到低维空间，使得同一类别的样本投影尽可能接近，而不同类别的样本投影尽可能远离。

在二分类问题中，线性判别分析旨在将 D 维输入向量 $\boldsymbol{x}$ 投影到一维直线上。虽然一维投影可能会丢失部分信息，导致原始 D 维空间中能够完全分开的样本在一维空间中相互重叠，但是通过调整权向量 $\boldsymbol{w}$，我们可以最大化不同类别样本投影之间的分离程度。如图 4.6 所示，同样都是将二维样本点投影到一维直线上，但是 $\boldsymbol{w}_1$ 方向的投影轴比 $\boldsymbol{w}_2$ 方向的投影轴更能够区分开两类样本。

彩图 4.6

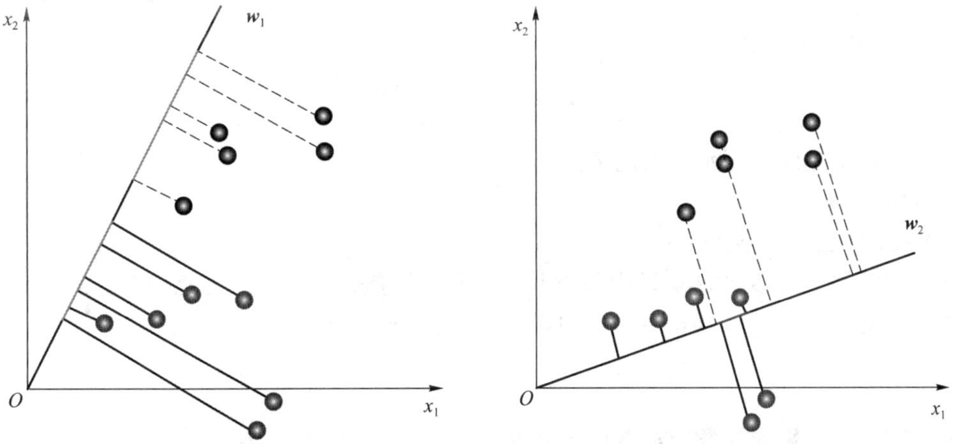

(a) 符合费舍尔准则　　(b) 不符合费舍尔准则

图 4.6　在不同的投影轴上两类样本的分离程度不同

2. 模型形式

对于 D 维输入向量 $\boldsymbol{x}$，线性判别分析的模型形式为

$$g(\boldsymbol{x})=\boldsymbol{w}^{\mathrm{T}}\boldsymbol{x}+w_0 \tag{4.61}$$

其中，$\boldsymbol{w}=[w_1,\cdots,w_D]^{\mathrm{T}}$ 是投影轴的方向，w_0 是在投影轴上的阈值。对于输入向量 $\boldsymbol{x}$，式(4.61)对应的决策规则为

$$\begin{cases}\text{如果 } g(\boldsymbol{x})\geqslant 0,\text{则决策 } \boldsymbol{x}\in\omega_1\\ \text{如果 } g(\boldsymbol{x})<0,\text{则决策 } \boldsymbol{x}\in\omega_2\end{cases} \tag{4.62}$$

对比式(4.61)、式(4.62)与式(4.44)、式(4.45)可以发现，线性判别分析在模型形式上与标准线性判别函数并无区别，线性判别分析的主要特点体现在其准则函数上。

3. 费舍尔准则函数

(1) 目标分析

接下来我们基于线性判别分析的基本思想来确定准则函数。我们希望变换到一维空间后，同类样本尽量聚集在一起，因此类内差异越小越好；我们希望不同类别的样本尽量远离，因此类间差异越大越好。假设训练样本集 $\mathcal{D}$ 中包括 ω_1 类的样本 N_1 个，记为 $\mathcal{D}_1=\{\boldsymbol{x}_1^1,\cdots,\boldsymbol{x}_{N_1}^1\}$；包括 ω_2 类的样本 N_2 个，记为 $\mathcal{D}_2=\{\boldsymbol{x}_1^2,\cdots,\boldsymbol{x}_{N_2}^2\}$。学习的任务是通过训练集 $\mathcal{D}$ 来找到能够最小化类内差异同时最大化类间差异的投影轴方向 $\boldsymbol{w}_{\mathrm{F}}$ 和阈值 $w_{0\mathrm{F}}$。

(2) 准则函数

对于 ω_c 类($c=1,2$)的样本，投影到一维直线上的均值为

$$\tilde{m}_c=\frac{1}{N_c}\sum_{x_n\in\mathcal{D}_c}\tilde{x}_n \quad c=1,2 \tag{4.63}$$

其中，$\tilde{x}_n$表示样本x_n在投影轴方向$\boldsymbol{w}$上的投影。则在投影轴上，ω_c类($c=1,2$)的类内方差为

$$\tilde{s}_c^2 = \sum_{x_n \in \mathcal{D}_c} (\tilde{x}_n - \tilde{m}_c)^2 \quad c = 1,2 \tag{4.64}$$

可以选择类内方差之和 $\tilde{s}_W$ 来衡量投影之后的类内差异程度：

$$\tilde{s}_W = \tilde{s}_1^2 + \tilde{s}_2^2 \tag{4.65}$$

选择类间均值之差的平方 $\tilde{s}_B$来衡量投影之后的类间差异程度：

$$\tilde{s}_B = (\tilde{m}_1 - \tilde{m}_2)^2 \tag{4.66}$$

根据线性判别分析的基本思想，反映类内差异的 $\tilde{s}_W$越小越好，而反映类间差异的 $\tilde{s}_B$越大越好，因此构造目标函数为

$$E_F(\boldsymbol{w}) = \frac{\tilde{s}_B}{\tilde{s}_W} = \frac{(\tilde{m}_1 - \tilde{m}_2)^2}{\tilde{s}_1^2 + \tilde{s}_2^2} \tag{4.67}$$

式(4.67)就是线性判别分析的准则函数。

4. 求解算法

(1) 投影参数的显函数

式(4.67)并不是参数的$\boldsymbol{w}$显函数，因此还不能直接用于求解。为此，我们先计算投影之前的均值与方差。对于ω_c类($c=1,2$)的样本，投影之前的均值为

$$\boldsymbol{m}_c = \frac{1}{N_c} \sum_{\boldsymbol{x}_n \in \mathcal{D}_c} \boldsymbol{x}_n \tag{4.68}$$

并以此定义投影前的类间离散度矩阵$\boldsymbol{S}_B$为

$$\boldsymbol{S}_B = (\boldsymbol{m}_1 - \boldsymbol{m}_2)(\boldsymbol{m}_1 - \boldsymbol{m}_2)^T \tag{4.69}$$

定义投影前的类内离散度矩阵$\boldsymbol{S}_W$为

$$\boldsymbol{S}_W = \sum_{x_n \in \mathcal{D}_1} (\boldsymbol{x}_n - \boldsymbol{m}_1)(\boldsymbol{x}_n - \boldsymbol{m}_1)^T + \sum_{x_n \in \mathcal{D}_2} (\boldsymbol{x}_n - \boldsymbol{m}_2)(\boldsymbol{x}_n - \boldsymbol{m}_2)^T \tag{4.70}$$

将式(4.61)代入式(4.65)，并参考式(4.68)、式(4.70)得到：

$$\begin{aligned} \tilde{s}_1^2 + \tilde{s}_2^2 &= \sum_{\boldsymbol{x}_n \in \mathcal{D}_1} (\boldsymbol{w}^T \boldsymbol{x}_n - \boldsymbol{w}^T \boldsymbol{m}_1)^2 + \sum_{\boldsymbol{x}_n \in \mathcal{D}_2} (\boldsymbol{w}^T \boldsymbol{x}_n - \boldsymbol{w}^T \boldsymbol{m}_2)^2 \\ &= \boldsymbol{w}^T \boldsymbol{S}_1 \boldsymbol{w} + \boldsymbol{w}^T \boldsymbol{S}_2 \boldsymbol{w} \\ &= \boldsymbol{w}^T \boldsymbol{S}_W \boldsymbol{w} \end{aligned} \tag{4.71}$$

其中

$$\boldsymbol{S}_1 = \sum_{x_n \in \mathcal{D}_1} (\boldsymbol{x}_n - \boldsymbol{m}_1)(\boldsymbol{x}_n - \boldsymbol{m}_1)^T$$

$$\boldsymbol{S}_2 = \sum_{x_n \in \mathcal{D}_2} (\boldsymbol{x}_n - \boldsymbol{m}_2)(\boldsymbol{x}_n - \boldsymbol{m}_2)^T$$

将式(4.61)代入式(4.66)，并参考式(4.68)、式(4.69)得到：

$$\begin{aligned} (\tilde{m}_1 - \tilde{m}_2)^2 &= (\boldsymbol{w}^T \boldsymbol{m}_1 - \boldsymbol{w}^T \boldsymbol{m}_2)^2 \\ &= \boldsymbol{w}^T (\boldsymbol{m}_1 - \boldsymbol{m}_2)(\boldsymbol{m}_1 - \boldsymbol{m}_2)^T \boldsymbol{w} \\ &= \boldsymbol{w}^T \boldsymbol{S}_B \boldsymbol{w} \end{aligned} \tag{4.72}$$

将式(4.71)与式(4.72)代入式(4.67)中，线性判别分析的准则函数变为$\boldsymbol{w}$的显函数：

$$E_F(\boldsymbol{w}) = \frac{\boldsymbol{w}^T \boldsymbol{S}_B \boldsymbol{w}}{\boldsymbol{w}^T \boldsymbol{S}_W \boldsymbol{w}} \tag{4.73}$$

(2) 拉格朗日函数的最优解

可以设定式(4.73)的分母为非零常数c_0，并最大化分子部分。通过引入拉格朗日乘子将式(4.73)转换成以下拉格朗日函数的无约束极值问题：

$$L(\boldsymbol{w},\lambda)=\boldsymbol{w}^{\mathrm{T}}\boldsymbol{S}_{\mathrm{B}}\boldsymbol{w}-\lambda(\boldsymbol{w}^{\mathrm{T}}\boldsymbol{S}_{\mathrm{W}}\boldsymbol{w}-c_0) \tag{4.74}$$

通过让导数为 0 得出：

$$\boldsymbol{w}_{\mathrm{F}}=\boldsymbol{S}_{\mathrm{W}}^{-1}(\boldsymbol{m}_1-\boldsymbol{m}_2) \tag{4.75}$$

其中，$\boldsymbol{w}_{\mathrm{F}}$就是在线性判别分析准则函数下的最优投影方向。容易发现，如果类内协方差矩阵$\boldsymbol{S}_{\mathrm{W}}$是各向同性的，此时 $\boldsymbol{S}_{\mathrm{W}}$ 正比于单位矩阵，那么我们将看到 $\boldsymbol{w}_{\mathrm{F}}$ 正比于两类中心点的连线$\boldsymbol{m}_1-\boldsymbol{m}_2$，否则 $\boldsymbol{S}_{\mathrm{W}}^{-1}$会对 $\boldsymbol{m}_1-\boldsymbol{m}_2$ 方向做一些调整，如图 4.7 所示。

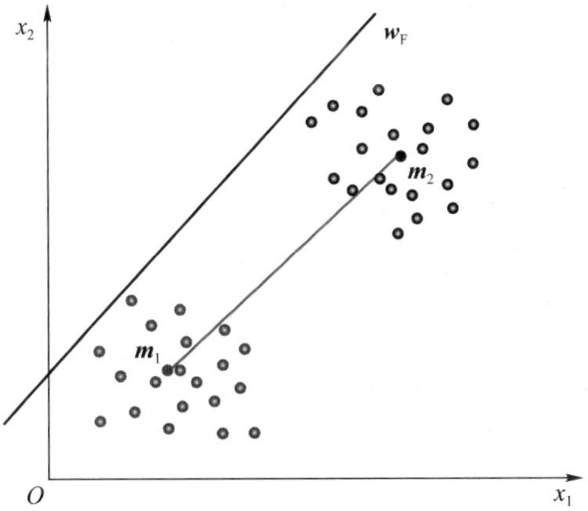

彩图 4.7

图 4.7 线性判别分析的最优投影轴

阈值 $w_{0\mathrm{F}}$可以有多种求解方法，例如，采用所有样本在投影轴上的中心点的方法：

$$w_{0\mathrm{F}}=\frac{1}{N_1+N_2}\sum_{x_n\in\mathcal{D}}\tilde{x}_n=\frac{N_1}{N_1+N_2}\tilde{m}_1+\frac{N_2}{N_1+N_2}\tilde{m}_2 \tag{4.76}$$

5. 算法小结

线性判别分析旨在通过降维，让同类样本在特征空间中更加聚集，同时让不同类别的样本更加分离。在本节中，我们将降维后的特征空间选择为一维直线，这样的线性判别分析模型可以直接用于分类问题。

线性判别分析还可以用于将原特征空间投影到维度更低(高于一维)但更符合费舍尔准则的特征空间，从而得到优化的特征表示。这时的线性判别分析虽然不能直接用于分类问题，但是可以得到更有利于分类的特征基函数$\boldsymbol{\phi}(\boldsymbol{x})$。此外，还可以将线性判别分析拓展为非线性模型，从而学习到非线性的特征基函数。

因为线性判别分析中使用标注了类别标签的训练数据，因此其属于有监督的特征优化方法。第 8 章将介绍非监督的特征优化方法，这些方法不依赖于数据的类别标签。

4.3.3 感知器

感知器(Perceptron)是由神经学家罗森布拉特(Rosenblatt)在 20 世纪 50 年代提出的，它是一种经典且具有重要影响力的线性二分类模型。对于初学者来说，感知器有 3 个方面值得重点关注。在模型形式方面，感知器采用了线性模型与非线性激活函数的组合方式，这种结构是当前基本的模型结构之一。在准则函数方面，感知器使用了感知器准则，即只对被错误分类的样本计算损失。在求解算法方面，感知器算法通过迭代调整参数来最小化准则函数，这个过程是梯度下降法的一种早期形式。

1. 模型形式

受动物神经元结构的启发，二分类感知器模型的形式为

$$f(\boldsymbol{x})=H(\boldsymbol{w}^{\mathrm{T}}\boldsymbol{\phi}(\boldsymbol{x})) \tag{4.77}$$

该模型由线性部分 $\boldsymbol{w}^{\mathrm{T}}\boldsymbol{\phi}(\boldsymbol{x})$ 和非线性函数 $H(\cdot)$ 两部分构成。在线性部分，我们通过基函数 $\boldsymbol{\phi}(\boldsymbol{x})=[\phi_0(\boldsymbol{x}),\phi_1(\boldsymbol{x}),\cdots,\phi_{M-1}(\boldsymbol{x})]^{\mathrm{T}}$ 对输入向量 $\boldsymbol{x}$ 进行特征空间的转换。另外，通过设置 $\phi_0(\boldsymbol{x})=1$，我们可以将偏置项 w_0 包含在权向量 $\boldsymbol{w}$ 中，即 $\boldsymbol{w}=[w_0,w_1,\cdots,w_{M-1}]^{\mathrm{T}}$。因此，线性部分是输入 $\boldsymbol{\phi}(\boldsymbol{x})$ 的齐次函数，其中仅包含一次项而不包含常数项。

在早期，式(4.77)中的非线性映射函数 $H(\cdot)$ 常常取阶跃函数，即：

$$H(z)=\begin{cases}1 & z\geqslant 0\\ -1 & z<0\end{cases} \tag{4.78}$$

注意，为了便于介绍感知器算法，我们修改了式(4.47)，用{1，−1}来表示目标值。在下一节我们将给出一种更常用的非线性映射函数，即 sigmoid 函数。另外，在第 5 章介绍非线性映射函数(激活函数)的更多选择。

在如式(4.77)所示的感知器模型中，当 $f(\boldsymbol{x})=1$ 时，表明输入样本属于 ω_1 类别；当 $f(\boldsymbol{x})=-1$ 时，表明输入样本属于 ω_2 类别。相应地，在训练集 $\mathcal{D}=\{(\boldsymbol{x}_1,y_1),\cdots,(\boldsymbol{x}_n,y_n),\cdots,(\boldsymbol{x}_N,y_N)\}$ 中，如果 $\boldsymbol{x}_n\in\omega_1$，则 $y_n=1$，否则 $y_n=-1$。学习的任务是通过训练集 $\mathcal{D}$ 来求解参数 $\boldsymbol{w}$。

2. 准则函数

(1) 损失函数

在分类问题中，一种直观的损失函数是分类错误，如 0-1 损失函数：

$$L(y,f(\boldsymbol{x}))=\begin{cases}0 & y=f(\boldsymbol{x})\\ 1 & y\neq f(\boldsymbol{x})\end{cases} \tag{4.79}$$

其中，y 为样本 $\boldsymbol{x}$ 的真实类别，$f(\boldsymbol{x})$ 是模型的预测类别。然而，这样的准则函数并不一定有利于求解过程。因此，我们引入了感知器准则，这是一种为感知器算法设计的误差函数。该准则的目标是找到一个参数向量 $\boldsymbol{w}$，使得对于类别 ω_1 中的样本 $\boldsymbol{x}_n$ 都有 $\boldsymbol{w}^{\mathrm{T}}\boldsymbol{\phi}(\boldsymbol{x}_n)>0$，对于类别 ω_2 中的样本 $\boldsymbol{x}_n$ 都有 $\boldsymbol{w}^{\mathrm{T}}\boldsymbol{\phi}(\boldsymbol{x}_n)<0$。为了简化表示，我们将训练样本乘以它们的类别标签。这样，对于任何正确分类的样本 $\boldsymbol{x}_n$，都有 $\boldsymbol{w}^{\mathrm{T}}\boldsymbol{\phi}(\boldsymbol{x}_n)y_n>0$；而对于任何错误分类的样本 $\boldsymbol{x}_n$，都有 $\boldsymbol{w}^{\mathrm{T}}\boldsymbol{\phi}(\boldsymbol{x}_n)y_n<0$。感知器准则对应的损失函数为

$$L(y,f(\boldsymbol{x}))=\max(-\boldsymbol{w}^{\mathrm{T}}\boldsymbol{\phi}(\boldsymbol{x})y,0) \tag{4.80}$$

(2) 准则函数

对于正确分类的样本，式(4.80)的损失函数为 0；而对于错误分类的样本 $\boldsymbol{x}_n$，式(4.80)的损失函数为一个正实数 $-\boldsymbol{w}^{\mathrm{T}}\boldsymbol{\phi}(\boldsymbol{x}_n)y_n$。感知器准则的最终误差函数为

$$E_{\mathrm{P}}(\boldsymbol{w})=-\sum_{\substack{(\boldsymbol{x}_n,y_n)\in\mathcal{D}\\ \boldsymbol{w}^{\mathrm{T}}\boldsymbol{\phi}(\boldsymbol{x}_n)y_n<0}}\boldsymbol{w}^{\mathrm{T}}\boldsymbol{\phi}(\boldsymbol{x}_n)y_n \tag{4.81}$$

请注意，在感知器准则中，所有正确分类的样本对于损失函数的贡献都是一样的(0)，但是错误分类的样本对于损失函数的贡献并不一样。

(3) 最优解

感知器准则的最优解为

$$\boldsymbol{w}_{\mathrm{P}}=\min_{\boldsymbol{w}}E_{\mathrm{P}}(\boldsymbol{w}) \tag{4.82}$$

由于感知器的线性部分为 $\boldsymbol{\phi}(\boldsymbol{x})$ 的齐次函数，因此决策面是过原点的，且法线方向为 $\boldsymbol{w}$。如图 4.8 所示，最优解向量 $\boldsymbol{w}_{\mathrm{P}}$ 会将所有的 $\boldsymbol{\phi}(\boldsymbol{x}_n)y_n$ 划分到对应的决策面的正方向。另外，要注意的是，最优解并不一定是唯一的，也可能存在一个最优解集合，即图 4.8 中的解区。

3. 求解算法

在传统数学方法中，感知器准则函数的求解并不容易。因为对式(4.81)求导得到的极值点通常不是式(4.82)的解。为此，我们引入一种专门针对感知器准则函数的迭代求解方法——梯度下降算法。

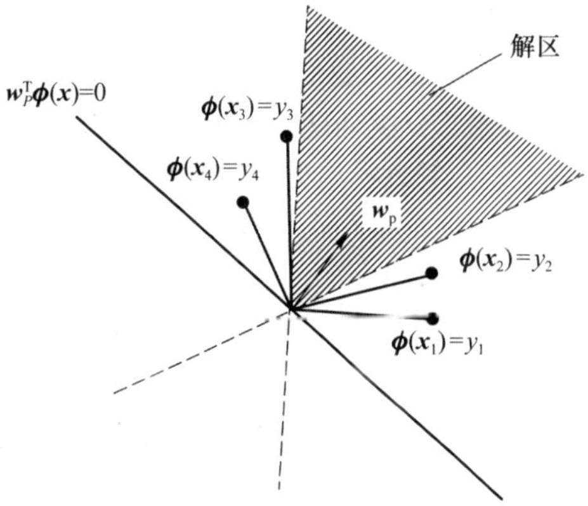

图 4.8 感知器的解向量和解区

(1) 初始化

在迭代开始之前初始化参数 $w^{(0)}$。初始化 $w^{(0)}$ 的方法有很多种，最简单的一种是随机初始化。

(2) 计算梯度

由于每次迭代之后都改变了参数 $w^{(\tau)}$，因此错分样本集合也可能会改变，从而导致$E_P(w^{(\tau)})$改变。所以每次迭代都需要重新计算梯度向量。根据式(4.81)，梯度向量为

$$\nabla E_P(w^{(\tau)}) = \frac{\partial E_P(w^{(\tau)})}{\partial w} = -\sum_{\substack{(x_n, y_n)\in\mathcal{D} \\ w^{(\tau)T}\phi(x_n)y_n<0}} \phi(x_n)y_n \tag{4.83}$$

(3) 迭代更新

在第 $\tau+1$ 次迭代时，权向量的改变量为

$$w^{(\tau+1)} = w^{(\tau)} - \rho\,\nabla E_P(w^{(\tau)}) \tag{4.84}$$

其中，ρ 是学习率参数，$\nabla E_P(w^{(\tau)})$是误差函数的梯度向量。将式(4.83)代入式(4.84)，得到迭代修正公式为

$$w^{(\tau+1)} = w^{(\tau)} + \rho \sum_{\substack{(x_n, y_n)\in\mathcal{D} \\ w^{(\tau)T}\phi(x_n)y_n<0}} \phi(x_n)y_n \tag{4.85}$$

从式(4.85)可见，迭代的修正量就是将错分样本乘以系数 ρ 加到权向量上。除了将所有错分样本累加后一次性修正权向量，还可以基于单个错分样本逐个修正权向量 w。

该算法体现了基于错误进行修正的思想，即只有分类错误的样本才需要调整权向量参数，没有分类错误的则无须调整。

4. 局限性分析

如果训练集中的样本是线性可分的，那么可以证明感知器算法将在有限的步骤内收敛到一个解。然而，感知器本质上是一个线性模型，这意味着它无法解决线性不可分的问题。当训练集线性不可分时，感知器算法可能永远无法收敛。因此，通常会设置一个迭代次数的上限，但这并不能保证解的最优性。另外，感知器可能存在多个解，最终得到的解取决于参数的初始化以及数据样本的处理顺序。此外，感知器算法不能直接扩展到多分类问题，也无法自动优化基函数。第 5 章将介绍的多层感知器算法能够克服感知器的大部分局限性。

4.4 逻辑回归模型

4.4.1 生成模型的决策函数

第 2 章介绍的生成模型使用概率分布来描述系统中的各种不确定性，并通过贝叶斯推断

和统计决策理论给出最优的决策函数。本节将集中讨论生成模型在决策阶段的决策函数形式，这将有助于我们为线性模型的改进奠定理论基础。

1. 二分类问题

(1) 生成模型的判别函数

对于二分类问题，最小错误率决策准则下的决策函数通过比较两个类别后验概率的大小来做决策，即：

$$\begin{cases} \text{如果 } p(\omega_1 \mid \boldsymbol{x}) \geqslant p(\omega_2 \mid \boldsymbol{x})\text{，则 } \boldsymbol{x} \in \omega_1 \\ \text{如果 } p(\omega_1 \mid \boldsymbol{x}) < p(\omega_2 \mid \boldsymbol{x})\text{，则 } \boldsymbol{x} \in \omega_2 \end{cases} \tag{4.86}$$

利用贝叶斯定理将先验概率和似然函数代入式(4.86)，并消去归一化因子，得到判别函数：

$$\begin{cases} \text{如果 } g(\boldsymbol{x}) = \ln \dfrac{p(\boldsymbol{x} \mid \omega_1) p(\omega_1)}{p(\boldsymbol{x} \mid \omega_1) p(\omega_2)} \geqslant 0\text{，则 } \boldsymbol{x} \in \omega_1 \\ \text{如果 } g(\boldsymbol{x}) = \ln \dfrac{p(\boldsymbol{x} \mid \omega_1) p(\omega_1)}{p(\boldsymbol{x} \mid \omega_1) p(\omega_2)} < 0\text{，则 } \boldsymbol{x} \in \omega_2 \end{cases} \tag{4.87}$$

这也是第 2 章介绍过的判别函数。

(2) 判别函数与后验概率的关系

根据贝叶斯公式容易推导出后验概率 $\mathrm{p}(\omega_1 \mid \boldsymbol{x})$与判别函数 $g(\boldsymbol{x})$之间的函数关系：

$$\begin{aligned} p(\omega_1 \mid \boldsymbol{x}) &= \frac{p(\boldsymbol{x} \mid \omega_1) p(\omega_1)}{p(\boldsymbol{x} \mid \omega_1) P(\omega_1) + p(\boldsymbol{x} \mid \omega_2) P(\omega_2)} \\ &= \frac{1}{1 + \dfrac{p(\boldsymbol{x} \mid \omega_2) P(\omega_2)}{p(\boldsymbol{x} \mid \omega_1) P(\omega_1)}} = \frac{1}{1 + \exp(-g(\boldsymbol{x}))} \\ &= \sigma(g(\boldsymbol{x})) = \sigma(a) \end{aligned} \tag{4.88}$$

其中用 a 来表示判别函数 $g(\boldsymbol{x})$的取值，即：

$$g(\boldsymbol{x}) = a$$

$\sigma(z)$是 logistic sigmoid 函数或 sigmoid 函数，其定义为

$$\sigma(z) = \frac{1}{1 + \exp(-z)} \tag{4.89}$$

(3) sigmoid 函数的主要性质

如图 4.9 所示，$\sigma(z)$是一个光滑的 S 形曲线，而“sigmoid”的意思是“S 形”。$\sigma(z)$与如式(4.47)所示的阶跃函数有类似之处，可以将 $\sigma(z)$看成光滑的阶跃函数。这两个函数均是非线性单调增函数，并且都把整个实数轴映射到了[0,1]区间中，因此 $\sigma(z)$有时被称为“挤压函数”。$\sigma(z)$比如式(4.47)所示的 $H(z)$有更多优点，如 $\sigma(z)$是连续函数，且无限次可微。当加入斜率 k 和偏置量 z_0，$\sigma(kz - z_0)$可以近似不同位置的阶跃函数或线性函数。当斜率 k 非常大时，$\sigma(kz - z_0)$近似阶跃函数；当斜率 k 较小时，$\sigma(kz - z_0)$近似线性函数。

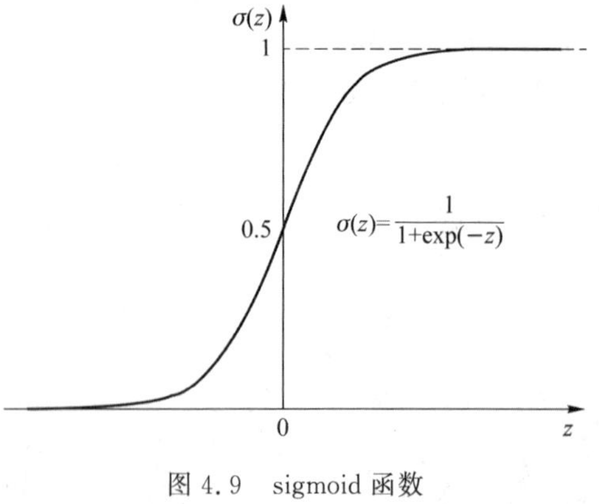

图 4.9 sigmoid 函数

(4) sigmoid 函数与概率函数

结合式(4.88)与式(4.89)容易发现 $\sigma(z)$与概率具有天然的联系。首先，$\sigma(z)$被称为“挤压函数”，其值域为[0,1]，符合概率函数的要求。

其次，如果 z 等于式(4.87)的判别函数，那么$\sigma(z)$的值就是式(4.88)的后验概率，也就是说，$\sigma(a)$ 函数可以将判别函数 $g(\boldsymbol{x})$的取值 a 转换为后验概率。

2. 多分类问题

(1) 每个类别的判别函数

对于多类别问题，其决策函数找到所有类别中最大的后验概率并分类。利用贝叶斯定理将先验概率和似然函数代入，得到 ω_c类的判别函数：

$$g_c(\boldsymbol{x})=\ln(p(\boldsymbol{x}|\omega_c)p(\omega_c))\quad c=1,\cdots,C \tag{4.90}$$

相应的决策函数为

$$\text{若 } p(\omega_i|\boldsymbol{x})=\max_{c=1,\cdots,C}p(\omega_c|\boldsymbol{x}),\text{则 } \boldsymbol{x}\in\omega_i \tag{4.91}$$

(2) 判别函数与后验概率的关系

与二分类情况类似，容易推导出 $g_c(\boldsymbol{x})$与后验概率 $p(\omega_c|\boldsymbol{x})$之间的函数关系：

$$\begin{aligned}p(\omega_c|\boldsymbol{x})&=\frac{p(\boldsymbol{x}|\omega_c)p(\omega_c)}{\Sigma_j p(\boldsymbol{x}|\omega_j)p(\omega_j)}\\&=\frac{\exp(g_c(\boldsymbol{x}))}{\Sigma_j\exp(g_j(\boldsymbol{x}))}\\&=\frac{\exp(a_c)}{\Sigma_j\exp(a_j)}\end{aligned} \tag{4.92}$$

其中，a_c表示 $g_c(\boldsymbol{x})$的取值，即：

$$g_c(\boldsymbol{x})=a_c\quad c=1,\cdots,C$$

(3) softmax 函数

式(4.92)定义的函数称为归一化指数函数(Normalized Exponential Function)，或称为 softmax 函数，它是 sigmoid 函数对于多类情况的扩展。softmax 函数是一种平滑的最大值函数。

假设 $a_i=\max\limits_c a_c$，根据式(4.92)的 softmax 函数能够计算出每个类别的后验概率：

$$p(\omega_c|\boldsymbol{x})=\frac{\exp(a_c)}{\Sigma_j\exp(a_j)}\quad c=1,\cdots,C$$

则对于所有的 $c\neq i$，相比于 $a_i>a_c$，softmax 函数倾向于使得 $p(\omega_i|\boldsymbol{x})\gg p(\omega_c|\boldsymbol{x})$。最后的效果是 $p(\omega_i|\boldsymbol{x})$更接近于 1，而 $p(\omega_c|\boldsymbol{x})$更接近于 0。对比式(4.60)的硬最大化，容易理解式(4.92)的软最大化的含义。

4.4.2 概率判别模型

尽管线性判别函数存在诸多优点，但是这类模型通常缺乏概率解释，这使得它们难以直接根据贝叶斯推断进行优化。为了克服这一问题，我们对线性模型进行改进。

1. 二分类逻辑回归模型

(1) 模型形式

根据统计决策理论，最小错误率决策准则下的决策函数为式(4.86)，即通过后验概率做出决策。为了避免推断后验概率的复杂过程，我们利用线性模型来近似后验概率。

对于二分类问题，我们假设式(4.87)的判别函数 $g(\boldsymbol{x})$为线性函数，即

$$g(\boldsymbol{x})=\boldsymbol{w}^{\mathrm{T}}\boldsymbol{\phi}(\boldsymbol{x}) \tag{4.93}$$

然后采用 sigmoid 函数将 $g(\boldsymbol{x})$ 转换为后验概率，得到的模型形式为

$$f(\boldsymbol{x})=p(\omega_1\mid\boldsymbol{x})=\sigma(g(\boldsymbol{x}))=\sigma(\boldsymbol{w}^{\mathrm{T}}\boldsymbol{\phi}(\boldsymbol{x})) \tag{4.94}$$

这就是逻辑回归模型(Logistic Regression Model)。需要注意的是，由于借用了统计学的术语，所以虽然名字叫逻辑回归模型，但是该模型用于解决分类问题。

无论输入为任何实数向量，式(4.94)的输出都被限制在[0,1]区间内，因此其输出可以被解释为概率。与式(4.46)相比，逻辑回归模型采用了不同的非线性映射函数，即如式(4.89)所示的 sigmoid 函数。如前所述，sigmoid 函数具有很多良好的性质，因此比阶跃函数应用得更广泛。

如果基函数 $\boldsymbol{\phi}$ 对应的特征空间为 M 维，则逻辑回归模型的参数只有 M 个。同样是 M 维特征空间，如果类条件概率密度为正态分布，那么即使两个类别的协方差矩阵相等，也仍然需要 $2M$ 个参数用于表示期望值，$M(M+1)/2$ 个参数表示协方差矩阵，1 个参数表示先验概率，总参数为 $M(M+5)/2+1$ 个。随着 M 的增大，参数总数以二次的方式增加。模型参数越多，复杂度越高，需要的训练样本也越多。在 M 值较大及训练样本较少的情况下，使用逻辑回归模型比生成模型的优势更明显。

(2) 准则函数

由于该模型的输出可以被解释为概率，因此我们能够采用似然函数作为目标函数。假设训练集为 $\mathcal{D}=\{(\boldsymbol{x}_1,y_1),\cdots,(\boldsymbol{x}_n,y_n),\cdots,(\boldsymbol{x}_N,y_N)\}$，其中如果 $\boldsymbol{x}_n\in\omega_1$，则 $y_n=1$，否则 $y_n=0$。对于训练集 $\mathcal{D}$，似然函数为

$$p(\mathcal{D}\mid\boldsymbol{w})=\prod_{n=1}^{N}f(\boldsymbol{x}_n)^{y_n}(1-f(\boldsymbol{x}_n))^{1-y_n} \tag{4.95}$$

取式(4.95)的负对数，得到误差函数为

$$E_{\mathrm{CE}}(\boldsymbol{w})=-\ln p(\mathcal{D}\mid\boldsymbol{w})=-\sum_{n=1}^{N}(y_n\ln f(\boldsymbol{x}_n)+(1-y_n)\ln(1-f(\boldsymbol{x}_n))) \tag{4.96}$$

该误差也被称为交叉熵(Cross-Entropy)误差函数。将式(4.94)代入式(4.96)得到完整的目标函数(准则函数)：

$$E_{\mathrm{CE}}(\boldsymbol{w})=-\sum_{n=1}^{N}(y_n\ln\sigma(\boldsymbol{w}^{\mathrm{T}}\boldsymbol{\phi}(\boldsymbol{x}_n))+(1-y_n)\ln(1-\sigma(\boldsymbol{w}^{\mathrm{T}}\boldsymbol{\phi}(\boldsymbol{x}_n)))) \tag{4.97}$$

读者要注意的是，最大似然方法容易产生过拟合现象，通过给式(4.97)的误差函数增加一个正则化项就可以缓解这个问题。

(3) 求解算法

可以采用梯度下降法来求解逻辑回归模型。为了方便后续计算，先介绍 sigmoid 函数的导数：

$$\frac{\mathrm{d}\sigma(z)}{\mathrm{d}z}=\sigma(z)(1-\sigma(z)) \tag{4.98}$$

接下来对误差函数式(4.97)求导数，得

$$\nabla E_{\mathrm{CE}}(\boldsymbol{w})=\sum_{n=1}^{N}(\sigma(\boldsymbol{w}^{\mathrm{T}}\boldsymbol{\phi}(\boldsymbol{x}_n))-y_n)\boldsymbol{\phi}(\boldsymbol{x}_n) \tag{4.99}$$

求解参数时，首先采用随机初始化方法得到 $\boldsymbol{w}^{(0)}$，之后在 $\tau+1$ 次迭代时，用 ρ 表示学习率参数，则参数的改变量为

$$\boldsymbol{w}^{(\tau+1)}=\boldsymbol{w}^{(\tau)}-\rho\nabla E_{\mathrm{CE}}(\boldsymbol{w}) \tag{4.100}$$

2. 多分类逻辑回归模型

(1) 模型形式

二分类的逻辑回归模型很容易扩展到多类别的逻辑回归模型。类似地，我们假设

式(4.90)的判别函数 $g_c(\boldsymbol{x})$ 为线性函数,即

$$g_c(\boldsymbol{x})=\boldsymbol{w}_c^{\mathrm{T}}\boldsymbol{\phi}(\boldsymbol{x}) \quad c=1,\cdots,C \tag{4.101}$$

模型输出的后验概率由 softmax 函数变换得出,即

$$f_c(\boldsymbol{x})=p(\omega_c|\boldsymbol{\phi}(\boldsymbol{x}))=\frac{\exp(\boldsymbol{w}_c^{\mathrm{T}}\boldsymbol{\phi}(\boldsymbol{x}))}{\sum_j\exp(\boldsymbol{w}_j^{\mathrm{T}}\boldsymbol{\phi}(\boldsymbol{x}))} \tag{4.102}$$

(2) 准则函数

在多类别的逻辑回归模型中,每个类别 ω_c 都对应一个参数向量 $\boldsymbol{w}_c$,因此总的参数包括 $\boldsymbol{w}_1,\cdots,\boldsymbol{w}_C$。为了方便写出似然函数,我们采用独热编码方法:对于 ω_c 类的样本 $\boldsymbol{x}_n$,其目标向量 $\boldsymbol{y}_n$ 是个 C 维向量,$\boldsymbol{y}_n$ 的第 c 个维度 $y_{nc}=1$,$\boldsymbol{y}_n$ 的其余维度都等于 0。对于训练集 $\mathcal{D}=\{(\boldsymbol{x}_1,\boldsymbol{y}_1),\cdots,(\boldsymbol{x}_n,\boldsymbol{y}_n),\cdots,(\boldsymbol{x}_N,\boldsymbol{y}_N)\}$,似然函数为

$$p(\mathcal{D}|\boldsymbol{w}_1,\cdots,\boldsymbol{w}_C)=\prod_{n=1}^{N}\prod_{c=1}^{C}p(\omega_c|\boldsymbol{\phi}(\boldsymbol{x}))^{y_{nc}}=\prod_{n=1}^{N}\prod_{c=1}^{C}f_c(\boldsymbol{x}_n)^{y_{nc}} \tag{4.103}$$

取负对数为误差函数,可得:

$$E_{\mathrm{CE}}(\boldsymbol{w}_1,\cdots,\boldsymbol{w}_C)=-\ln p(\mathcal{D}|\boldsymbol{w}_1,\cdots,\boldsymbol{w}_C)=-\sum_{n=1}^{N}\sum_{c=1}^{C}y_{nc}\ln f_c(\boldsymbol{x}_n) \tag{4.104}$$

式(4.104)被称为多分类问题的交叉熵误差函数。其求解算法也可以采用梯度下降法。

4.4.3 广义线性模型

1. 模型形式

本章介绍了多种线性模型,包括用于回归问题的线性回归模型,如式(4.4)所示,用于分类问题的线性判别函数,如式(4.46)所示,以及逻辑回归模型,如式(4.94)和式(4.104)所示等。其实这些模型的形式并不完全是线性的,如式(4.46)所示的线性判别函数和如式(4.94)所示的逻辑回归模型都是由线性函数加一个非线性映射函数构成的。如式(4.46)所示的非线性映射函数是阶跃函数,而如式(4.94)所示的非线性映射函数是 sigmoid 函数。不过这些线性模型的共同特点是,其决策面或判别函数均是线性的。因此,我们给出广义线性模型(Generalized Linear Model):

$$f(\boldsymbol{x})=h(\boldsymbol{w}^{\mathrm{T}}\boldsymbol{\phi}(\boldsymbol{x})) \tag{4.105}$$

其中,$h(\cdot)$ 函数被称为激活函数(Activation Function),而它的反函数在统计学中被称为连接函数(Link Function)。如果激活函数采用恒等函数,则式(4.105)就是线性回归模型;如果激活函数采用阶跃函数,则式(4.105)就可以表示线性判别分析和感知器模型的决策函数;如果激活函数采用 sigmoid 函数或 softmax 函数,则式(4.105)就是逻辑回归模型;如果不采用基函数 $\boldsymbol{\phi}(\cdot)$ 做特征变换,则就是原空间的线性模型:

$$f(\boldsymbol{x})=h(\boldsymbol{w}^{\mathrm{T}}\boldsymbol{x}) \tag{4.106}$$

2. 模型意义

虽然在某些特定条件下线性模型会等价于最优的贝叶斯决策模型,但是线性形式限制了这类模型的能力。对于复杂问题,线性模型就无法处理。不过,线性模型不仅可以单独使用,也可以将式(4.105)形式的线性模型看成一个基元模型,然后将很多个基元模型堆叠起来构成一个庞大且复杂的大模型。这时的模型将不再受到线性的限制,理论上其潜力可以解决任意复杂的问题。我们将广义线性模型表示成式(4.105),其原因在于这种形式更能体现其具有基元模型的作用。在第 5 章的神经网络中,我们将看到每个人工神经元的模型可以采用式(4.105)

的形式，并且还可以采用更多种类的激活函数。由人工神经元构成的神经网络已经成为当前机器学习和人工智能中的主流模型形式。

4.5 本章小结

本章讲述了最基本的参数模型，即线性模型。介绍了解决回归任务的线性回归模型、解决分类任务的线性判别函数以及对后验概率进行建模的逻辑回归模型和广义线性模型。尽管一些线性模型并未显性使用概率概念，但是从统计学角度分析，这些模型可以被解释为统计决策下的近似最优解。而且，不同的准则函数与最大似然估计或者贝叶斯估计之间存在密切联系。另外，广义线性模型是构成神经网络模型的重要基础。

思考题

4-1 请结合线性回归模型分析平方误差与似然函数、正则化项与先验概率等在准则函数中的关联关系。

4-2 请思考基函数与空间变换和特征表示之间的联系。

4-3 请简述线性判别分析的原理和方法。

4-4 请简述感知器的原理和方法。

4-5 请介绍广义线性模型。

第 5 章

神 经 网 络

第 5 章课件

5.1 介　绍

线性模型无法解决更为复杂的问题,因此需要引入非线性模型。而神经网络模型(Neural Network Model)便是一种功能强大且极具代表性的非线性模型。神经网络模型与神经科学联系紧密,早期神经网络模型的设计灵感源于生物神经系统。即便在当下,神经生理学的研究成果仍在为神经网络模型的设计与优化给予重要的指导或启示。

有一些研究者或许并不关注神经网络模型的生理学起源,甚至觉得过度模仿生物系统可能会产生不必要的限制,但他们依然认可神经网络模型的高效性与实用性,并将精力集中于如何解决实际问题。例如,传统的分类模型依赖手工提取特征,这种方法既耗费巨大,效果又不理想。相较之下,神经网络模型中具有可学习的特征函数,只要数据量充足、网络层数够深,模型便能自动学习到更本质、更有效的特征,为解决更广泛且重要的智能问题奠定基础。

本章 5.2 节介绍神经网络模型的基本形式;5.3 节介绍一种常用的神经网络模型,即前馈神经网络;5.4 节介绍神经网络的常用学习算法,即误差反向传播算法;5.5 节介绍神经网络的正则化方法。

5.2 神经元与网络结构

5.2.1 神经元

1. 生物神经元

人类智能的物质基础是神经系统,其基本单位是生物神经元。生物神经元的结构如图 5.1 所示,它主要由细胞体、多个树突、一条轴突和突触等构成。其中,树突用来接收周围神经元传入的信号,细胞体进行信息的整合,轴突输出信号给其他神经元。当神经元接收到的输入信号累加后超过了某个阈值,神经元就处于兴奋状态,并产生神经冲动。神经冲动通过轴突、轴突末梢及突触，传递到和它相连的其他神经元。

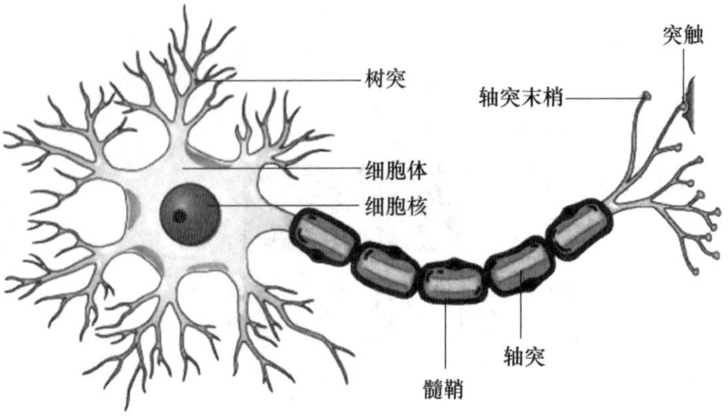

彩图 5.1

图 5.1　生物神经元的结构

2. 早期的神经元数学模型

1943 年，心理学家 McCulloch 和数学家 Pitts 根据生物神经元的结构，提出了一种非常简单的神经元模型，简称 MP 神经元，如图 5.2 所示。

(1) 神经元的净输入

图 5.2 所示的神经元接收 D 个输入信号，记为 $\boldsymbol{x}=[x_1,\cdots,x_D]^{\mathrm{T}}$。每个输入信号的作用强度称为权重，记为 $\boldsymbol{w}=[w_1,\cdots,w_D]^{\mathrm{T}}$。用净输入 $z\in\mathbb{R}$ 表示一个神经元所获得的输入信号的加权和，w_0 表示偏置参数，则：

$$z=\sum_{d=1}^{D}w_d x_d+w_0=\boldsymbol{w}^{\mathrm{T}}\boldsymbol{x}+w_0 \tag{5.1}$$

(2) 激活函数

净输入 z 在经过一个非线性函数 $h(\cdot)$ 后，得到神经元的活性值 y：

$$y=h(z) \tag{5.2}$$

其中，非线性函数 $h(\cdot)$ 为激活函数(Activation Function)。在 MP 神经元中，非线性函数 $h(\cdot)$ 为单位阶跃函数，即：

$$y=h(z)=\begin{cases}1 & z\geqslant 0\\ 0 & z<0\end{cases} \tag{5.3}$$

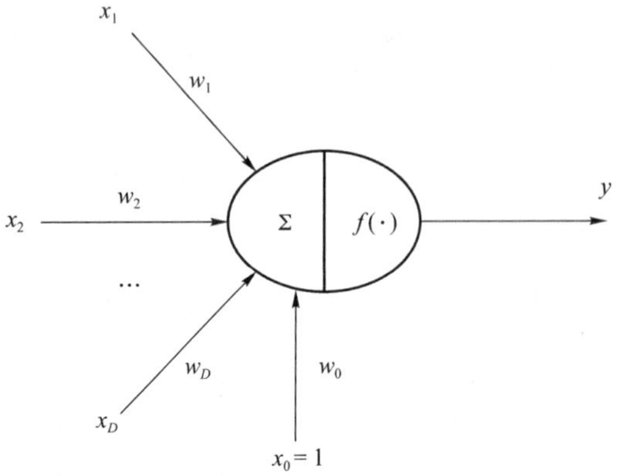

图 5.2　MP 神经元模型

(3) 神经元的一般模型

把式(5.1)代入式(5.2)，得到人工神经元的一般模型：

$$y=h\left(\sum_{d=1}^{D}w_d x_d+w_0\right) \tag{5.4}$$

在 MP 神经元模型中，y 是模型的输出。神经元的作用是将输入信号加权求和，当求和超过一定的阈值($-w_0$)后，神经元即进入激活状态，输出值 $y=1$；否则神经元处于抑制状态，输出值 $y=0$。某些情况下，也可以用符号函数 sgn(•)替代单位阶跃函数，这时输出 y 的取值就是 1 或 −1。

(4) MP神经元模型与现代神经元模型

MP神经元模型是一种高度简化的理论模型,它无法完全体现真实生物神经元活动的复杂性。有人甚至将单个生物神经元的复杂性比作一台数字计算机。尽管如此,MP神经元模型反映了神经元最基本且最关键的特性。

现代人工神经网络中的神经元模型与MP神经元模型的结构并没有太大变化。不同之处在于激活函数。MP神经元中的激活函数 $h(\cdot)$ 是0-1阶跃函数,而现代神经元中的激活函数通常是连续可导的函数。这种差异使得现代神经元模型在处理复杂数据和学习非线性关系时更为灵活和有效。

(5) 与感知器模型的关系

如果我们分别用 $y=0$ 和 $y=1$ 来表示需要区分的两个类别,那么式(5.4)就转换为第4章讨论过的感知器判别函数。实际上,感知器模型可以被视为MP神经元模型的一个特例,它在特定的应用场景中提供了一种简化的神经元模型,该模型用于实现基本的分类任务。

3. 当前神经元模型的常见形式

当前常用的神经元模型在结构上与MP神经元模型相似,但激活函数的选择更加多样化。激活函数定义了神经元模型中输入与输出之间的关系,对于神经网络的性能至关重要。为了增强神经网络的表示能力和学习能力,理想的激活函数应具备以下特性:

① 连续并可导(允许少数点上不可导)的非线性函数。可导的激活函数可以直接利用数值优化的方法来学习网络参数;

② 激活函数及其导函数要尽可能的简单,这样有利于提高网络计算效率;

③ 激活函数的导函数的值域要在一个合适的区间内,不能太大也不能太小,否则会影响训练的效率和稳定性。

下面介绍4种常用的激活函数。

(1) sigmoid函数

sigmoid函数是传统神经网络中使用频率最高的激活函数,其形式为

$$\sigma(x)=\frac{1}{1+\exp(-x)} \tag{5.5}$$

其导数为

$$\sigma'(x)=\sigma(x)(1-\sigma(x)) \tag{5.6}$$

如图5.3所示,sigmoid函数是一个平滑可微函数,这使其更便于在反向传播算法中优化参数。该函数的输出值为(0,1),它能够将神经元的输出转换为概率值,因此非常适合处理二分类问题。特别地,当输入值接近0时,sigmoid函数近似线性函数;而当输入值远离0时,函数输出趋向0或1,表现出抑制效果。

然而,sigmoid函数在输入的绝对值过大时会进入饱和状态,导致梯度消失,影响神经网络中权重的更新。而且,sigmoid函数的输出不是以0为中心的,这可能导致梯度更新时出现偏移,使得训练过程变得缓慢。此外,sigmoid函数的计算相对复杂,涉及指数运算,相比其他激活函数(如ReLU),其计算代价较高。

(2) tanh函数

tanh函数和sigmoid函数相似,不同的是tanh函数的值域为(−1,1),因此在对称性要求较高的任务中比较常用。tanh函数的数学公式为

$$\tanh(x)=\frac{\exp(x)-\exp(-x)}{\exp(x)+\exp(-x)} \tag{5.7}$$

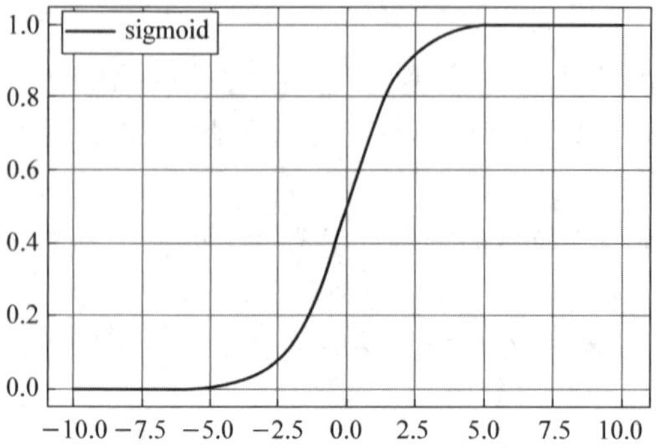

(a) sigmoid函数

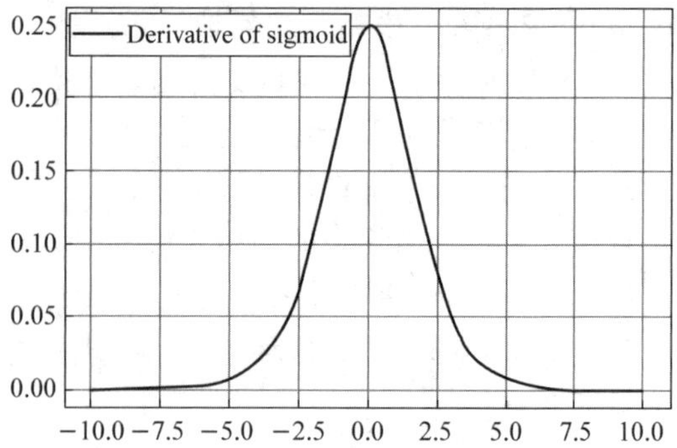

(b) sigmoid 函数的导函数

图 5.3 sigmoid 函数及其导函数

如图 5.4 所示，与 sigmoid 函数相比，tanh 函数的输出均值是 0，改善了 sigmoid 函数非零中心化的问题。而且，其收敛速度更快，减少了迭代次数。然而，tanh 函数在输入较大或较小时，同样会出现梯度消失的问题。

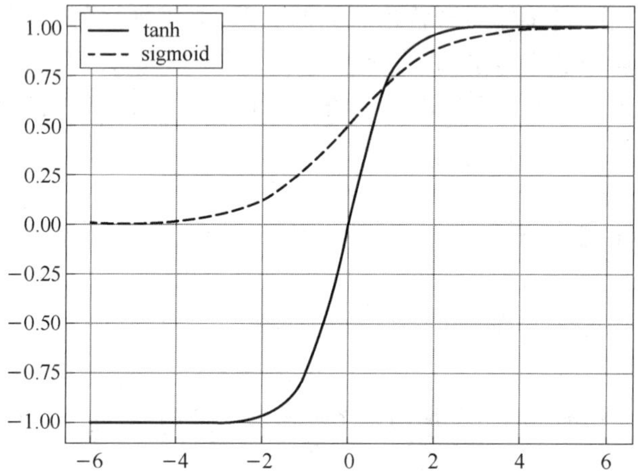

图 5.4 tanh 函数与 sigmoid 函数

(3) ReLU 函数

目前在一些神经网络模型中，广泛采用整流线性单元(Rectified Linear Unit，ReLU)类型的激活函数。ReLU 函数是一个简单的分段线性函数，其数学公式为

$$\mathrm{ReLU}(x)=\begin{cases} x & x\geqslant 0 \\ 0 & x<0 \end{cases} \tag{5.8}$$

如图 5.5 所示，ReLU 函数形式简单，当输入 $x<0$ 时，输出为 0；当输入 $x\geqslant 0$ 时，输出与输入相同。由于在输入大于 0 时，没有饱和问题，该函数在深度神经网络中信号传递不会衰减。当输入为正时，ReLU 函数的导数为 1，这使得该函数的训练速度非常快。然而，其缺点是，当输入小于 0 时，梯度为 0，对应的权重和偏置无法更新，出现神经元“死亡”问题。

(4) ELU 函数

指数线性单元(Exponential Linear Unit，ELU)是一个近似的零中心化的非线性函数。ELU 函数的数学公式为

$$\mathrm{ELU}(x)=\begin{cases} x & x>0 \\ \alpha(\exp(x)-1) & x\leqslant 0 \end{cases} \tag{5.9}$$

其中，α 是一个大于零的超参数。

如图 5.6 所示，ELU 函数在整个定义域都是平滑可导的，当输入为正时，ELU 函数的导数为 1，没有饱和现象；与 ReLU 函数相比，ELU 函数在输入为负时，是有一定的输出的，可以解决 ReLU 神经元"死亡"的问题。ELU 函数为近似零中心化的非线性函数，这样有助于缓解梯度消失的问题，提高模型的稳定性和鲁棒性。

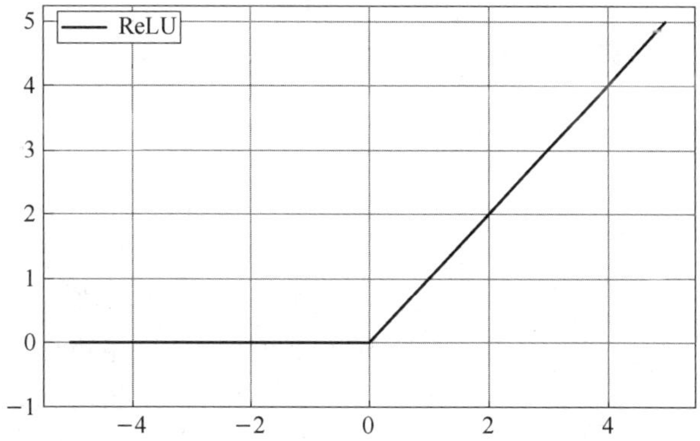

图 5.5　ReLU 函数

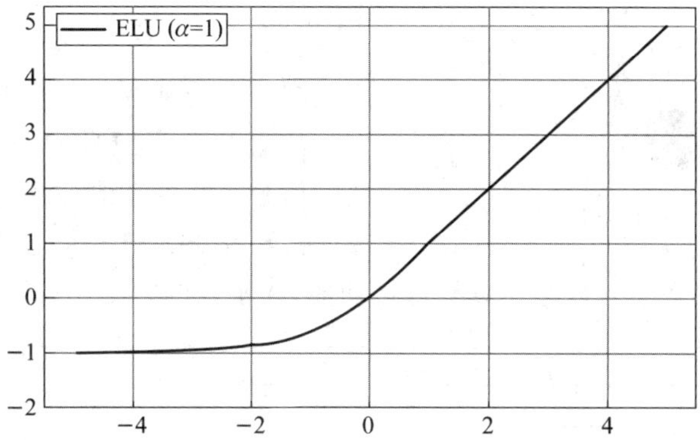

图 5.6　ELU 函数($\alpha=1$)

4. 单个神经元的局限性

虽然式(5.4)所描述的人工神经元模型已经相当成熟，但是，单个神经元只能实现线性分类，其功能相对有限。1969 年，美国计算机科学家马文·明斯基(Marvin Lee Minsky)等在《感知器》一书中深入分析了单个感知器神经元功能的局限性。他们指出该模型无法解决线性不可分的问题，如不能实现"异或"逻辑关系。图 5.7 展示了一个包含 4 个样本点的异或分类问题，其中，对角线上的样本点属于同一类别。显然单个神经元无法对该问题进行准确分类。他们的论点对当时神经网络的研究带来了沉重的打击，加之当时计算机的计算能力低下，无法支持神经网络模型所需的

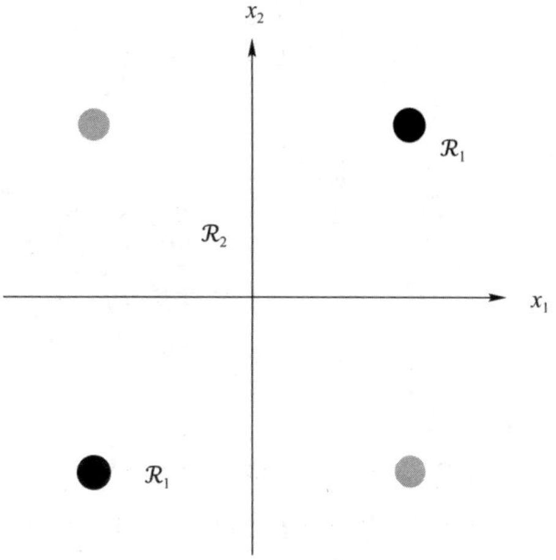

图 5.7　异或分类问题

计算能力，这些因素共同导致神经网络研究进入了长达十多年的低谷期。

5.2.2 网络结构

单个生物神经元的功能是有限的，而由 1 000 亿个神经元构成的人类大脑却功能强大。同样的，大量人工神经元通过一定方式连接起来构成一个网络，并且彼此协调配合，就能够完成复杂的任务，这就是人工神经网络。目前，常用的神经网络结构包括以下 3 种。

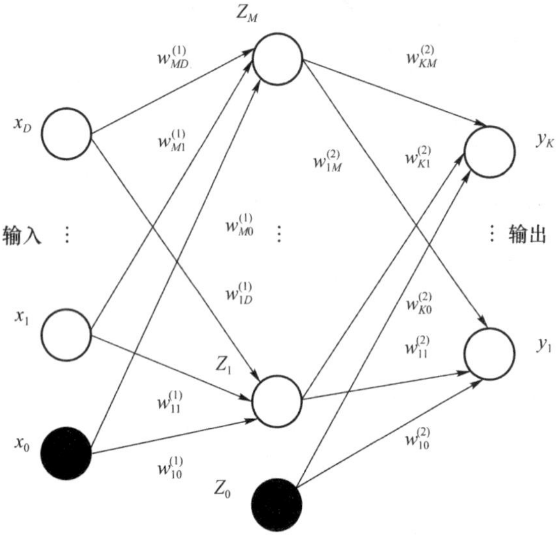

图 5.8　多层前馈神经网络示意图

1. 前馈神经网络

前馈神经网络采用单向多层结构，如图 5.8 所示。每一层由若干个神经元组成，神经元接收前一层神经元的信号并输出到下一层，层与层之间不存在反馈连接。在神经网络中，最左边的为输入层，最右边的为输出层，中间的层为隐藏层（或隐层），隐藏层可以是单层或多层的。

2. 记忆网络

记忆网络（Memory Network），也称为反馈网络（Recurrent Network），其特点是网络中的神经元不仅接收来自其他神经元的输入信号，还将自身的输出信号作为输入信号反馈给其他神经元，也可能反馈至同层甚至前层的神经元，如图 5.9 所示。和前馈神经网络相比，记忆网络中的神经元具有记忆功能，在不同的时刻具有不同的状态。

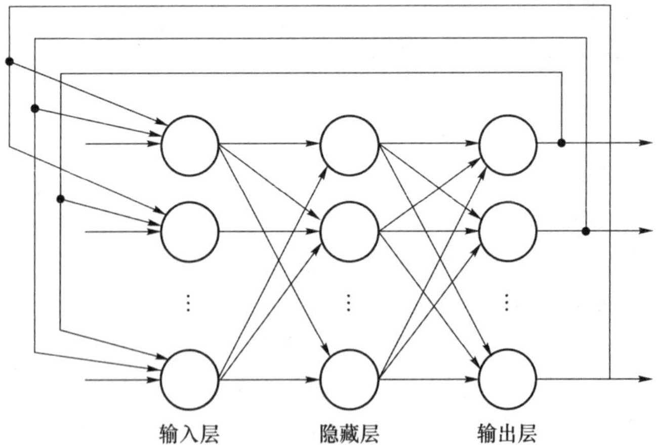

图 5.9　记忆网络示意图

3. 图神经网络

在实际应用中，许多数据以图结构形式存在，如知识图谱、社交网络、交通网络等。这些图结构数据难以用前馈神经网络和记忆网络处理。

图神经网络（Graph Neural Network，GNN）是使用神经网络来学习图结构数据，提取和发掘其中的特征和模式，以满足聚类、分类、预测、分割、生成等图学习任务需求的算法总称。图 5.10 给出了图神经网络的示意图。

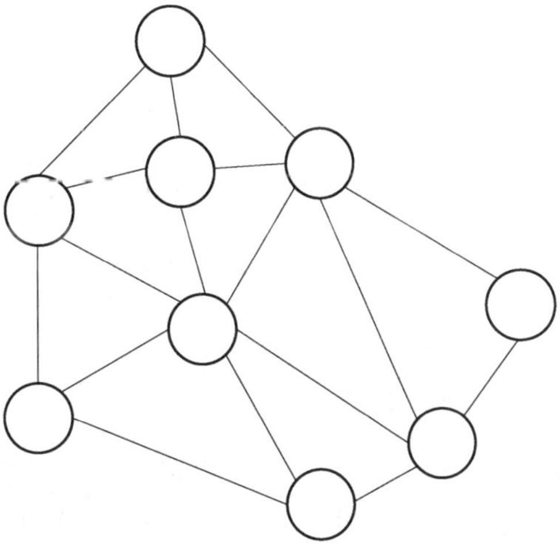

图 5.10 图神经网络示意图

5.3 前馈神经网络

5.3.1 前馈型神经网络的模型形式

1. 基于线性模型形式的神经元

我们采用第 4 章介绍的广义线性模型来表示一个神经元节点(简称“节点”)：

$$f(\boldsymbol{x}) = h\Big(\sum_{j=1}^{M} w_j \phi_j(\boldsymbol{x})\Big) \tag{5.10}$$

其中，$h(\cdot)$是激活函数，其形式可以采用 5.2 节中介绍的任一种激活函数；$\boldsymbol{\phi}(\boldsymbol{x}) = [\phi_1(\boldsymbol{x}), \phi_2(\boldsymbol{x}), \cdots, \phi_M(\boldsymbol{x})]^{\mathrm{T}}$是 M 维的输入向量；$\boldsymbol{w} = [w_1, w_2, \cdots, w_M]^{\mathrm{T}}$是对应的 M 维模型参数向量。

$\boldsymbol{\phi}(\boldsymbol{x})$是基函数，也被称为特征函数。在第 4 章中，$\boldsymbol{\phi}(\boldsymbol{x})$一般由设计者人工构建，在训练过程中保持不变。而在本章介绍的神经网络模型中，一个节点的输入 $\boldsymbol{\phi}(\boldsymbol{x})$来自前一层节点的输出，即每个基函数本身也是一个带参数的函数，其形式与式(5.10)相似：

$$\phi(\boldsymbol{x}) = h'\Big(\sum_{j=1}^{M'} w'_j \phi'_j(\boldsymbol{x})\Big)$$

因此，在训练阶段，通过改变前一层节点的参数 $\boldsymbol{w}'$就可以实现对$\boldsymbol{\phi}(\boldsymbol{x})$的调节。也就是说，在神经网络模型中，一个节点输入的基函数$\boldsymbol{\phi}(\boldsymbol{x})$是可以通过学习过程来优化的。

2. 网络模型的基本结构

图 5.8 展示了一个典型的前馈型神经网络，它由输入层、隐藏层和输出层组成，每一层的节点与下一层的节点完全连接，信息单向传递，不存在反馈连接。

(1) 输入层

输入层是神经网络的起始层，负责接收外部输入的信息或数据。这些信息可以是原始的特征值，也可以是经过预处理的特征向量。输入层一般没有可训练的参数，也不对输入信息进行任何处理，只是简单地将信息传递给下一层，也就是隐藏层。

(2) 隐藏层

隐藏层节点的输出是下一层节点的输入，并不直接作为神经网络的输出。第一层隐藏节点的输入是神经网络的输入$[x_1,\cdots,x_D]^{\mathrm{T}}$，其中，第$j$个节点的函数形式可以写为

$$z_j = h^{(1)}(a_j) = h^{(1)}\Big(\sum_{i=1}^{D} w_{ji}^{(1)} x_i + w_{j0}^{(1)}\Big) \tag{5.11}$$

其中，a_j是节点的净输入：

$$a_j = \sum_{i=1}^{D} w_{ji}^{(1)} x_i + w_{j0}^{(1)} \tag{5.12}$$

$h^{(1)}(\cdot)$是第一层隐藏节点的激活函数。虽然每个节点可以分别采用不同的激活函数，但是为了计算方便，同一层的节点一般采用相同的激活函数。该节点的参数包括权重参数$w_{ji}^{(1)}(i=1,\cdots,D)$和偏置参数$w_{j0}^{(1)}$。

受到计算成本、数据资源、梯度消失和梯度爆炸问题、泛化能力以及实际问题需求等的影响，传统网络中通常只有1～2层隐藏层，这种网络也叫作浅层神经网络。随着技术的发展，隐藏层的数目可以远超2层，这样的网络被称为深度网络。本节重点介绍浅层神经网络的学习问题，因此，假设隐藏层只有1层(如图5.8所示)。

(3) 输出层

如图5.8所示，输出层节点以隐藏层节点的输出z_j为输入，这些值再次线性组合，可以得到神经网络的第k个输出y_k：

$$y_k = h^{(2)}(a_k) = h^{(2)}\Big(\sum_{j=1}^{M} w_{kj}^{(2)} z_j + w_{k0}^{(2)}\Big) \tag{5.13}$$

其中，a_k是节点的净输入：

$$a_k = \sum_{j=1}^{M} w_{kj}^{(2)} z_j + w_{k0}^{(2)} \tag{5.14}$$

$h^{(2)}(\cdot)$需要根据不同的应用问题选择不同形式的激活函数。

对比式(5.13)和式(5.10)容易发现，输出层的输入z_j对应于线性模型中的基函数$\phi_j(\boldsymbol{x})$。在神经网络中，隐藏层输出的z_j包含了可训练的参数，通过基于数据的学习过程能够得到更适合任务的基函数。由于基函数与特征紧密相关，特征是用来表示样本本质属性的，而神经网络的隐藏层的主要作用就是学习特征表示，因此，基于神经网络模型的学习，特别是深度神经网络模型的学习，也被称为表示学习。

(4) 完整的网络模型

我们将各层节点整合在一起，得到神经网络第k个输出的模型函数：

$$y_k = f_k(\boldsymbol{x},\boldsymbol{w}) = h^{(2)}\Big(\sum_{j=1}^{M} w_{kj}^{(2)} h^{(1)}\Big(\sum_{i=1}^{D} w_{ji}^{(1)} x_i + w_{j0}^{(1)}\Big) + w_{k0}^{(2)}\Big) \tag{5.15}$$

将所有权重参数和偏置参数集合在一起，记作向量$\boldsymbol{w}$。因此，神经网络模型可以简单地看成一个从输入变量$[x_1,\cdots,x_D]^{\mathrm{T}}$到输出变量$[y_1,\cdots,y_K]^{\mathrm{T}}$的非线性函数，并且由可调节参数向量$\boldsymbol{w}$控制。式(5.15)能够以如图5.8所示的网络形式进行表示。在这个过程中，计算

式(5.15)可以被视为信息通过网络的前向传播。

我们可以通过引入一个额外的输入变量 x_0 并将其值设为 1,将式(5.12)中的偏置参数 $w_{j0}^{(1)}$ 整合到权重参数集合中。这样,式 (5.12)可以重写为

$$a_j = \sum_{i=0}^{D} w_{ji}^{(1)} x_i \tag{5.16}$$

类似地,我们可以将第二层的偏置参数 $w_{k0}^{(2)}$ 整合到第二层的权重参数中。这样,整体的网络函数可以表示为

$$y_k = f_k(\boldsymbol{x},\boldsymbol{w}) = h^{(2)}\left(\sum_{j=0}^{M} w_{kj}^{(2)} h^{(1)}\left(\sum_{i=0}^{D} w_{ji}^{(1)} x_i\right)\right) \tag{5.17}$$

3. 多层感知器模型

在式(5.17)中,每个节点的模型形式与式(5.10)的线性模型相同,并且也可以视为一个感知器。因此,这种由感知器构成的多层神经网络也被称为多层感知器(Multilayer Perceptron, MLP)。与早期的单个感知器模型相比,MLP 的一个重要区别在于其在隐藏节点中使用的激活函数。具体来说,MLP 通常使用连续的 sigmoid 函数作为非线性激活函数,而早期感知器使用的是阶跃函数。

这种使用连续非线性函数的做法意味着 MLP 的网络函数对于其参数是可微的。这个性质在神经网络的训练过程中至关重要,因为它允许我们使用梯度下降等优化算法来调整网络参数,从而最小化预测误差。可微性确保了梯度可以在整个网络中反向传播,从而更新每个权重,这是深度学习中反向传播算法的基础。

4. 网络模型的扩展

图 5.8 展示的网络结构是最基础的一种,该结构也很容易进行扩展。例如,我们可以增加隐藏层数目,从而增加神经网络的深度。需要注意的是,关于 MLP 神经网络的层数,存在多种不同的计算方法。例如,图 5.8 中的网络可能被描述成一个具有 3 层变量的网络(输入层、隐藏层以及输出层),也可以被称为包含一层隐藏层的网络(计算隐藏节点层的数目),而目前更普遍的称呼是包含两层参数的网络(可调节权重的层数)。

此外,可以引入跨层(Skip-Layer)连接来扩展神经网络结构,每个跨层连接都关联着一个对应的可调节参数。例如,在一个两层的神经网络中,跨层连接可以直接从输入连接到输出,如图 5.11 所示。理论上,有着 sigmoid 隐藏节点的 MLP 网络总能够模拟跨层连接(对于有界输入值),模拟的方法是使用足够小的第一层权重,从而使得隐藏节点几乎是线性的,然后将隐藏节点到输出的权重设置为足够大来进行补偿。然而,在实际应用中,显式地包含跨层连接可能会更加方便和直接。

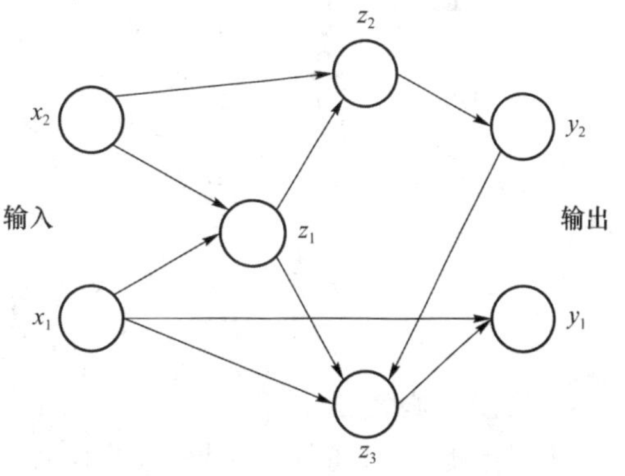

图 5.11 神经网络跨层连接的例子

5.3.2 神经网络模型的基本原理

例 5-1 多个节点组合解决异或问题。神经网络之所以能够实现复杂计算,是因为单个

节点虽然功能相对简单。但当它们组合成一个神经网络系统时,整体的功能就变得非常强大。

以异或问题为例,单个节点无法解决这个问题。为了展示如何通过增加节点来解决异或问题,我们可以按照以下步骤进行。

(1) 节点 a_1

加入一个感知器节点 a_1,其输入与原始问题的输入一致,激活函数采用阶跃函数,输出值 z_1 的范围为 0～1。节点参数的设置要确保在 $x_1+x_2=-0.5$ 位置产生一个分类边界,使得分类边界的左下方 $z_1=0$,分类边界的右上方 $z_1=1$。

(2) 节点 a_2

加入一个与 a_1 类似的节点 a_2,在 $x_1+x_2=0.5$ 位置产生一个分类边界。如图 5.12 所示,a_1 和 a_2 用线性分类边界分别将特征空间划分为两个不同的区域。虽然这两个分类边界都不能单独将对角线的点分到一个类别,但是它们线性组合起来就能够解决异或问题。

(3) 节点 a_3

加入一个感知器节点 a_3,其输入是 z_1 和 z_2,激活函数采用恒等函数,输出 $y=z_1-z_2$。如图 5.12 所示,在两条直线的中间区域 a_3 的输出 $y=1$,在两条直线的外部的输出 $y=0$,因此能够将对角线的点分到一个类别,并最终解决异或问题。

彩图 5.12

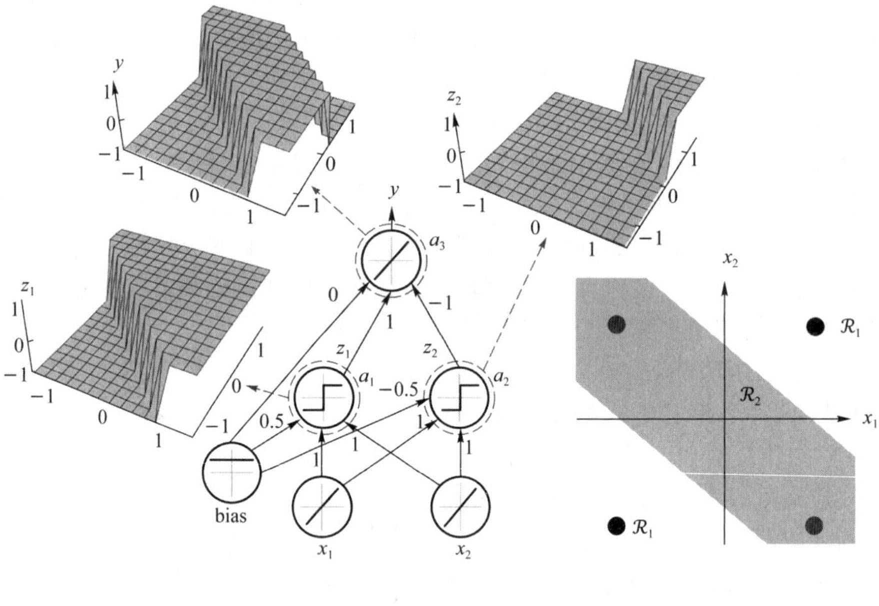

图 5.12 用两层神经网络实现异或问题

1. 通用近似定理

理论上,通过增加节点的数量,并且采用合适的网络结构,神经网络能够近似任意复杂的决策函数。这意味着神经网络模型可以被设计成一个万能函数,用于解决各种复杂的智能问题。

以前馈神经网络为例,该模型具有很强的拟合能力,可以近似拟合常见的连续非线性函数。通用近似定理表明,一个前馈网络,如果具有线性输出层和至少一个使用“挤压”性质的激活函数(如 sigmoid、ReLU 激活函数)的隐藏层,并且只要隐藏层有足够多数量的节点,那么它就能够以任意的精度近似任何一个定义在实数空间中的有界闭集函数。

定理 5.1 通用近似定理(Universal Approximation Theorem):令 $\phi(\cdot)$是一个非常数、有界、单调递增的连续函数,$\mathcal{J}_D$是一个 D 维的单位超立方体$[0,1]^D$,$C(\mathcal{J}_D)$是定义在$\mathcal{J}_D$上的连续函数集合。对于任意给定的一个函数 $f\in C(\mathcal{J}_D)$,存在一个整数 $M\in\mathbb{R}$,一组实数 $v_m,b_m\in\mathbb{R}$ 以及实数向量 $\boldsymbol{w}_m\in\mathbb{R}^D$,$m=1,\cdots,M$,我们可以定义函数:

$$F(\boldsymbol{x})-\sum_{m=1}^{M}v_m\phi(\boldsymbol{w}_m^{\mathrm{T}}\boldsymbol{x}+b_m) \tag{5.18}$$

作为函数 f 的近似实现,即

$$|F(\boldsymbol{x})-f(x)|<\epsilon \quad \forall\,\boldsymbol{x}\in\mathcal{J}_D \tag{5.19}$$

其中,$\epsilon>0$ 是一个很小的正数。

通用近似定理只是在理论上说明了神经网络可以近似一个给定的连续函数,但没有说明如何能找到这样的网络,以及它是否是最优的。

2. 神经网络的难点在于参数学习

虽然通用近似定理告诉我们,一个足够大的多层前馈网络理论上能够近似表示任意连续函数,但在实践中,我们并不能保证训练算法能够有效地学习到这个函数的参数。即使网络具备表示某个函数的能力,学习过程仍有可能失败,原因包括:

① 训练算法可能无法收敛到函数的正确参数值;

② 训练算法可能因过拟合而选择了一个在训练集上表现良好但在新数据上表现差的函数。

前馈网络提供了一种强大的函数表示能力,理论上,对于任意给定的函数,都存在一个能够近似它的前馈网络。然而,不存在一个万能的过程,既能验证训练集上的特殊样本,又能确保所选函数泛化到训练集之外的数据点。在大多数情况下,使用更深的网络模型可以减少表示期望函数所需的节点数量,并减少泛化误差。

5.4 误差反向传播算法

5.4.1 前馈网络的学习任务与准则函数

1. 网络结构参数与权重参数

通用近似定理提供了一种存在性结论,表明对于任意复杂度的函数,都存在一个多层前馈网络能够近似该函数。然而,该定理并未提供如何找到这样一个网络的具体方法。本节中,我们将多层前馈网络的参数划分为两大类:网络结构参数和权重参数,并分别对它们进行求解。

网络结构参数确定了网络的连接结构和数学模型形式。举例来说,MLP 是一种全连接前馈网络,为了确定该网络的数学形式,需要指定网络的层数、每层节点数以及每个节点的激活函数类型。对于其他种类的神经网络,也需要首先确定其网络结构,使之具有明确的数学形式。网络结构参数通常被视为超参数,由设计者根据目标任务进行人工设计,这是目前常用的方法。随着网络结构变得越来越复杂,出现了自动设计神经网络的技术,如神经网络架构搜索(Neural Architecture Search,NAS)等方法。本书不采用 NAS 等方法,而是采用传统的人工设计网络结构的方法。假设得到的神经网络模型形式为 $f(\boldsymbol{x},\boldsymbol{w})$,简记为 $f(\boldsymbol{x})$。

确定了网络结构后，神经网络的功能取决于节点之间的权重参数。在前馈网络中，学习的任务是根据训练数据集中的样本来调整神经网络的权重参数，使网络能够最佳地逼近输入和输出之间的函数关系，从而使训练后的神经网络能够“学会”所需的函数映射。这里采用监督学习方式，即训练数据集由数据对构成。此外，为了确保训练出的模型具有更好的泛化能力，所采用的准则函数至关重要。

2. 一元回归问题的准则函数

在神经网络的早期，激活函数和准则函数的选择通常由设计者凭借自己的经验来确定。通过给网络的输出提供一个概率形式的表示，我们可以发现任务问题的种类与准则函数的类型、神经网络输出层节点的激活函数密切相关。

对于一元回归问题，目标变量 y 可以取任何实数值。我们假定 y 服从高斯分布，其均值与 $\boldsymbol{x}$ 相关，由神经网络的输出确定，即：

$$p(y|\boldsymbol{x},\boldsymbol{w})=\mathcal{N}(y|f(\boldsymbol{x},\boldsymbol{w}),\beta^{-1}) \tag{5.20}$$

其中，β^{-1} 是高斯噪声的方差。对于由式(5.20)给出的条件分布，可以将输出节点的激活函数取成恒等函数，因为这样的网络可以近似任何从 $\boldsymbol{x}$ 到 y 的连续函数。

给定训练数据集 $\mathcal{D}=\{(\boldsymbol{x}_1,y_1),(\boldsymbol{x}_2,y_2),\cdots,(\boldsymbol{x}_N,y_N)\}$，并且 $\boldsymbol{X}=\{\boldsymbol{x}_1,\cdots,\boldsymbol{x}_N\}$，$\boldsymbol{y}=\{y_1,\cdots,y_N\}$，则相应的对数似然函数为

$$p(\boldsymbol{y}|\boldsymbol{X},\boldsymbol{w},\beta)=\prod_{n=1}^{N}p(y_n|\boldsymbol{x}_n,\boldsymbol{w},\beta) \tag{5.21}$$

取负对数后我们就得到了误差函数：

$$\frac{\beta}{2}\sum_{n=1}^{N}\{f(\boldsymbol{x}_n,\boldsymbol{w})-y_n\}^2-\frac{N}{2}\ln\beta+\frac{N}{2}\ln(2\pi) \tag{5.22}$$

式(5.22)可以用来学习参数 $\boldsymbol{w}$ 和 β。如果只考虑参数 $\boldsymbol{w}$ 的学习，则准则函数是最大化似然函数，这等价于最小化平方和误差函数：

$$E(\boldsymbol{w})=\frac{1}{2}\sum_{n=1}^{N}\{f(\boldsymbol{x}_n,\boldsymbol{w})-y_n\}^2 \tag{5.23}$$

总结一下，对于一元回归问题的参数 $\boldsymbol{w}$ 的学习任务，准则函数可以选择平方和误差，并且输出层节点的激活函数可以选择恒等函数或者类似的函数，如双曲正切函数等。

3. 二分类问题的准则函数

二分类问题的目标变量可以用 y 表示，且 $y=1$ 表示类别 ω_1，$y=0$ 表示类别 ω_2。对于输出节点的激活函数，我们可以选择 sigmoid 函数：

$$f(\boldsymbol{x},\boldsymbol{w})=\sigma(a(\boldsymbol{x},\boldsymbol{w}))=\frac{1}{1+\exp(-a(\boldsymbol{x},\boldsymbol{w}))} \tag{5.24}$$

由于 $0\leqslant f(\boldsymbol{x},\boldsymbol{w})\leqslant 1$，我们可以用 $f(\boldsymbol{x},\boldsymbol{w})$ 表示条件概率 $p(\omega_1|\boldsymbol{x})$，此时 $p(\omega_2|\boldsymbol{x})$ 为 $1-f(\boldsymbol{x},\boldsymbol{w})$。如果给定了输入，那么目标变量的条件概率分布是一个伯努利分布，其形式为

$$p(\boldsymbol{y}|\boldsymbol{x},\boldsymbol{w})=f(\boldsymbol{x},\boldsymbol{w})^{y}\{1-f(\boldsymbol{x},\boldsymbol{w})\}^{1-y} \tag{5.25}$$

对于训练数据集 $\mathcal{D}=\{(\boldsymbol{x}_1,y_1),(\boldsymbol{x}_2,y_2),\cdots,(\boldsymbol{x}_N,y_N)\}$，其负对数似然函数给出的是交叉熵误差函数，形式为

$$E(\boldsymbol{w})=-\sum_{n=1}^{N}\{y_n\ln f(\boldsymbol{x}_n,\boldsymbol{w})+(1-y_n)\ln(1-f(\boldsymbol{x}_n,\boldsymbol{w}))\} \tag{5.26}$$

一些研究表明，对于二分类问题，激活函数选择 sigmoid 函数，准则函数使用交叉熵误差函数而不是平方和误差函数，会使得训练速度更快，同时提升泛化能力。

4. 多分类问题的准则函数

对于标准的多分类问题,每个输入 $\boldsymbol{x}$ 被分到 K 个互斥的类别中。我们使用独热编码来表示类别,这时的网络有 K 个输出,其中第 k 个输出表示输入 $\boldsymbol{x}$ 属于第 k 个类别的后验概率,即 $f_k(\boldsymbol{x},\boldsymbol{w})=p(y_k=1|\boldsymbol{x})$。因此误差函数为交叉熵误差函数:

$$E(\boldsymbol{w})=-\sum_{n=1}^{N}\sum_{k=1}^{K}y_{nk}\ln f_k(\boldsymbol{x}_n,\boldsymbol{w}) \tag{5.27}$$

根据第4章的讨论,我们会发现输出节点的激活函数可以选择 softmax 函数:

$$f_k(\boldsymbol{x},\boldsymbol{w})=\frac{\exp(a_k(\boldsymbol{x},\boldsymbol{w}))}{\sum_j \exp(a_j(\boldsymbol{x},\boldsymbol{w}))} \tag{5.28}$$

总之,根据解决问题的类型,输出节点的激活函数以及对应的误差函数都存在一个自然的选择。对于回归问题,我们通常使用线性激活函数以及平方和误差函数;对于二分类问题,可以使用 sigmoid 激活函数以及交叉熵误差函数;对于多分类问题,可以使用 softmax 激活函数以及交叉熵误差函数。

5.4.2 前馈网络学习的主要步骤

1. 求解算法的思路分析

接下来分析如何能够找到使得选定的误差函数 $E(\boldsymbol{w})$ 达到最小值的权向量 $\boldsymbol{w}^*$。我们可以将误差函数视为权值空间的一个曲面,如图5.13所示。首先注意到,如果我们在权值空间中进行微小的移动,从 $\boldsymbol{w}$ 走到 $\boldsymbol{w}+\delta\boldsymbol{w}$,那么误差函数的改变可以近似为 $\delta E\cong\delta\boldsymbol{w}^{\mathrm{T}}\nabla E(\boldsymbol{w})$,其中,向量 $\nabla E(\boldsymbol{w})$ 指向误差函数增加速度最大的方向。假设误差 $E(\boldsymbol{w})$ 是 $\boldsymbol{w}$ 的光滑连续函数,那么它的最小值将出现在权值空间中误差函数梯度等于零的位置上,即:

$$\nabla E(\boldsymbol{w})=0 \tag{5.29}$$

这是因为,如果最小值不在这个位置上,那么我们就可以沿着方向 $\nabla E(\boldsymbol{w})$ 移动一小步,从而进一步减小误差。

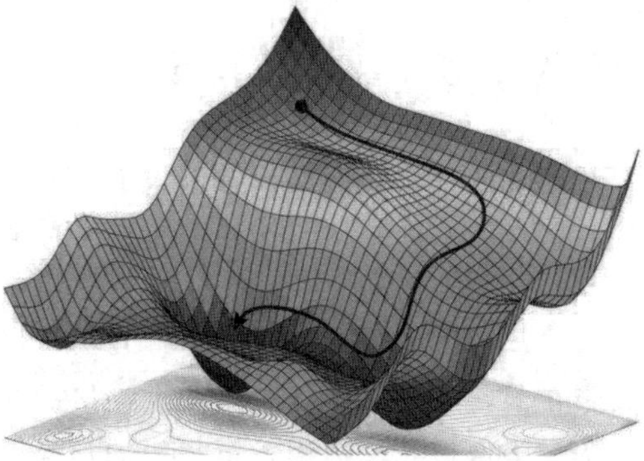

彩图5.13

图5.13 随机梯度下降法示意图

2. 梯度下降法

我们的目标是寻找一个向量 $\boldsymbol{w}^*$,使得 $E(\boldsymbol{w})$ 取得最小值。然而,误差函数通常与权重和偏置参数的关系是高度非线性的,因此,权重空间中会有很多梯度为零(或者梯度非常小)的点。此外,对于任意一个局部极小值点 $\boldsymbol{w}$,在权空间中都存在等价的其他极小值点。例如,在如图5.8所示的两层神经网络中,如果有 M 个隐藏节点,那么权空间中的每个节点都是 $M!2^M$ 等价点中的一个。

对于所有的权重向量，误差函数的最小值被称为全局最小值。其他任何使得误差函数值较大的极小值被称为局部极小值。虽然全局最小值是最优解，但求解最优解非常困难，并且在实际应用中，相对较优的局部极小值常常也是可以接受的。由于显然无法找到方程$\nabla E(\boldsymbol{w})=0$的解析解，因此我们使用迭代的数值方法，其形式为

$$\boldsymbol{w}^{(T+1)}=\boldsymbol{w}^{(T)}+\Delta\boldsymbol{w}^{(T)} \tag{5.30}$$

其中，T为迭代次数。为了利用训练数据集$\mathcal{D}$学习多层前馈网络的参数，需要找到使得准则函数最小化的参数$\boldsymbol{w}^*$。采用梯度下降法进行迭代学习，即利用准则函数对各参数的偏导数来确定各参数的修正量$\Delta\boldsymbol{w}$。该方法也是第4章感知器模型中用到的求解参数算法。

3. 梯度下降法主要步骤

梯度下降法的主要步骤为：

① 初始化网络参数。确定神经网络的结构，并且对权重参数进行初始化。权重参数初始化的方法众多，最简单的一种是使用小随机数进行权重初始化。

② 正向计算输出。在当前网络参数下，将训练数据集中的样本输入网络，并根据式(5.15)逐层计算输出，直到计算出网络最终的预测输出。

③ 计算损失。根据模型的预测输出和训练数据集中的标注输出，计算准则函数的损失值。

④ 计算梯度。计算准则函数对于所有参数$\boldsymbol{w}$的梯度值。

⑤ 计算修改量。根据梯度值计算每个参数在当前轮次的修改量。

⑥ 参数更新。根据梯度下降法更新网络参数，以降低损失函数的数值。

⑦ 判断是否继续迭代。如果达到停止条件，则停止训练过程。停止条件一般为达到预定的迭代次数，或损失值降低到某个阈值，或不再显著下降。如果没有达到停止条件，则重复②～⑥。

梯度下降法需要计算损失函数对参数的偏导数，如果通过链式法则对每个参数进行求偏导，则这一过程效率较低。在神经网络的训练中经常使用误差反向传播（Error Backpropagation）算法来高效地计算梯度。

5.4.3 计算梯度的误差反向传播算法

本小节的目标是寻找一种计算前馈神经网络误差函数$E(\boldsymbol{w})$梯度的高效算法。我们将看到，使用局部信息传递的思想可以实现这一目标，这种算法被称为误差反向传播。

1. 相关设置

（1）网络结构

反向传播（Backpropagation）算法不仅适用于分层和全连接的前馈网络，也适用于不分层或者非全连接的前馈网络。为了强调该算法适用于更一般的神经网络，我们将网络的局部结构表示为图5.14的形式。

（2）误差函数

当训练数据集由N个训练样本构成时，误差函数可以由若干项的求和式组成，每一项对应于训练集的一个数据样本，即：

$$E(\boldsymbol{w})=\sum_{n=1}^{N}E_n(\boldsymbol{w}) \tag{5.31}$$

这里主要考虑$\nabla E_n(\boldsymbol{w})$的计算问题。可以使用顺序优化的方法计算,或者使用批处理方法在训练数据集上进行累加。需要注意的是,第 n 个样本的误差 $E_n(\boldsymbol{w})$既是 $\boldsymbol{w}$ 的函数,也是 $\boldsymbol{x}_n$的函数:

$$E_n(\boldsymbol{w})=E_n(\boldsymbol{y}_n,f(\boldsymbol{x}_n,\boldsymbol{w})) \tag{5.32}$$

(3) 节点模型

每个节点的模型都可以用式(5.10)表示。节点的计算过程分为两个步骤。

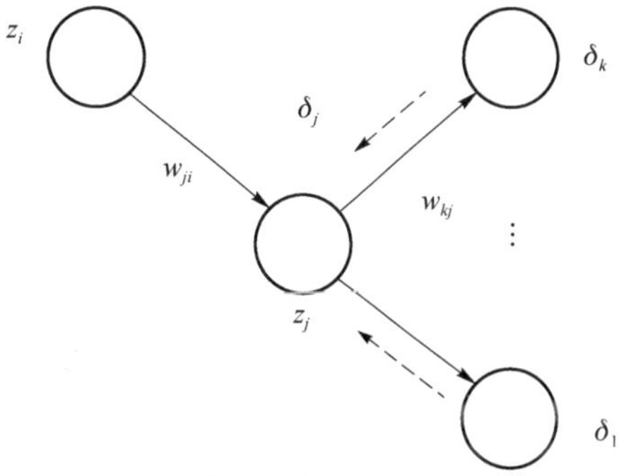

图 5.14 计算隐藏层节点 j 对应的 δ_j

首先,计算净输入,形式为

$$a_j=\sum_i w_{ji}z_i \tag{5.33}$$

其中,z_i是上一个节点 i 的输出,或者是神经网络的第 i 个输入,w_{ji}是 z_i关联的权重。在 5.3.1 节,我们看到偏置可以被整合到求和式中,因此这里不需要显式地表示偏置。

其次,式(5.33)中的求和式通过一个非线性激活函数 $h(\cdot)$进行变换,得到节点 j 的输出 z_j,形式为

$$z_j=h(a_j) \tag{5.34}$$

注意,式(5.33)求和式中的某个或某几个 z_i可以是整个网络的输入。类似地,式(5.34)中的 z_j也可以是整个网络的某个输出,并且如果 z_j是神经网络的第 k 个输出,则:

$$f_k=h(a_j) \tag{5.35}$$

2. 误差函数导数的计算

(1) 偏导数的分解

在计算误差函数 E_n关于权重 w_{ji}(节点 z_i与节点 z_j的连接权重,见图 5.14)的导数时,我们注意到 E_n是通过节点 j 的净输入 a_j对权重 w_{ji}产生依赖的。因此,我们可以利用偏导数的链式法则来推导:

$$\frac{\partial E_n}{\partial w_{ji}}=\frac{\partial E_n}{\partial a_j}\frac{\partial a_j}{\partial w_{ji}} \tag{5.36}$$

将式(5.36)左边的第一项记为

$$\delta_j=\frac{\partial E_n}{\partial a_j} \tag{5.37}$$

其中,δ 表示一个节点对最终损失函数(准则函数)的影响,同时也反映了损失函数对该节点的敏感度,因此 δ 通常被称为该节点的误差项。根据式(5.33)可以计算出式(5.36)左边第二项的偏导数:

$$\frac{\partial a_j}{\partial w_{ji}}=z_i \tag{5.38}$$

将式(5.37)和式(5.38)代入式(5.36),得到:

$$\frac{\partial E_n}{\partial w_{ji}}=\delta_j z_i \tag{5.39}$$

式(5.39)说明,为了计算误差函数 E_n关于权重 w_{ji}的导数,关键在于计算每个节点的 δ_j值。

(2) 输出层节点的误差项

对于输出节点,根据式(5.32),得到:

$$\delta_k=\frac{\partial E_n}{\partial a_k}=\frac{\partial E_n}{\partial f_k}\frac{\partial f_k}{\partial a_k} \tag{5.40}$$

其中，f_k表示神经网络的第k个输出，a_k是第k个输出节点的净输入。式(5.40)右边第一项的值由损失函数的形式来决定，例如，对于式(5.23)的平方和误差函数有：

$$\frac{\partial E_n}{\partial f_k}=f_k-y_n \tag{5.41}$$

而右边第二项的值则由输出节点的激活函数决定，根据式(5.35)得到：

$$\frac{\partial f_k}{\partial a_k}=h'(a_k) \tag{5.42}$$

其中，$h'(\cdot)$是输出节点激活函数的导数。

(3) 隐藏层节点的误差

为了计算隐藏节点的误差项δ_j，接下来我们将输出层节点的误差项δ_k进行反向传播。再次利用偏导数的链式法则，得到：

$$\delta_j=\frac{\partial E_n}{\partial a_j}=\sum_k \frac{\partial E_n}{\partial a_k}\frac{\partial a_k}{\partial a_j} \tag{5.43}$$

这里的求和是对所有接收来自节点j输出并影响误差函数E_n的节点进行的。图5.14展示了节点和权重的设定。注意，节点k可以是其他的隐藏节点，也可以是输出层节点。式(5.43)隐含了这样一个设定：a_j是通过改变a_k来间接影响误差函数E_n的。参考式(5.33)和式(5.34)，利用链式法则，得到：

$$\frac{\partial a_k}{\partial a_j}=\frac{\partial a_k}{\partial z_j}\frac{\partial z_j}{\partial a_j}=w_{kj}h'(a_j)$$

再将式(5.37)定义的δ代入式(5.43)，我们就得到了如下的反向传播公式：

$$\delta_j=h'(a_j)\sum_k w_{kj}\delta_k \tag{5.44}$$

式(5.44)表明，为了计算隐藏节点的δ值，可以通过将网络中更靠近输出层的节点δ进行反向传播来实现，如图5.14所示。注意，式(5.44)中的求和式是对w_{kj}的第一个下标进行求和的(对应于信息在网络中的反向传播)，而在正向传播中，即式(5.17)中的求和过程针对的是第二个下标。由于我们已经知道了输出层节点的δ，因此可以递归地应用式(5.44)计算前馈网络中所有隐藏层节点的δ值，且无论其拓扑结构如何。

3. 算法总结

于是，反向传播算法可以总结如下：

① 对于一个输入样本$\boldsymbol{x}_n$，使用式(5.33)和式(5.34)进行正向传播，并计算所有隐藏层节点和输出层节点的输出值；

② 使用式(5.40)计算所有输出层节点的δ_k；

③ 使用式(5.44)反向传播误差项δ，获得网络中所有隐藏层节点的δ_j；

④ 使用式(5.39)计算导数。

对于批处理方法，总误差函数E的导数可以通过如下公式得到：

$$\frac{\partial E}{\partial w_{ji}}=\sum_n \frac{\partial E_n}{\partial w_{ji}} \tag{5.45}$$

即，对于训练数据集里的每个样本$\boldsymbol{x}_n$，重复上面的步骤，然后求和。

例 5-2 误差反向传播算法。

(1) 网络结构

我们考虑一个具体的例子。图5.8中的两层神经网络，误差函数为平方和误差函数，因

此,样本 $\boldsymbol{x}_n$ 的误差为

$$E_n = \frac{1}{2}\sum_{k=1}^{K}(f_k - y_k)^2 \tag{5.46}$$

其中,f_k 是神经网络第 k 个输出节点的输出,y_k 是训练数据集中 $\boldsymbol{x}_n$ 对应目标值 $\boldsymbol{y}_n$ 的第 k 个维度。输出节点的激活函数为恒等函数,即:

$$f_k = a_k \tag{5.47}$$

隐藏节点的激活函数为S形函数,形式为

$$h(a) = \tanh(a) \tag{5.48}$$

其中

$$\tanh(a) = \frac{\exp(a) - \exp(-a)}{\exp(a) + \exp(-a)} \tag{5.49}$$

这个函数的一个特征是,它的导数可以表示成一个相当简单的形式:

$$h'(a) = 1 - h(a)^2 \tag{5.50}$$

(2) 前向传播

对于训练数据集里的每个样本,我们首先使用如下公式进行前向传播:

$$a_j = \sum_{i=0}^{D} w_{ji}^{(1)} x_i \tag{5.51}$$

$$z_j = \tanh(a_j) \tag{5.52}$$

$$f_k = \sum_{j=0}^{M} w_{kj}^{(2)} z_j \tag{5.53}$$

(3) 误差项反向传播

我们使用如下公式计算每个输出节点的 δ 值:

$$\delta_k = f_k - y_k \tag{5.54}$$

然后,我们可以将其反向传播获得隐藏层节点的 δ 值:

$$\delta_j = (1 - z_j^2)\sum_{k=1}^{K} w_{kj}\delta_k \tag{5.55}$$

(4) 计算导数

最终得到 E_n 关于第一层和第二层的权重的导数为

$$\frac{\partial E_n}{\partial w_{ji}^{(1)}} = \delta_j x_i \tag{5.56}$$

$$\frac{\partial E_n}{\partial w_{kj}^{(2)}} = \delta_k z_j \tag{5.57}$$

5.5 神经网络的正则化方法

5.5.1 神经网络的过拟合和欠拟合

与其他模型相比,神经网络模型的一个显著优势在于其结构的灵活性。为了提升神经网络的泛化能力,我们可以通过改变网络的层数或者每层神经元数量,从而控制模型的复杂度。

如果网络结构设置不好，就容易出现过拟合和欠拟合的情况。

以正弦曲线拟合问题为例，我们使用了包含 10 个观测样本的训练数据集，并且将误差平方和作为准则函数。我们采用 1 个隐藏层的神经网络模型，并且分别将隐藏层节点数设置为 1、3 和 10。不同配置下的训练结果如图 5.15 所示，可以看到，当隐藏层节点数过低时（$M=1$），模型出现了欠拟合；当隐藏层节点数过高时（$M=10$），模型出现了过拟合；当隐藏层节点数适当时（$M=3$），模型的泛化能力最强。

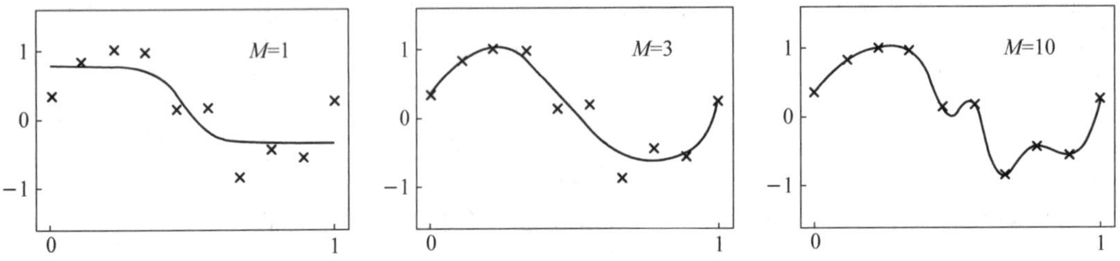

(a) 隐藏层节点 $M=1$　(b) 隐藏层节点 $M=3$　(c) 隐藏层节点 $M=10$

图 5.15　使用从正弦数据集中抽取的 10 个观测样本训练的两层神经网络的例子

网络结构的调整是一个复杂的问题，难以通过自动算法找到最优的网络模型。因此在实际中，人们倾向于采用规模较大的模型，并通过适当的正则化获得最佳的泛化性能。在深度神经网络中，正则化方法更加重要。本节将介绍神经网络（特别是深度神经网络）中常用的正则化技术，包括直接正则化、早停止、数据增强、丢弃法、多任务学习等，它们都是防止过拟合的有效方法。

5.5.2　神经网络的直接正则化

1. L_2 正则化项

L_2 正则化项是机器学习中最常用的正则化方法，其形式为

$$\widetilde{E}(\boldsymbol{w})=E(\boldsymbol{w})+\frac{\lambda}{2}\boldsymbol{w}^{\mathrm{T}}\boldsymbol{w} \tag{5.58}$$

式(5.58)的正则化项也被称为权重衰减（Weight Decay）。如前面所述，正则化项可以被解释为先验概率。式(5.58)的权重衰减正则化项相当于为权重 $\boldsymbol{w}$ 加上一个零均值，且每个参数方差相同的高斯先验分布。

如果对多层前馈网络的不同层参数进行相应的缩小和放大，我们就可以得到等效的网络模型。但是式(5.58)的权重衰减对于等效网络模型的影响并不相同，为此我们提出改进的 L_2 正则化项。

2. 改进的 L_2 正则化项

一种改进的正则化项为

$$\frac{\lambda_1}{2}\sum_{w\in\mathcal{W}_1}\boldsymbol{w}^2+\frac{\lambda_2}{2}\sum_{w\in\mathcal{W}_2}\boldsymbol{w}^2 \tag{5.59}$$

其中，$\mathcal{W}_1$ 表示隐藏层神经元权重集合，$\mathcal{W}_2$ 表示输出层神经元权重集合。式(5.59)针对不同层参数具有不同的正则化系数。该正则化项对于权重的重新缩放具有不变性，对于偏置的平移也具有不变性。式(5.59)的正则化项相当于加上一个零均值，且不同层权重和方差都不同的高斯先验分布。

3. L_1 正则化项

L_2 权重衰减是权重衰减最常见的形式，我们还可以使用其他方法限制模型参数的规模。如我们可以使用 L_1 正则化，对模型参数 $\boldsymbol{w}$ 的 L_1 正则化被定义为

$$\|\boldsymbol{w}\|_1 = \sum_i |w_i| \tag{5.60}$$

式(5.60)即各个参数的绝对值之和。如前面所述，L_1 正则化项约束下更容易得到稀疏解。

5.5.3 其他正则化方法

1. 早停止

早停止(Early Stopping)，就是有意更早地停止训练，是一种用于防止过拟合的简单有效的方法。它通过在模型训练过程中监控验证集性能，在验证集性能达到一定条件时停止训练，从而防止模型在训练数据上过拟合。早停止能够有效地找到一个适当的训练轮数，避免过拟合的情况。

如图 5.16 所示，在二次误差函数的情况下，早停止可以给出与 L_2 正则化项类似的结果。椭圆给出了误差函数的轮廓线，$\boldsymbol{w}_{\mathrm{ML}}$ 表示误差函数的最小值。如果权向量的起始点为原点，按照局部负梯度的方向移动，那么它会沿着曲线给出的路径移动。通过对训练过程早停止，我们找到了一个权重向量 $\widetilde{\boldsymbol{w}}$。定性地说，它类似于使用简单的 L_2 正则化项得到的权重。

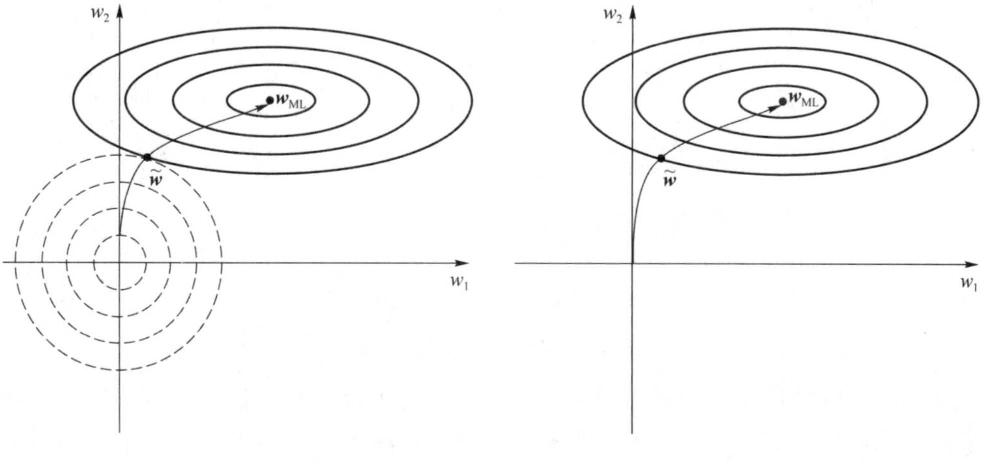

(a) L_2正则化项的效果　　(b) 早停止的效果

图 5.16　L_2 正则化项和早停止效果

早停止的一种实现方法是将数据集分为训练集、验证集和测试集，利用训练集进行模型训练，在每个训练周期结束后计算验证集上的误差，如果验证集误差开始上升，则停止模型训练。早停止可以避免模型过度学习训练数据，从而避免过拟合问题的发生。同时，还可以节省计算资源和时间成本，提高模型训练效率。

停止训练的条件有很多，例如，迭代数量达到预先设定，训练集(或验证集)上的损失值低于预先设定的阈值，发现训练集(或验证集)上的损失值开始上升，训练集(或验证集)上的损失

值在一段时间内不再下降，梯度的模(长度)低于预先设定的阈值等。

2. 数据增强

提升机器学习模型泛化能力的理想途径是获取更多的训练数据。在数据量有限的情况下，可以通过对训练数据进行多种变换来扩展数据集，这种方法被称为数据增强(Data Augmentation)。在分类任务中，这种方法尤其简单易行。分类器需要处理复杂的高维输入 $\boldsymbol{x}$，并将其归纳为单一的类别标识 y。这意味着分类面临的一个核心任务是要对各种各样的变换保持一致性。我们可以通过变换训练集中的 $\boldsymbol{x}$ 来轻松生成新的数据对$(\boldsymbol{x}', y)$。例如，在图像识别任务中，可以对训练集中的原图像 $\boldsymbol{x}$ 进行旋转、缩放、平移、翻转、加噪声等操作，得到的新图像 $\boldsymbol{x}'$ 仍然应该属于原类别 y；对于文本数据，可以采用同义词替换、删词、加词、回译、打乱等方式来构造更多的文本训练数据；对于音频数据也有类似的方法。这些变换可以增加训练数据的多样性，减少模型对特定样本的依赖，从而提高模型的泛化能力。手写数字的数据增强示例如图 5.17 所示，其中，图 5.17(a)为原始图像；图 5.17(b)～(d)为加噪数字，图 5.17(e)～(g)分别为 3 个加噪数字对应的噪声图像。

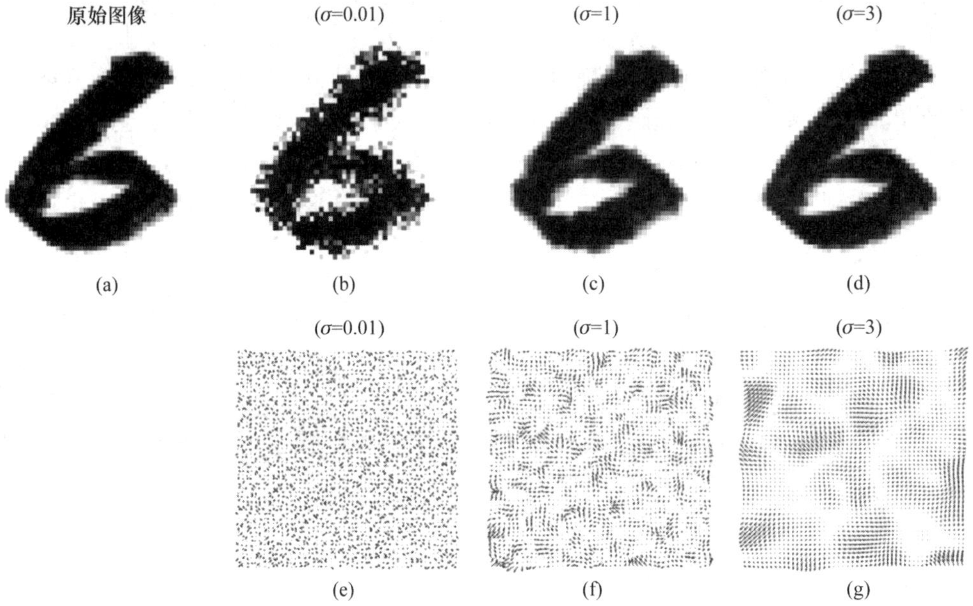

图 5.17　手写数字的数据增强示例

实际上，在神经网络的输入层注入噪声也是数据增强的一种方式。对于许多分类任务(甚至包括一些回归任务)而言，即使小的随机噪声被加到输入，期望的输出也不应该变化很大。然而，神经网络被证明对噪声并不是非常健壮。因此，改善神经网络健壮性的方法之一是简单地将随机噪声添加到输入再进行训练。输入噪声的方法不仅适用于有监督的分类和回归任务，还适用于非监督的表示学习等任务。另外，噪声也可以施加到隐藏层节点上，这可以被看作在多个特征层上进行的数据集增强。

3. 丢弃法

丢弃法(Dropout)由辛顿(Hinton)等在 2012 年提出，是一种算法简单却效果良好的神经网络正则化技术。如图 5.18 所示，丢弃法的主要思想是，在每次训练迭代中，每个神经元(包括输入层和隐藏层)都有一定概率(通常在 0.2～0.5 之间)被随机丢弃，即在前向传播时不参与计算。由于神经元的随机丢弃，每次训练的网络结构都不同，这迫使网络学习到更加鲁棒的特征表示，而不是依赖于特定的神经元。丢弃法通过减少神经元之间的共适应关系，使得模型在面对新数据时更加泛化，从而减少过拟合的风险。在训练过程中应用丢弃法，而在测试或验证时不使用丢弃法。在测试时，所有神经元都参与计算，但为了保持与训练时相同的期望值，通常会将输出乘以丢弃概率(例如，如果丢弃概率是 0.5，则输出乘以 2)。

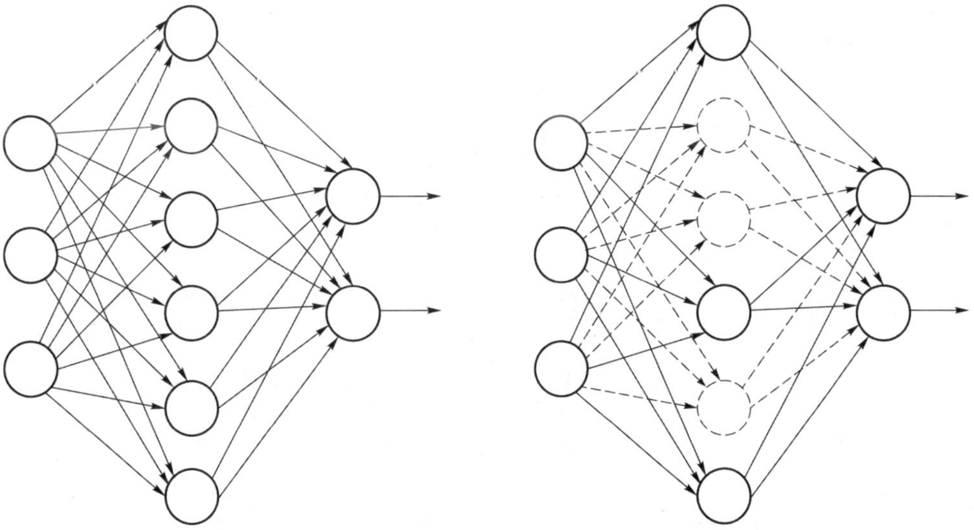

(a) 标准神经网络　　(b) 实施丢弃法后

图 5.18　丢弃法示意图

对于丢弃法有效性的解释有多种，最有代表性的是集成学习。每做一次丢弃，相当于从原始的网络中采样到一个子网络。如果神经网络有 n 个神经元，那么总共可以采样出 2^n 个子网络。每次迭代会训练 2^n 个子网络中的一个，训练结束后相当于得到了 2^n 个共享参数的子网络。最终的网络近似看作集成了 2^n 个子网络的组合模型，因此具有更好的泛化性。

4. 多任务学习

多任务学习(Multi Task Learning，MTL)是通过合并几个任务中的样例(可以视为对参数施加的软约束)来提高泛化性的一种方式。正如额外的训练样本能够让模型参数适配具有更好泛化能力的值一样，当模型的一部分参数被多个额外的任务共享时，这部分参数将被约束为良好的值(如果共享合理)，因此通常会带来更好的泛化能力。

仅关注单个模型可能会忽略一些相关任务中提升目标任务的潜在信息，在一定程度的多任务间参数共享，可以使原任务的泛化能力更好。广义来讲，有多个损失函数同时学习，就算多任务学习。

从机器学习的角度来看，MTL 可以看作通过提供某种先验知识来提升模型效果，在 MTL 中，这种先验是通过辅助任务来提供的。

多任务学习包括两种方法：参数的硬共享机制和软共享机制。

(1) 参数的硬共享机制

参数的硬共享机制是神经网络的多任务学习中最常见的一种方式。一般来讲，它可以应用到所有任务的所有隐藏层上，而保留与各个任务相关的输出层。如图 5.19 所示，前几层为各个任务共享，后面分离出不同任务的层，硬共享机制降低了过拟合的风险。有研究证明这些共享参数过拟合风险的阶数是 N，其中 N 为任务的数量，比任务相关参数的过拟合风险要小。直观来讲，这一点是非常有意义的。越多任务同时学习，模型就能捕捉到越多任务的同一种表示，原始任务上的过拟合风险就越小。

(2) 参数的软共享机制

参数的软共享机制如图 5.20 所示。每个任务都有自己的模型和参数，但是不同模型之间的参数是有限制的，即不同模型的参数之间必须相似，此时我们可以对模型参数的距离进行正则化来保障参数的相似。用于深度神经网络中的软共享机制的约束，在很大程度上是受传统多任务学习中正则化技术的影响。

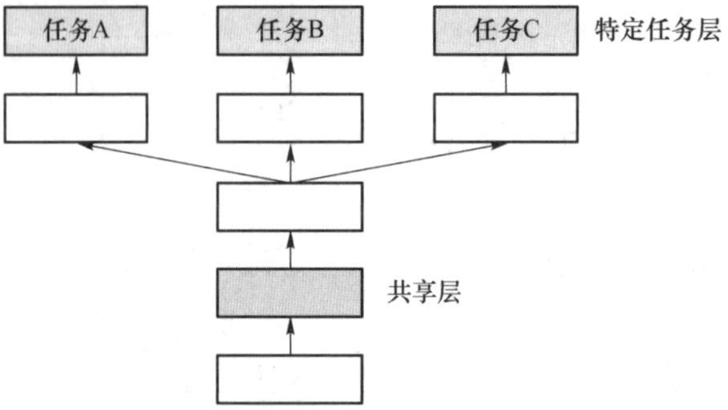

图 5.19　参数的硬共享机制

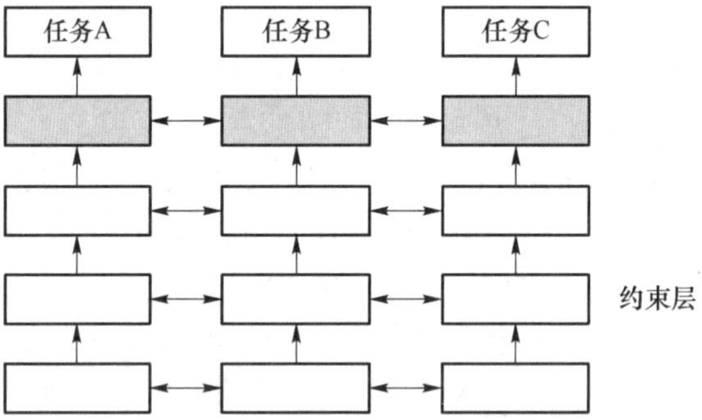

图 5.20　参数的软共享机制

5.6　本章小结

大量的人工神经元通过一定方式连接起来构成一个网络，并且彼此协调配合，就能够完成复杂的任务，这就是人工神经网络。神经元的数学模型由加权、求和及激励（转移）三部分组成。

本章介绍的前馈神经网络是一种最简单的网络，每一层的神经元与下一层的神经元完全连接，信息单向传递，没有反馈连接。前馈神经网络具有很强的拟合能力，可以近似拟合常见的连续非线性函数，且具有隐藏层的前馈网络提供了一种通用近似框架。

前馈神经网络的学习根据训练数据集中的样本来调整神经网络中的权重，使得神经网络能够最好地逼近输出 y 和输入 $\boldsymbol{x}$ 之间的函数关系。前馈神经网络通常采用梯度下降法来进行参数学习，在神经网络中经常使用误差反向传播算法来高效地计算梯度。

为了让神经网络具有更好的泛化性能，我们可以通过改变网络的层数或者每层神经元节点数量，从而控制模型的复杂度。然而，网络结构调整的问题更加复杂，不容易通过自动算法找到最合适的网络模型。因此，在实际中更常采用规模更大的模型，并通过适当的正则化获得最佳的泛化性能。

思考题

5-1 单层感知器的缺点是什么，多层感知器如何解决单层感知器的不足？

5-2 多层感知器的缺点是什么，神经网络通过什么方法来解决多层感知器的不足？

5-3 请简述神经网络具有非线性的原因，并构建一个神经网络，使其能够实现二输入异或门的功能。

5-4 神经网络在初始化时权重是否能设为全0，为什么？

5-5 前馈神经网络采用什么样的方法进行参数学习？

5-6 神经网络的正则化方法有哪些？

第6章

非参数模型

第6章课件

6.1 介　　绍

前面章节中介绍的主要是参数模型。例如，第3章概率密度函数的参数估计方法、第4章的线性模型以及第5章的神经网络。这些模型的形式和结构在训练前已经确定，学习过程仅需要求解出相应的参数。学习过程结束后，训练样本通常无须保留，因为它们对于预测新样本没有进一步的作用。

使用参数模型时，模型选择至关重要。采用不同的模型形式就等同于对数据分布加入了不同的先验假设。如果模型形式与真实数据的概率分布相匹配，则该模型才有可能发挥较好的学习效果。此外，参数模型的性能还依赖于特征表示。如果特征基函数$\boldsymbol{\phi}$设计合理，简单的线性模型也有可能有效。而神经网络模型具备一定的特征优化能力，它可以通过隐藏层节点来优化特征基函数。

与参数模型不同，非参数模型不预设数据分布的具体形式，也不需要预先确定模型结构。其依据数据实例之间的相似性进行分类或预测，展现出更高的灵活性和适应性。第3章概率密度函数的非参数估计方法就是非参数模型的一个实例。

本章主要介绍两种具有代表性的非参数模型，即6.2节的近邻法模型和6.4节的支持向量机。近邻法模型不需要训练过程，而是直接利用训练样本对新的输入进行预测；支持向量机则需要通过训练来选择具有代表性的原型样本。非参数模型可能含有参数，但是参数的数量不固定，通常随着训练数据量的增加而增加。训练完成后，训练样本一般需要保留，因为它们对于模型预测而言是必需的，因此非参数模型也被称作记忆模型。在非参数模型中，相似度函数和原型样本对模型性能的影响更为显著。

6.2 近邻法模型

科弗(Cover)和哈特(Hart)于1967年提出K近邻法(K-Nearest Neighbors, KNN)模型，并对该模型进行了深入分析。近邻法模型简单、直观，在训练样本充足的情况下具有良好的分类效果，这使得它至今仍然是一种经常使用的非参数模型。

6.2.1 最近邻模型

1. 最近邻法的原理

(1) 最小距离分类器

在最小距离分类器(参见第 2 章)中,类别 $\omega_c(c=1,\cdots,C)$ 的类中心 $\boldsymbol{\mu}_c$ 被看作该类别的原型样本(Prototype),而 ω_c 类的判别函数就是样本 $\boldsymbol{x}$ 到类原型 $\boldsymbol{\mu}_c$ 的距离:

$$g_c(\boldsymbol{x})=\delta(\boldsymbol{x},\boldsymbol{\mu}_c) \tag{6.1}$$

距离函数可以采用欧氏距离(Euclidean Distance):

$$\delta(\boldsymbol{x},\boldsymbol{\mu})=\|\boldsymbol{x}-\boldsymbol{\mu}\|^2 \tag{6.2}$$

也可以采用马氏距离:

$$\delta(\boldsymbol{x},\boldsymbol{\mu})=(\boldsymbol{x}-\boldsymbol{\mu})^{\mathrm{T}}\Sigma^{-1}(\boldsymbol{x}-\boldsymbol{\mu}) \tag{6.3}$$

因此,最小距离分类器的决策规则为

$$\text{若 } g_c(\boldsymbol{x})=\min_{j=1,\cdots,C} g_j(\boldsymbol{x}),\text{则 } \boldsymbol{x}\in\omega_c \tag{6.4}$$

(2) 最小距离分类器的拓展

如图 6.1(a)所示,当每个类别的样本都紧密地聚集在明显的类中心附近时,最小距离分类器通常效果较好。然而,最小距离分类器在某些情况下可能效果不佳。如果每个类别内包含多个子类中心,如图 6.1(b)所示,最小距离分类器的性能可能会显著下降。

为了解决这个问题,一种方法是对每个类别选择多个类原型。如图 6.1(c)所示,分别为两个类别选择多个类原型,并且每个类原型都设定为某个子类的中心,然后利用类原型来计算最小距离。假设 ω_c 类$(c=1,2)$有 N_c 个类原型,记为$\mathcal{D}_c=\{\boldsymbol{\mu}_1,\cdots,\boldsymbol{\mu}_{N_c}\}$,则 ω_c 类的判别函数为

$$g_c(\boldsymbol{x})=\min_{\boldsymbol{\mu}_c\in\mathcal{D}_c}\delta(\boldsymbol{x},\boldsymbol{\mu}_c) \tag{6.5}$$

对应的分类边界见图 6.1(c),两个类别能够准确分开。

按照上述思路,类原型数量越多,模型的灵活性就越好。一种极端的方法是将全部训练样本作为类原型,这就是最近邻法的基本思想。

2. 模型形式

(1) 最近邻模型定义

对于一个 C 类模式识别问题,假设 ω_c 类$(c=1,\cdots,C)$有 N_c 个训练样本,记为$\mathcal{D}_c=\{\boldsymbol{x}_1,\cdots,\boldsymbol{x}_{N_c}\}$,则 ω_c 类的判别函数为

$$g_c(\boldsymbol{x})=\min_{\boldsymbol{x}_c\in\mathcal{D}_c}\delta(\boldsymbol{x},\boldsymbol{x}_c) \tag{6.6}$$

相应的决策规则为

$$\text{若 } g_c(\boldsymbol{x})=\min_{j=1,\cdots,C} g_j(\boldsymbol{x}),\text{则 } \boldsymbol{x}\in\omega_c \tag{6.7}$$

这就是最近邻模型,该模型将与测试样本最近邻训练样本的类别作为决策输出。

(2) 最近邻模型性质

与之前介绍的参数模型不同,最近邻模型,即式(6.6)中没有需要通过训练数据来求解的参数。因此,它不需要显性的准则函数和优化算法,甚至也不需要训练过程。只要将所有的训练样本存储下来,最近邻模型就能够进行分类预测了。基于这一特点,最近邻法以及后续将要介绍的 K 近邻法被冠以懒惰学习(Lazy Learning)算法。

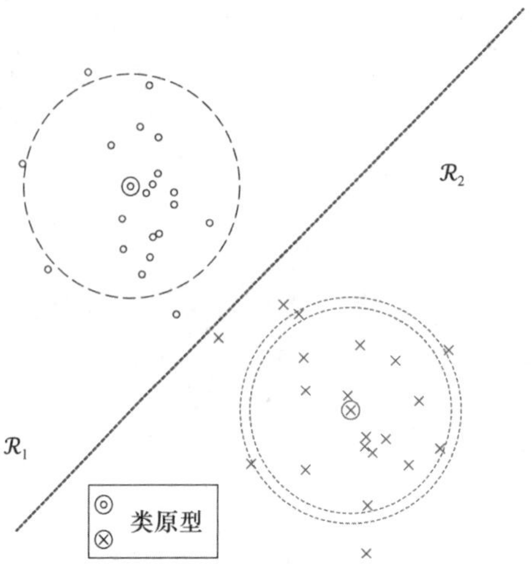

彩图 6.1

(a) 样本聚集在类中心情况下的最小距离分类器(每个类别有一个类原型)

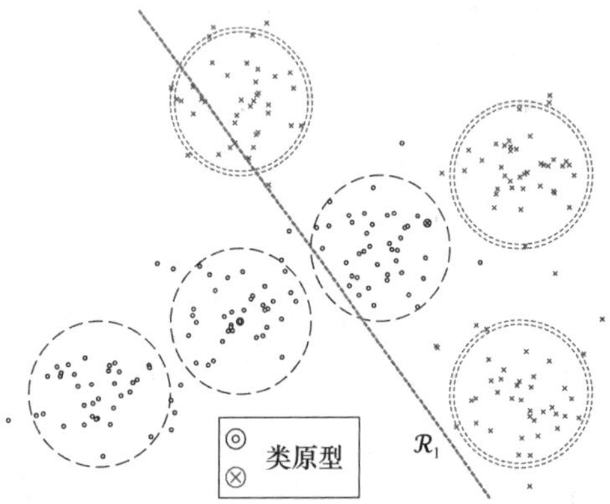

(b) 样本分散在几个子类中心情况下的最小距离分类器(每个类别有一个类原型)

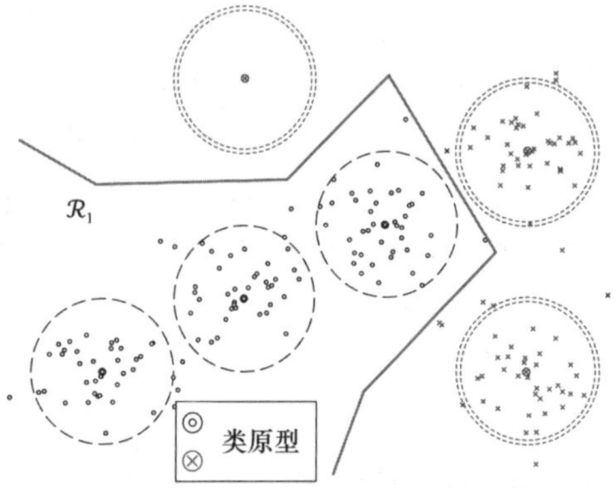

(c) 样本分散在几个子类中心情况下的最小距离分类器的拓展(每个类别有多个类原型)

图 6.1　最小距离分类器的拓展

值得注意的是，在近邻法的一些改进算法中，为了选择更少、更优的原型样本，可能需要引入可调参数，并配合相应的准则函数和优化算法进行训练，这将在 6.2.3 节中讨论。

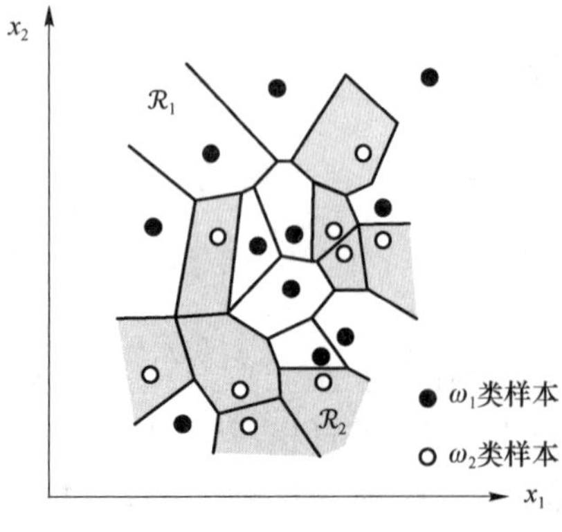

图 6.2　最近邻模型的分类效果

例 6-1　最近邻模型实例。假设我们有 ω_1 类和 ω_2 类两种训练样本，将它们在二维特征空间中的位置标记在图 6.2 中。那么不需要训练过程就可以根据式(6.7)得到两个类别在欧氏距离及最近邻模型下的决策域划分，见图 6.2。

3. 距离函数的选择

式(6.1)是最近邻模型中的距离函数，用于度量两个样本之间的相似性。根据具体问题的需求，可以选用不同的距离度量方法。闵可夫斯基距离(Minkowski Distance)，记为 L_p 距离，是一种更为通用的距离度量函数。对于 D 维实数特征空间中的两个向量 $\boldsymbol{x}_i$ 和 $\boldsymbol{x}_j$，其中，$\boldsymbol{x}_i=[x_{i1},\cdots,x_{iD}]^{\mathrm{T}}$，$\boldsymbol{x}_j=[x_{j1},\cdots,x_{jD}]^{\mathrm{T}}$，则 $\boldsymbol{x}_i$ 和 $\boldsymbol{x}_j$ 之间的 L_p 距离($p\geqslant 1$)定义为

$$L_p(\boldsymbol{x}_i,\boldsymbol{x}_j)=\left(\sum_{l=1}^{D}|x_{il}-x_{jl}|^p\right)^{\frac{1}{p}} \tag{6.8}$$

当 $p=2$ 时，就是我们熟悉的欧氏距离，即：

$$L_2(\boldsymbol{x}_i,\boldsymbol{x}_j)=\left(\sum_{l=1}^{D}|x_{il}-x_{jl}|^2\right)^{\frac{1}{2}} \tag{6.9}$$

当 $p=1$ 时，称为曼哈顿距离(Manhattan Distance)或街区距离，即：

$$L_1(\boldsymbol{x}_i,\boldsymbol{x}_j)=\sum_{l=1}^{D}|x_{il}-x_{jl}| \tag{6.10}$$

当 $p=\infty$ 时，它是各个维度下距离的最大值，即：

$$L_\infty(\boldsymbol{x}_i,\boldsymbol{x}_j)=\max_l|x_{il}-x_{jl}| \tag{6.11}$$

也可以将式(6.1)的距离度量函数转换为某种相似性度量函数，此时式(6.6)和式(6.7)中的取最小值需要改成取最大值，即将新样本的类别决策为与之最相似的已知样本的类别。

在参数模型中，选择不同的基函数 $\boldsymbol{\phi}(\boldsymbol{x})$ 可以得到不同的分类效果。同样，在最近邻模型等非参数模型中，选择不同的距离函数(或者相似度函数)也可以得到不同的分类效果。

4. 错误率分析

(1) 二分类的最近邻模型错误率

对于任意测试样本 $\boldsymbol{x}$，采用包含 N 个样本的训练集时，最近邻模型的错误率记为 $p_N(e|\boldsymbol{x})$，对应的平均错误率为

$$P=p_N(e)=\int p_N(e|\boldsymbol{x})p(\boldsymbol{x})\mathrm{d}\boldsymbol{x} \tag{6.12}$$

假设样本 $\boldsymbol{x}$ 的最近邻点是 $\boldsymbol{x}'$，那么如果 $\boldsymbol{x}$ 和 $\boldsymbol{x}'$ 属于同一类别，则最近邻模型分类正确，否则分类错误。$\boldsymbol{x}$ 属于类别 ω_c 的概率是 $p(\omega_c|\boldsymbol{x})$，而 $\boldsymbol{x}'$ 属于类别 ω_c 的概率是 $p(\omega_c|\boldsymbol{x}')$，因此 $\boldsymbol{x}$ 和 $\boldsymbol{x}'$ 同属于类别 ω_c 的概率为 $p(\omega_c|\boldsymbol{x})p(\omega_c|\boldsymbol{x}')$。

分析一般情况下最近邻模型的错误率并不容易。为了简化问题，我们仅考虑训练样本足够多的情况，这也是传统分析方法中经常采用的前提假设。随着训练样本数 N 增大，$\boldsymbol{x}$ 和 $\boldsymbol{x}'$ 之间的距离将会减小。当训练样本数量 $N\to\infty$ 时，$\boldsymbol{x}$ 的近邻点 $\boldsymbol{x}'$ 会趋近于 $\boldsymbol{x}$。这时，对于样本 $\boldsymbol{x}$ 的条件错误率为

$$\lim_{N\to\infty}p_N(e|\boldsymbol{x})=1-\sum_{c=1}^{C}p(\omega_c|\boldsymbol{x})p(\omega_c|\boldsymbol{x}')=1-\sum_{c=1}^{C}p^2(\omega_c|\boldsymbol{x}) \tag{6.13}$$

(2) 与贝叶斯最小错误率的差距

对于两类情况，假设 $p(\omega_1|\boldsymbol{x})>p(\omega_2|\boldsymbol{x})>0$，则最小错误率决策准则下的错误率 $P^*=p(\omega_2|\boldsymbol{x})$。将式(6.13)的最近邻错误率减去贝叶斯最小错误率后的值记为 Δp，并考虑到 $p(\omega_1|\boldsymbol{x})+p(\omega_2|\boldsymbol{x})=1$，则有：

$$\Delta p=1-p^2(\omega_1|\boldsymbol{x})-p^2(\omega_2|\boldsymbol{x})-p(\omega_2|\boldsymbol{x})=p(\omega_2|\boldsymbol{x})(p(\omega_1|\boldsymbol{x})-p(\omega_2|\boldsymbol{x})) \tag{6.14}$$

显然，最近邻模型的错误率要更大一些。但考虑到最小错误率决策准则是所有方法中错误率的下限，因此在不知道后验概率情况下，最近邻模型的性能已经非常好了。

(3) 多分类的最近邻模型错误率

计算 $N\to\infty$ 时 C 类最近邻模型的平均错误率，得：

$$P=\lim_{N\to\infty}p_N(e)=\lim_{N\to\infty}\int p_N(e|\boldsymbol{x})p(\boldsymbol{x})\mathrm{d}x=\int\left(1-\sum_{c=1}^{C}p^2(\omega_c|\boldsymbol{x})\right)p(\boldsymbol{x})\mathrm{d}x \tag{6.15}$$

假设最小错误率决策准则的平均错误率是 P^*，则存在近似公式为

$$P^* \leqslant P \leqslant P^*\left(2-\frac{C}{C-1}P^*\right) \leqslant 2P^* \tag{6.16}$$

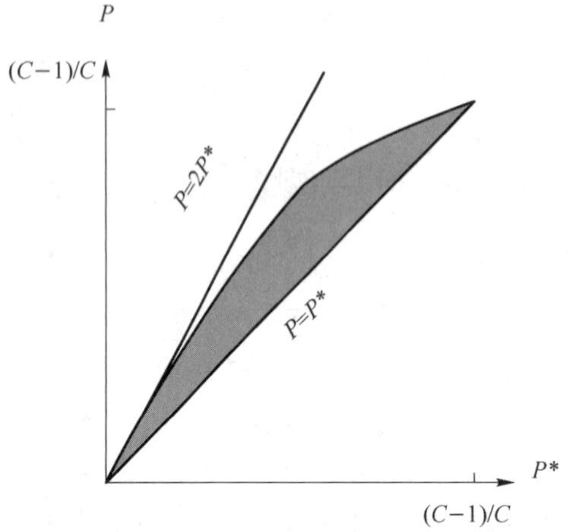

图 6.3　$N\to\infty$时 C 类最近邻模型的平均错误率

图 6.3 表示出了这种关系，最近邻模型的渐近错误率总会落在图 6.3 的阴影区域中。这个结论告诉我们，最近邻模型的渐近错误率不会超过两倍的贝叶斯最小错误率，而在最好的情况下则有可能达到贝叶斯最小错误率。

需要注意的是，式(6.16)的结论是在训练样本数目趋于无穷多时才成立的。在样本数目有限时，最近邻模型通常也可以得到不错的结果，但不一定满足式(6.16)的关系。如果样本数量太少，则不一定能很好地代表数据内在的分布情况，此时就会影响最近邻模型的性能。

6.2.2　K 近邻模型

1. 模型形式

最近邻模型很容易扩展到 K 近邻模型，也称近邻法模型。对于一个 C 类模式识别问题，假设 ω_c 类($c=1,\cdots,C$)有 N_c 个训练样本，记为$\mathcal{D}_c=\{\boldsymbol{x}_1,\cdots,\boldsymbol{x}_{N_c}\}$。对于测试样本 $\boldsymbol{x}$，在其前 K 个最近邻的样本中，如果有 K_c 个样本属于 ω_c 类，则 ω_c 类的判别函数为

$$g_c(\boldsymbol{x})=K_c \tag{6.17}$$

对应的决策规则为

$$\text{若 } g_c(\boldsymbol{x})=\max_{j=1,\cdots,C} g_j(\boldsymbol{x}),\text{则 } \boldsymbol{x}\in\omega_c \tag{6.18}$$

例 6-2　K 近邻模型实例。假设我们有 ω_1 类和 ω_2 类两种训练样本，将它们在二维特征空间中的位置标记在图 6.4 中。那么当采用欧氏距离且超参数 $K=5$ 时，K 近邻模型下的决策方法如图 6.4 所示。可见 K 近邻模型也属于懒惰学习模型。

2. 错误率分析

图 6.5 显示了当存在无穷多训练样本情况下，在 K 取不同值时，K 近邻模型渐近错误率的界限。当 $K=1$ 时就是最近邻模型，其错误率的上界最大。随着 K 的增加，错误率的上界将逐渐降低。当 K 趋向无穷大时，上界和下界相等，K 近邻模型就达到了理论上最优的贝叶斯最小错误率 P^*。

3. K 值的选择

需要注意的是，上述理论分析的前提是训练样本足够多，这时 K 值越大就越能避免偶然因素的干扰。在训练样本有限的情况下，K 值是一个控制模型复杂度的超参数，K 值的选择非常重要。较小的 K 值会使得每个类别有很多孤立的小决策域，边界细节较多；而较大的 K 值会产生数量较少但面积较大的决策域，边界相对光滑；当 K 值选择合适时，模型就会得到最好的泛化性。

4. 近邻法总结

式(6.17)与式(6.18)是近邻法的基本模型形式，通过调整距离函数、K 值、原型样本选择方法以及决策规则等，我们可以得到更多改进版本的近邻法模型。当训练样本数量充足时，近邻法模型的错误率指标通常还是相当不错的。

近邻法模型存在一些显著的缺陷。在预测阶段，为了找到 K 个最近邻点，需要计算输入样本与所有训练样本之间的距离。这主要导致了两个问题：一是模型需要存储全部训练样本，增加了存储负担；二是计算距离所需的计算量很大。接下来，我们将探讨 K 近邻模型的改进方法。

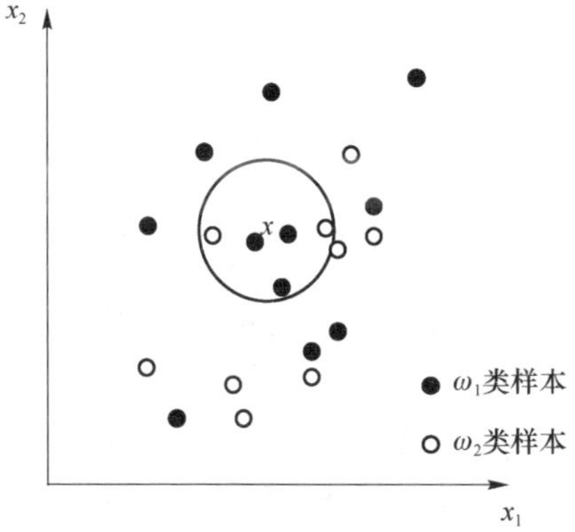

图 6.4　K 近邻模型的分类效果

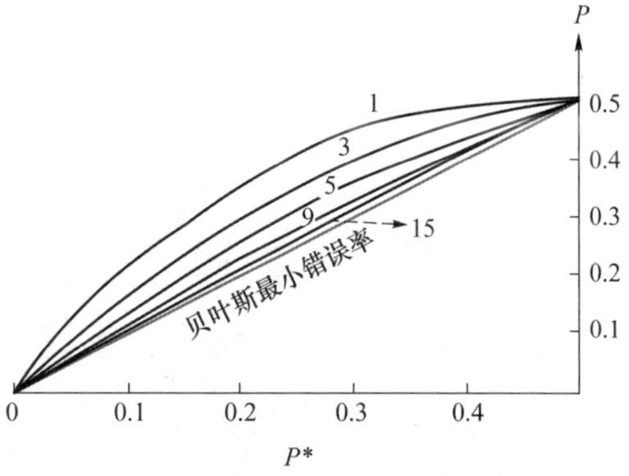

图 6.5　K 近邻模型的错误率

6.2.3 压缩近邻法

1. 基本思路

在标准的近邻法模型中，所有训练样本都被用作原型样本，这导致对存储和计算资源的需求大，但这种做法并不总是必需的。实际上，对于每个类别而言，一般只需要保留一些具有代表性的原型样本就足以实现相对准确的分类效果。

哈特在 1968 年提出的压缩近邻法通过移除大量冗余的原型样本来提高近邻法的效率。该方法仅保留关键的、有代表性的样本，减少了存储和计算的负担，同时维持了模型的分类性能。

2. 算法说明

压缩近邻法首先将训练集$\mathcal{D}$分为$\mathcal{D}^S$ 和$\mathcal{D}^G$ 两个动态的子集，前者称作储存集，后者称作备选集。

① 初始化。$\mathcal{D}^S$ 为空集，$\mathcal{D}^G=\mathcal{D}$；从$\mathcal{D}^G$ 中任取出 1 个样本放入$\mathcal{D}^S$ 中。

② 遍历样本。从$\mathcal{D}^G$ 中取出一个样本 $\boldsymbol{x}$；利用当前$\mathcal{D}^S$ 中的样本，采用近邻法对 $\boldsymbol{x}$ 进行分类。如果分类正确，则将样本 $\boldsymbol{x}$ 保留在$\mathcal{D}^G$ 中；如果分类错误，则将样本 $\boldsymbol{x}$ 从$\mathcal{D}^G$ 中取出并放入$\mathcal{D}^S$ 中。

③ 重复②，直到没有样本再需要搬移为止。

④ 用最后得到的$\mathcal{D}^S$ 中的样本集作为近邻法模型的原型样本。

例 6-3　压缩近邻法实例。从图 6.6(a)中可以看到，如果采用标准的近邻法，则需要保留全部的训练样本，不仅占用大量存储资源，计算近邻时也需要花费大量的计算资源。如果采用压缩近邻法，见图 6.6(b)，虽然只保留了少量原型样本，但是仍然得到了类似的分类面，并且节省了存储量和计算量。

3. 与其他算法的联系

在压缩近邻法中，我们可以为每个训练样本引入一个二元参数，用以标识该样本是否应被选为原型样本:参数值为 1 表示样本是原型样本,参数值为 0 则表示不是原型样本。此外,为了评估原型样本集合的效能,我们可以引入一个准则函数,再根据准则函数设计出二元参数的求解算法。从这个角度分析,压缩近邻法不再懒惰,其挑选原型样本的过程可被视为学习过程。接下来要介绍的支持向量机便属于具有学习过程的非参数模型。另外需要注意的是,对原型样本进行筛选的思路即使在深度学习和大模型时代也仍然具有重要的启发意义。

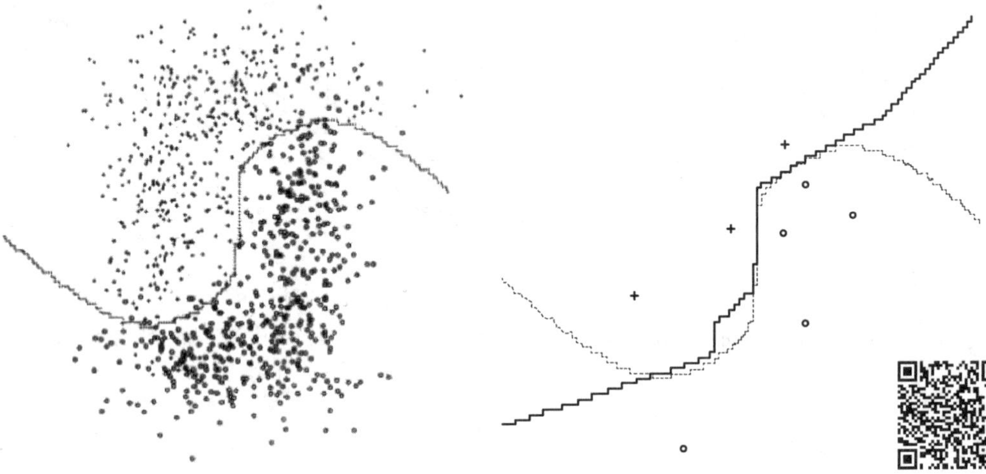

(a) 最近邻法　　(b) 压缩近邻法　　动画图 6.6(b)

图 6.6　压缩近邻法实例

6.3 核 模 型

6.3.1 对偶表示

尽管参数模型和非参数模型在许多方面具有不同的特性,但它们之间仍然存在着紧密的联系。通过所谓的对偶表示(Dual Representation),可以将参数模型转换为非参数模型,这一转换过程通常会自然地引入核函数的概念。接下来,我们将以线性模型为例,探讨参数模型向非参数模型的转换过程。

1. 线性模型的参数转换

回顾线性回归模型的模型形式,得到

$$f(\boldsymbol{x},\boldsymbol{w})=\boldsymbol{w}^{\mathrm{T}}\boldsymbol{\phi}(\boldsymbol{x}) \tag{6.19}$$

其中,$\boldsymbol{\phi}(\boldsymbol{x})$是基函数,$\boldsymbol{w}$ 是参数向量,它们均是 M 维实数向量。假设训练样本集$\mathcal{D}=\{(\boldsymbol{x}_1,y_1),\cdots,(\boldsymbol{x}_n,y_n),\cdots,(\boldsymbol{x}_N,y_N)\}$,选择平方和误差及 L_2 正则化项,得到准则函数:

$$J(\boldsymbol{w})=\frac{1}{2}\sum_{n=1}^{N}(\boldsymbol{w}^{\mathrm{T}}\boldsymbol{\phi}(\boldsymbol{x}_n)-y_n)^2+\frac{\lambda}{2}\boldsymbol{w}^{\mathrm{T}}\boldsymbol{w} \tag{6.20}$$

其中,$\lambda\geqslant 0$ 是正则化项的系数。

对 $J(\boldsymbol{w})$关于 $\boldsymbol{w}$ 求导且令其等于 0,求解出的 $\boldsymbol{w}$ 为

$$\boldsymbol{w}=-\frac{1}{\lambda}\sum_{n=1}^{N}(\boldsymbol{w}^{\mathrm{T}}\boldsymbol{\phi}(\boldsymbol{x}_n)-y_n)\boldsymbol{\phi}(\boldsymbol{x}_n) \tag{6.21}$$

我们看到式(6.21)中 $\boldsymbol{w}$ 的解是 $\boldsymbol{\phi}(\boldsymbol{x}_n)$ 线性组合的形式,其系数是 $\boldsymbol{w}$ 的函数。我们将 $\boldsymbol{\phi}(\boldsymbol{x}_n)$ 的系数定义成新的参数

$$a_n=-\frac{1}{\lambda}(\boldsymbol{w}^{\mathrm{T}}\boldsymbol{\phi}(\boldsymbol{x}_n)-y_n) \tag{6.22}$$

并且引入设计矩阵 $\boldsymbol{\Phi}$,其第 n 行为 $\boldsymbol{\phi}(\boldsymbol{x}_n)^{\mathrm{T}}$,则式(6.21)变为

$$\boldsymbol{w}=\sum_{n=1}^{N}a_n\boldsymbol{\phi}(\boldsymbol{x}_n)=\boldsymbol{\Phi}^{\mathrm{T}}a \tag{6.23}$$

式(6.23)中的每个训练样本 $\boldsymbol{x}_n$ 都对应了一个新的参数 a_n。将所有的新参数表示成参数向量 $\boldsymbol{a}=[a_1,\cdots,a_N]^{\mathrm{T}}$,这时式(6.23)就成为参数 $\boldsymbol{w}$ 和参数 $\boldsymbol{a}$ 相互转换的公式了。

2. 对偶表示的准则函数

如果我们不再直接使用参数 $\boldsymbol{w}$,而是转而采用参数 $\boldsymbol{a}$ 来表示准则函数和预测模型,那么我们就得到了原模型的对偶表示。首先,我们推导出原准则函数的对偶表示。将式(6.23)的 $\boldsymbol{w}=\boldsymbol{\Phi}^{\mathrm{T}}\boldsymbol{a}$ 代入式(6.20)中,就可以将原来对于参数 $\boldsymbol{w}$ 的损失函数 $J(\boldsymbol{w})$ 转变成对于参数 $\boldsymbol{a}$ 的损失函数:

$$J(\boldsymbol{a})=\frac{1}{2}\boldsymbol{a}^{\mathrm{T}}\boldsymbol{\Phi}\boldsymbol{\Phi}^{\mathrm{T}}\boldsymbol{\Phi}\boldsymbol{\Phi}^{\mathrm{T}}\boldsymbol{a}-\boldsymbol{a}^{\mathrm{T}}\boldsymbol{\Phi}\boldsymbol{\Phi}^{\mathrm{T}}\boldsymbol{y}+\frac{1}{2}\boldsymbol{y}^{\mathrm{T}}\boldsymbol{y}+\frac{\lambda}{2}\boldsymbol{a}^{\mathrm{T}}\boldsymbol{\Phi}\boldsymbol{\Phi}^{\mathrm{T}}\boldsymbol{a} \tag{6.24}$$

其中,$\boldsymbol{y}=[y_1,\cdots,y_N]^{\mathrm{T}}$,对应于训练样本集中每个样本的目标值。

3. 对偶表示中的核函数

在对偶表示中,原始的基函数 $\boldsymbol{\phi}(\boldsymbol{x})$ 及其对应的设计矩阵 $\boldsymbol{\Phi}$ 能够被替换为由核函数所表示的格拉姆矩阵(Gram Matrix)。格拉姆矩阵 $\boldsymbol{K}$ 定义为

$$\boldsymbol{K}=\boldsymbol{\Phi}\boldsymbol{\Phi}^{\mathrm{T}} \tag{6.25}$$

这是一个 $N\times N$ 的对称矩阵,其第 n 行、第 m 列的元素 K_{nm} 是核函数(Kernel Function)$k(\boldsymbol{x}_n,\boldsymbol{x}_m)$ 的输出,定义为

$$k(\boldsymbol{x}_n,\boldsymbol{x}_m)=\boldsymbol{\phi}(\boldsymbol{x}_n)^{\mathrm{T}}\boldsymbol{\phi}(\boldsymbol{x}_m) \tag{6.26}$$

从式(6.26)可以看出,核函数是基函数 $\boldsymbol{\phi}(\boldsymbol{x})$ 与内积函数的复合函数。

核函数可以作为衡量两个样本之间相似性的度量函数(Metric Function)。在参数模型中,学习特征基函数 $\boldsymbol{\phi}(\boldsymbol{x})$ 相对困难;但是在非参数模型中,更换核函数 $k(\boldsymbol{x}_n,\boldsymbol{x}_m)$ 相对简单,并且通常能够达到类似效果,这被称为核技巧(Kernel Trick)。

用核函数和格拉姆矩阵 $\boldsymbol{K}$ 就可以完全取代准则函数中的基函数 $\boldsymbol{\phi}(\boldsymbol{x})$ 和设计矩阵 $\boldsymbol{\Phi}$:

$$J(\boldsymbol{a})=\frac{1}{2}\boldsymbol{a}^{\mathrm{T}}\boldsymbol{K}\boldsymbol{K}\boldsymbol{a}-\boldsymbol{a}^{\mathrm{T}}\boldsymbol{K}\boldsymbol{y}+\frac{1}{2}\boldsymbol{y}^{\mathrm{T}}\boldsymbol{y}+\frac{\lambda}{2}\boldsymbol{a}^{\mathrm{T}}\boldsymbol{K}\boldsymbol{a} \tag{6.27}$$

注意,在式(6.27)中,参数 $\boldsymbol{w}$ 和基函数 $\boldsymbol{\phi}(\boldsymbol{x})$ 全部被替换为参数 $\boldsymbol{a}$ 和核函数 $k(\boldsymbol{x}_n,\boldsymbol{x}_m)$。

4. 对偶表示的预测模型

对式(6.27)求导,并将导数设置为零,可以得到以下解:

$$\boldsymbol{a}=(K+\lambda\boldsymbol{I}_N)^{-1}\boldsymbol{y} \tag{6.28}$$

再将式(6.23)和式(6.28)代入原线性回归模型,即式(6.19)中,就得到了预测模型的对偶表示:

$$f(\boldsymbol{x},\boldsymbol{w})=\boldsymbol{w}^{\mathrm{T}}\boldsymbol{\phi}(\boldsymbol{x})=\boldsymbol{a}^{\mathrm{T}}\boldsymbol{\Phi}\boldsymbol{\phi}(\boldsymbol{x})=\boldsymbol{k}(\boldsymbol{x})^{\mathrm{T}}(K+\lambda\boldsymbol{I}_N)^{-1}\boldsymbol{y} \tag{6.29}$$

其中,$\boldsymbol{k}(x)=[k(\boldsymbol{x}_1,\boldsymbol{x}),\cdots,k(\boldsymbol{x}_N,\boldsymbol{x})]^{\mathrm{T}}$。

6.3.2 核函数模型

1. 原模型到对偶模型的变化

让我们来比较一下原模型和对偶模型的主要区别。原模型，如式(6.19)所示，是由 M 维的参数 $\boldsymbol{w}$ 和基函数 $\boldsymbol{\phi}(\boldsymbol{x})$ 构成的。一旦利用训练样本集求解出参数 $\boldsymbol{w}$，训练数据就可以被丢弃。此前介绍的逻辑回归模型、感知器、线性判别分析以及神经网络等模型都具有这样的特点，它们都是典型的参数模型。

对偶模型，如式(6.29)所示，与原模型最主要的区别在于参数。原有的 M 维参数 $\boldsymbol{w}$ 被替换为 N 维的参数向量 $\boldsymbol{a}$，其中 N 是训练样本的数量。通常情况下，$M \ll N$，所以对偶模型中的参数维度显著增加。与原模型还有一个区别是，基函数 $\boldsymbol{\phi}(\boldsymbol{x})$ 被替换为两个自变量的核函数，其输入分别为测试样本 $\boldsymbol{x}$ 及训练集中的某个样本 $\boldsymbol{x}_n$：

$$k(\boldsymbol{x}_n, \boldsymbol{x}) = \boldsymbol{\phi}(\boldsymbol{x}_n)^{\mathrm{T}} \boldsymbol{\phi}(\boldsymbol{x}) \tag{6.30}$$

2. 从参数模型到非参数模型

由于模型中的参数 $\boldsymbol{w}$ 和基函数 $\boldsymbol{\phi}(\boldsymbol{x})$ 被替换为参数 $\boldsymbol{a}$ 和核函数 $k(\boldsymbol{x}_n, \boldsymbol{x}_m)$，因此原来的参数模型也随之转变为非参数模型。式(6.29)所描述的非参数模型中虽然包含参数 $\boldsymbol{a}$，但是参数 $\boldsymbol{a}$ 的维度不是固定不变的，而是会随着训练样本数量的增加而增加。

在式(6.29)中，对样本 $\boldsymbol{x}$ 的预测值是根据训练集数据的目标值 $\boldsymbol{y}$ 的线性组合来确定的。这种预测模型的形式与第 3 章的概率密度函数的非参数估计方法以及本章的近邻法等非参数模型均非常相似。

非参数模型的一个重要特点是，在预测新样本的目标值时，需要训练样本参与运算。因此，训练数据必须被保存下来，不能被丢弃，这是非参数模型也被称为记忆模型的原因。需要注意的是，有些非参数模型只需要保存训练数据集的一个子集即可，例如，压缩近邻法和即将介绍的支持向量机。这些方法通过选择性地存储样本子集，可以在保持模型性能的同时减少存储需求。

3. 从基函数到核函数

(1) 核技巧

在上述比较中，非参数模型似乎并没有展现出突出的优势。非参数模型不但用一个更高维数(N 维)的参数替换了原有的低维数(M 维)的参数(通常 $N \gg M$)，而且还需要保存大量的训练样本。那么我们为什么要研究这类模型呢？非参数模型的最大优势是可以利用核技巧。

在参数模型中，除了参数 $\boldsymbol{w}$ 外，最重要的就是基函数 $\boldsymbol{\phi}(\boldsymbol{x})$。基函数实质上就是特征函数。传统机器学习系统的性能很大程度上依赖于手工构造的特征基函数。在第 5 章介绍的神经网络模型中，隐藏层的作用就是自动学习基函数 $\boldsymbol{\phi}(\boldsymbol{x})$。在深度学习中，通过增加隐藏层的层数，可以学习出更加有效的基函数 $\boldsymbol{\phi}(\boldsymbol{x})$。可以说，在参数模型中，基函数 $\boldsymbol{\phi}(\boldsymbol{x})$ 的构建和学习是核心问题之一，这个问题既重要又复杂。

在非参数模型中，基函数 $\boldsymbol{\phi}(\boldsymbol{x})$ 被核函数 $k(\boldsymbol{x}_n, \boldsymbol{x}_m)$ 所取代。因此，我们可以通过替换核函数来改变基函数，从而得到性能差异非常大的模型。在参数模型中，图像识别、音频识别和文字识别中采用的基函数千差万别，各不相同。一般来说，针对不同应用问题需要构建不同的特征基函数。与此不同，在非参数模型中，核函数具有较高的通用性，因此，只要掌握几种有代表性的常用核函数，就可以利用核技巧解决各种不同的应用问题。

(2) 常用的核函数

常用的核函数有 3 种类型。第一种是多项式核函数：

$$k(\boldsymbol{x}_n,\boldsymbol{x}_m)=(\boldsymbol{x}_n^{\mathrm{T}}\boldsymbol{x}_m+1)^q \tag{6.31}$$

第二种是高斯核函数，其对应的基函数有无穷的维度。高斯核函数为

$$k(\boldsymbol{x}_n,\boldsymbol{x}_m)=\exp\left(-\frac{\|x_n-x_m\|^2}{2\sigma^2}\right) \tag{6.32}$$

第三种是 S 形函数：

$$k(\boldsymbol{x}_n,\boldsymbol{x}_m)=\tanh(v(\boldsymbol{x}_n^{\mathrm{T}}\boldsymbol{x}_m)+c) \tag{6.33}$$

其中，$\tanh(x)$是双曲正切函数：

$$\tanh(x)=\frac{\exp(x)-\exp(-x)}{\exp(x)+\exp(-x)} \tag{6.34}$$

此外，还有很多构建新核函数的方法。

(3) 核函数等效的特征空间维度

在非参数模型中，我们可以直接采用核函数进行计算，不用显式地引入特征基函数$\boldsymbol{\phi}(\boldsymbol{x})$，这使得我们可以隐式地使用高维特征空间，甚至无限维特征空间。假设 $\boldsymbol{x}=[x_1,x_2]^{\mathrm{T}}$ 是二维空间中的点，采用如式(6.31)所示，$q=2$ 的多项式核函数，便可以得到对应的非线性特征映射：

$$\begin{aligned}k(\boldsymbol{x},\boldsymbol{z})&=(1+\boldsymbol{x}^{\mathrm{T}}\boldsymbol{z})^2\\&=(1+x_1z_1+x_2z_2)^2\\&=1+2x_1z_1+2x_2z_2+x_1^2z_1^2+2x_1z_1x_2z_2+x_2^2z_2^2\\&=[1,\sqrt{2}x_1,\sqrt{2}x_2,x_1^2,\sqrt{2}x_1x_2,x_2^2][1,\sqrt{2}z_1,\sqrt{2}z_2,z_1^2,\sqrt{2}z_1z_2,z_2^2]^{\mathrm{T}}\\&=\boldsymbol{\phi}(\boldsymbol{x})^{\mathrm{T}}\boldsymbol{\phi}(\boldsymbol{z})\end{aligned} \tag{6.35}$$

对应的特征基函数的形式为

$$\boldsymbol{\phi}(\boldsymbol{x})=[1,\sqrt{2}x_1,\sqrt{2}x_2,x_1^2,\sqrt{2}x_1x_2,x_2^2]^{\mathrm{T}} \tag{6.36}$$

类似的，q 取值越大，式(6.31)核函数对应的基函数$\boldsymbol{\phi}(\boldsymbol{x})$的维度也越高。可以证明式(6.32)的高斯核函数对应于无限维特征空间中的内积。也就是说，使用高斯核函数就等价于采用了无穷维数的特征基函数。需要注意的是，尽管核技巧允许我们隐式地使用高维特征空间，但是样本在这种高维特征空间中并不是“自由”分布的，所以核技巧并不会直接导致维数灾难。

6.4 支持向量机

6.4.1 统计学习理论中的容量控制原理

1. 期望风险最小化准则

统计学习理论(Statistical Learning Theory)以统计学为基础，旨在研究机器学习的基本原理，重点关注学习算法的泛化能力。这一理论为机器学习领域提供了重要的理论支撑。

根据统计学习理论，机器学习问题可以形式化地表示为：已知变量 y 与输入 $\boldsymbol{x}$ 之间存在未知依赖关系，即存在一个未知的联合概率密度函数 $p(\boldsymbol{x},y)$，机器学习的目标是根据由 N 个独

立同分布观测样本构成的训练集$\mathcal{D}=\{(\boldsymbol{x}_1,y_1),\cdots,(\boldsymbol{x}_n,y_n),\cdots,(\boldsymbol{x}_N,y_N)\}$，在假设空间$\mathcal{F}=\{f|f_{\boldsymbol{\theta}}(x)\}$中寻找一个最优的函数 $f_{\boldsymbol{\theta}^*}(x)$，使其具有最小的期望风险，即期望风险最小化准则：

$$R_{\exp}(f_{\boldsymbol{\theta}^*})=\min_{f_\theta\in\mathcal{F}} R_{\exp}(f_{\boldsymbol{\theta}}) \tag{6.37}$$

期望风险 $R_{\exp}(f_{\boldsymbol{\theta}})$定义如下：

$$\begin{aligned} R_{\exp}(f_{\boldsymbol{\theta}}) &= E_p[L(y,f_{\boldsymbol{\theta}}(\boldsymbol{x}))] \\ &= \int L(y,f_{\boldsymbol{\theta}}(\boldsymbol{x}))p(\boldsymbol{x},y)\mathrm{d}\boldsymbol{x}\,\mathrm{d}y \end{aligned} \tag{6.38}$$

其中，$L(y,f_{\boldsymbol{\theta}}(\boldsymbol{x}))$为损失函数，用于计算 $f_{\boldsymbol{\theta}}(\boldsymbol{x})$对 y 进行预测而造成的损失；$R_{\exp}(f_{\boldsymbol{\theta}})$的自变量不是实数，而是函数 $f_{\boldsymbol{\theta}}$，故称作期望风险泛函。

由于联合分布 $p(\boldsymbol{x},y)$未知，因此期望风险 $R_{\exp}(f_{\boldsymbol{\theta}})$不能直接计算得到。

2. 经验风险最小化准则及其存在的问题

(1) 经验风险最小化准则

传统的统计学主要研究渐近理论，即当样本数目趋向于无穷大时的极限特性。模式识别和机器学习的相关研究在很大程度上继承了这种方法，即在对模型性能进行理论分析时，通常采用了渐近分析的思想，并将所得结论应用于有限训练样本条件下的机器学习。例如，在 6.2.1 节中，对近邻法模型错误率的分析方法。在渐近理论指导下，一些研究者自然而然地用式(6.39)的经验风险 $R_{\mathrm{emp}}(f_{\boldsymbol{\theta}})$取代式(6.38)的期望风险：

$$R_{\mathrm{emp}}(f_{\boldsymbol{\theta}}) = \frac{1}{N}\sum_{i=1}^{N}L(y_i,f_{\boldsymbol{\theta}}(\boldsymbol{x}_i)) \tag{6.39}$$

根据大数定律，经验风险 $R_{\mathrm{emp}}(f_{\boldsymbol{\theta}})$可以近似期望风险 $R_{\exp}(f_{\boldsymbol{\theta}})$，并且在训练样本数量趋于无穷大时，经验风险 $R_{\mathrm{emp}}(f_{\boldsymbol{\theta}})$就可以完全取代期望风险 $R_{\exp}(f_{\boldsymbol{\theta}})$。在 20 世纪 90 年代之前，大多数实际应用的机器学习方法都是基于经验风险最小化准则，而不是期望风险最小化准则。

(2) 小样本场景下的机器学习问题

在 20 世纪 70 年代中期，瓦普尼克等就发现经验风险最小化准则不能直接取代期望风险最小化准则。在真实的学习问题中，训练样本集往往是真实数据的一个很小的子集，并且可能包含一定的噪声数据。如果采用经验风险最小化准则，则容易导致模型在训练样本集上错误率很低，但是在未知数据上错误率很高，从而出现过拟合现象。

3. 容量控制准则

(1) 泛化性的界

在统计学习理论中，描述经验风险与期望风险之间关系的结论被称作泛化性的界，它是评估模型性能的重要基础。期望风险常常用泛化误差 $R(\cdot)$来衡量。假设空间$\mathcal{F}=\{f|f_{\boldsymbol{\theta}}(x)\}$的泛化误差上界可以通俗地表示为至少以 $1-\eta$ 的概率满足如下关系：

$$R(f_{\boldsymbol{\theta}})\leqslant R_{\mathrm{emp}}(f_{\boldsymbol{\theta}})+\Phi\left(\frac{h}{N}\right) \tag{6.40}$$

其中，N 为训练样本的数量，h 指假设空间$\mathcal{F}$的 VC 维(Vapnik-Chervonenkis Dimension)。VC 维是一种用于衡量学习机器的容量的概念。一般来说，如果模型能够拟合更多复杂的函数，则其 VC 维也越大，说明假设空间$\mathcal{F}$的容量越大。$\Phi(h/N)$是一个反映置信范围的单调增函数：

$$\Phi\left(\frac{h}{N}\right)=\sqrt{\left(\frac{h(\ln(2N/h)+1)-\ln(\eta/4)}{N}\right)}$$

(2) 期望风险上界分析

式(6.40)表明期望风险的上界由两部分构成:经验风险 $R_{\text{emp}}(f_{\boldsymbol{\theta}})$和置信范围 $\Phi(h/N)$。其中经验风险用于度量模型与训练数据的拟合程度,并且经验风险越小越好。然而,经验风险并不是决定期望风险上界的唯一因素,置信范围的影响也非常关键。置信范围不仅受置信水平 $1-\eta$ 的影响,而且也是模型容量指标 h 的函数。如果训练样本数量较少,模型容量较大,则 h/N 较大,对应的置信范围 $\Phi(h/N)$也较大。这时,即使经验风险 $R_{\text{emp}}(f_{\boldsymbol{\theta}})$比较小,期望风险的上界也仍然很大,模型容易出现过拟合。如果训练样本数量较多,模型容量较小,则 h/N 较小,对应的置信范围 $\Phi(h/N)$也较小。这时,经验风险最小化的最优解接近实际的最优解。

(3) 容量控制准则

式(6.40)指出了一种改善模型泛化性的途径,即容量控制准则:当训练样本数量固定时,为了获得更好的泛化性,我们不但要最小化经验风险,还要通过限制模型的容量 h 来缩小置信范围。我们将其简化为

$$\text{期望风险}=\text{经验风险}+\text{模型容量} \tag{6.41}$$

这也是第1章中提到的改善模型泛化性的学习准则。

6.4.2 硬间隔最大化支持向量机

尽管容量控制准则早已被提出,但直到20世纪90年代支持向量机(Support Vector Machine, SVM)问世,基于容量控制的方法才得到广泛应用。下面,我们将详细介绍在线性可分条件下,二分类问题中支持向量机模型的原理。

1. 二分类问题的线性模型

首先回顾二分类问题的线性模型。考虑训练集$\mathcal{D}=\{(\boldsymbol{x}_1,y_1),\cdots,(\boldsymbol{x}_n,y_n),\cdots,(\boldsymbol{x}_N,y_N)\}$,其中两类样本的目标值分别标记为1和$-1$,则线性判别函数可以表示为

$$f(\boldsymbol{x})=\boldsymbol{w}^{\mathrm{T}}\boldsymbol{\phi}(\boldsymbol{x})+b \tag{6.42}$$

假设在训练集$\mathcal{D}$中不会出现两类样本完全重叠的情况。也就是说,如果$(\boldsymbol{x}_i,y_i),(\boldsymbol{x}_j,y_j)\in\mathcal{D}$且 $\boldsymbol{x}_i=\boldsymbol{x}_j$,那么一定存在 $y_i=y_j$。在这种情况下,无论在原始特征空间中该二分类问题是否是线性可分的,我们总可以找到一个特征空间变换 $\boldsymbol{\phi}(\boldsymbol{x})$,使得训练集$\mathcal{D}$中的样本在新的特征空间中是线性可分的。为了简化问题,我们假设在采用基函数$\boldsymbol{\phi}(\boldsymbol{x})$的情况下,训练集$\mathcal{D}$是线性可分的。这意味着对于式(6.42),存在至少一组参数 $\boldsymbol{w}$ 和 b 的解,能够使得训练集$\mathcal{D}$中的所有样本都满足:

$$y_nf(\boldsymbol{x}_n)=y_n(\boldsymbol{w}^{\mathrm{T}}\boldsymbol{\phi}(\boldsymbol{x}_n)+b)>0 \quad n=1,\cdots,N \tag{6.43}$$

2. 基于间隔最大化的容量控制

通过基函数$\boldsymbol{\phi}(\boldsymbol{x})$可以将线性不可分的问题转变为线性可分问题。然而,这种方法可能会增加模型参数的数量,从而增加过拟合的风险。为了避免过拟合,控制模型的容量变得至关重要。

支持向量机采用间隔最大化准则来实现这一目标。具体来说,式(6.42)的解要满足两个条件:首先,模型必须能够准确分类训练集$\mathcal{D}$中的所有训练样本,即满足式(6.43);其次,模型需要最大化分类间隔(Margin)。分类间隔是指决策边界与最近样本之间的距离,如图6.7所示。由于采用了间隔最大化准则,所以支持向量机也被称为最大间隔分类器。

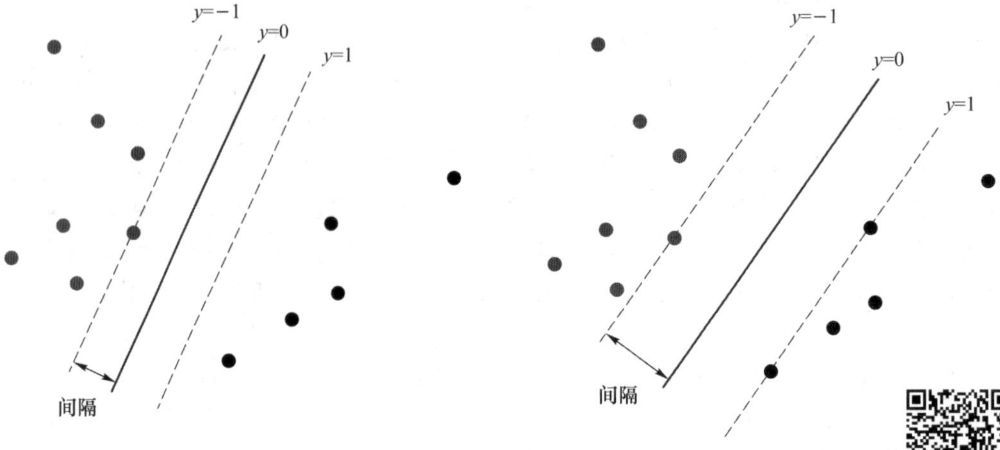

(a) 间隔未最大化　　(b) 间隔已最大化

图 6.7　线性判别函数的分类间隔　　彩图 6.7

3. 最大硬间隔支持向量机的准则函数

我们接下来探讨如何通过间隔最大化准则来构建支持向量机的准则函数。式(6.42)对应的决策面方程为

$$f(\boldsymbol{x})=\boldsymbol{w}^{\mathrm{T}}\boldsymbol{\phi}(\boldsymbol{x})+b=0 \tag{6.44}$$

那么，特征空间中任意一点 $\boldsymbol{x}$ 到决策面的距离为

$$\frac{|f(\boldsymbol{x})|}{\|\boldsymbol{w}\|} \tag{6.45}$$

假设参数 $\boldsymbol{w}$ 和 b 能够正确分类所有训练集 $\mathcal{D}$ 中的训练样本，即满足式(6.43)，因此训练集 $\mathcal{D}$ 中的任意样本 $\boldsymbol{x}_n$ 到决策面的距离为

$$\frac{y_n f(\boldsymbol{x}_n)}{\|\boldsymbol{w}\|}=\frac{y_n(\boldsymbol{w}^{\mathrm{T}}\boldsymbol{\phi}(\boldsymbol{x}_n)+b)}{\|\boldsymbol{w}\|} \tag{6.46}$$

注意，分类间隔就是所有训练样本中到决策面最近样本的距离，即：

$$\min_{(x_n,y_n)\in\mathcal{D}}\left(\frac{y_n(\boldsymbol{w}^{\mathrm{T}}\boldsymbol{\phi}(\boldsymbol{x}_n)+b)}{\|\boldsymbol{w}\|}\right)=\frac{1}{\|\boldsymbol{w}\|}\min_{(x_n,y_n)\in\mathcal{D}}(y_n(\boldsymbol{w}^{\mathrm{T}}\boldsymbol{\phi}(\boldsymbol{x}_n)+b)) \tag{6.47}$$

我们的目标是找到能够最大化这个分类间隔的参数 $\boldsymbol{w}$ 和 b。因此支持向量机的准则函数为

$$\underset{\boldsymbol{w},b}{\operatorname{argmax}}\left(\frac{1}{\|\boldsymbol{w}\|}\min_{(x_n,y_n)\in\mathcal{D}}(y_n(\boldsymbol{w}^{\mathrm{T}}\boldsymbol{\phi}(\boldsymbol{x}_n)+b))\right) \tag{6.48}$$

4. 改进的准则函数

尽管式(6.48)提供了准则函数，但求解非常困难。因此，我们采用一些数学技巧将式(6.48)转换为一个更容易求解的等价问题。

注意到如果对参数 $\boldsymbol{w}$ 和 b 同时扩大 κ 倍，式(6.44)仍然对应于同一个决策面，并且根据式(6.46)可知，任意点 $\boldsymbol{x}_n$ 到决策面的距离也不会改变。利用这个性质，对于距离决策面最近的点，我们设定：

$$y_n(\boldsymbol{w}^{\mathrm{T}}\boldsymbol{\phi}(\boldsymbol{x}_n)+b)=1 \tag{6.49}$$

在这种情况下，所有的样本将满足限制：

$$y_n(\boldsymbol{w}^{\mathrm{T}}\boldsymbol{\phi}(\boldsymbol{x}_n)+b)\geqslant 1\quad(\boldsymbol{x}_n,y_n)\in\mathcal{D} \tag{6.50}$$

这样，式(6.48)的最优化问题就简化为最大化$\|\boldsymbol{w}\|^{-1}$，这等价于最小化$\|\boldsymbol{w}\|^2$。因此，准则函数可以修改为在限制条件，即式(6.50)下的最优化问题：

$$\underset{\boldsymbol{w},b}{\operatorname{argmin}}\frac{1}{2}\|\boldsymbol{w}\|^2 \tag{6.51}$$

$$\text{s.t.}\quad y_n(\boldsymbol{w}^{\mathrm{T}}\boldsymbol{\phi}(\boldsymbol{x}_n)+b)\geqslant 1\quad (\boldsymbol{x}_n,y_n)\in\mathcal{D} \tag{6.52}$$

其中，引入的因子$\frac{1}{2}$是为了后续计算方便。式(6.51)是有约束的二次规划问题，需要我们在一组线性不等式的限制条件下最小化二次函数。

为了求解式(6.51)和式(6.52)的限制最优化问题，对于每对训练样本$(\boldsymbol{x}_n,y_n)$，我们引入拉格朗日乘数$a_n\geqslant 0$。式(6.52)中的每个限制条件都对应着一个乘数a_n。可得下面的拉格朗日函数：

$$L(\boldsymbol{w},b,\boldsymbol{a})=\frac{1}{2}\|\boldsymbol{w}\|^2-\sum_{n=1}^{N}a_n(y_n(\boldsymbol{w}^{\mathrm{T}}\boldsymbol{\phi}(\boldsymbol{x}_n)+b)-1) \tag{6.53}$$

其中，$\boldsymbol{a}=[a_1,\cdots,a_N]^{\mathrm{T}}$。

5. 对偶表示的准则函数

令$L(\boldsymbol{w},b,\boldsymbol{a})$关于$\boldsymbol{w}$和$b$的导数等于零，虽然这不能直接得到$\boldsymbol{w}$和$b$的最终解，但是我们可以得到以下两个条件：

$$\boldsymbol{w}=\sum_{n=1}^{N}a_n y_n\boldsymbol{\phi}(x_n) \tag{6.54}$$

$$\sum_{n=1}^{N}a_n y_n=0 \tag{6.55}$$

利用这两个条件，我们可以消去式(6.53)中的$\boldsymbol{w}$和b，从而得到间隔最大化准则的对偶表示。在这个表示中，优化的变量是$\boldsymbol{a}$，准则函数为

$$L(\boldsymbol{a})=\sum_{n=1}^{N}a_n-\frac{1}{2}\sum_{n=1}^{N}\sum_{m=1}^{N}a_n a_m y_n y_m k(\boldsymbol{x}_n,\boldsymbol{x}_m) \tag{6.56}$$

$$\text{s.t.}\quad a_n\geqslant 0\quad n=1,\cdots,N \tag{6.57}$$

$$\sum_{n=1}^{N}a_n y_n=0 \tag{6.58}$$

这里，核函数被定义为$k(\boldsymbol{x}_n,\boldsymbol{x}_m)=\boldsymbol{\phi}(\boldsymbol{x}_n)^{\mathrm{T}}\boldsymbol{\phi}(\boldsymbol{x}_m)$。

式(6.56)仍然是一个有约束的二次规划问题，需要在不等式限制条件，即式(6.57)，以及等式限制条件，即式(6.58)下最优化一个关于$\boldsymbol{a}$的二次函数。此问题已经被转换为一个可求解的标准优化问题。具体的求解算法将在6.4.3节中简要介绍。

6. 稀疏性说明

支持向量机具有稀疏性的特点。对于式(6.56)形式的约束优化问题，其最优解$\boldsymbol{a}^*=[a_1^*,\cdots,a_N^*]^{\mathrm{T}}$需要满足一组必要条件，即Karush-Kuhn-Tucker(KKT)条件。在这个问题中，KKT条件为$(n=1,\cdots,N)$：

$$a_n^*\geqslant 0 \tag{6.59}$$

$$y_n f(\boldsymbol{x}_n)-1\geqslant 0 \tag{6.60}$$

$$a_n^*(y_n f(\boldsymbol{x}_n)-1)=0 \tag{6.61}$$

在对偶表示中，对于每个训练数据点$\boldsymbol{x}_n$，都有一个对应的参数a_n^*。根据式(6.61)，或者$a_n^*=0$，或者$y_n f(\boldsymbol{x}_n)=1$。如果$y_n f(\boldsymbol{x}_n)=1$，则说明$\boldsymbol{x}_n$是距离决策面最近的样本(最近样本不

一定是唯一的)，并且其对应的参数 a_n^* 可以是非 0 的，因此能够对分类器的决策产生支持作用。这类样本也被称为支持向量。如果 $y_n f(\boldsymbol{x}_n)\geqslant 1$，则说明 $\boldsymbol{x}_n$ 不是距离决策面最近的样本，其对应的参数 $a_n^*=0$，因此对分类器的决策没有影响。由于最优解中很多样本对应的参数都为 0，且采用了对偶表示的核函数，因此支持向量机也被称为稀疏核机器(Sparse Kernel Machine)。

7. 预测函数

假设 $\boldsymbol{a}^*=[a_1^*,\cdots,a_N^*]^{\mathrm{T}}$ 是优化问题，即式(6.56)的解，可以使用对偶表示对新的样本数据进行分类。首先，通过式(6.54)得到：

$$\boldsymbol{w}^*=\sum_{n=1}^{N}a_n^* y_n\boldsymbol{\phi}(\boldsymbol{x}_n) \tag{6.62}$$

然后，可以用任意一个支持向量 $\boldsymbol{x}_n$，并根据 $y_n f(\boldsymbol{x}_n)=1$ 求解出参数 b^*。为了得到一个更稳定的解，可以对所有支持向量计算平均值：

$$b^*=\frac{1}{N_{\mathcal{S}}}\sum_{x_n\in\mathcal{S}}\Big(y_n-\sum_{x_m\in\mathcal{D}}a_m^* y_m k(\boldsymbol{x}_n,\boldsymbol{x}_m)\Big) \tag{6.63}$$

其中，$\mathcal{S}$表示所有支持向量的集合，$N_{\mathcal{S}}$表示支持向量的总数。

将 $\boldsymbol{w}^*$ 和 b^* 代入式(6.42)的线性模型中，得到预测模型：

$$f(\boldsymbol{x})=\sum_{n=1}^{N}a_n^* y_n k(\boldsymbol{x},\boldsymbol{x}_n)+b^* \tag{6.64}$$

观察支持向量机的预测模型，即式(6.64)。其中核函数 $k(\boldsymbol{x},\boldsymbol{x}_n)$表示内积，可以用于计算测试样本 $\boldsymbol{x}$ 与训练样本 $\boldsymbol{x}_n$ 的相似度。如果某个训练样本 $\boldsymbol{x}_n$ 与测试样本 $\boldsymbol{x}$ 越相似，则该样本的目标值 y_n 对预测值的影响也越大。此外，还有一个要考虑的因素是样本本身的重要程度 a_n^*。$a_n^*\neq 0$ 的样本就是支持向量机模型中的支持向量，也可以看成模型选择出来的原型样本。

6.4.3 软间隔最大化支持向量机

1. 硬间隔最大化存在的问题

在前面的支持向量机模型中，我们加入了非常强的假设，即训练样本在特征空间中是线性可分的，并且在式(6.52)中约束所有训练样本到分类边界的距离都要大于或等于 1。这种准则意味着模型不允许任何分类错误，因此这类模型也被称作硬间隔最大化支持向量机。

然而，在真实情况中，我们经常遇到线性不可分的情况，例如，不同类别的样本在特征空间中相互重叠。在这种情况下，硬间隔最大化的方法可能导致模型的泛化能力下降。为了解决这一问题，我们引入了软间隔最大化支持向量机，它允许模型中存在一定比例的错误分类训练样本。

2. 软间隔最大化的准则函数

我们可以对每个样本 x_n 引入一个松弛变量 $\xi_n\geqslant 0$，从而将式(6.52)转换为

$$y_n f(\boldsymbol{x}_n)\geqslant 1-\xi_n \quad n=1,\cdots,N \tag{6.65}$$

松弛变量 ξ_n 实质上代表了模型对于分类错误的容忍度。如图 6.8 所示，对于满足式(6.52)的样本，即 $y_n f(\boldsymbol{x}_n)\geqslant 1$，其松弛变量 $\xi_n=0$。对于那些无法完全满足式(6.52)，但仍然可以被正确分类的样本，即 $y_n f(\boldsymbol{x}_n)\geqslant 0$，其松弛变量 $0<\xi_n\leqslant 1$。而对于被错误分类的样本，即 $y_n f(x_n)<0$，其松弛变量 $\xi_n>1$。

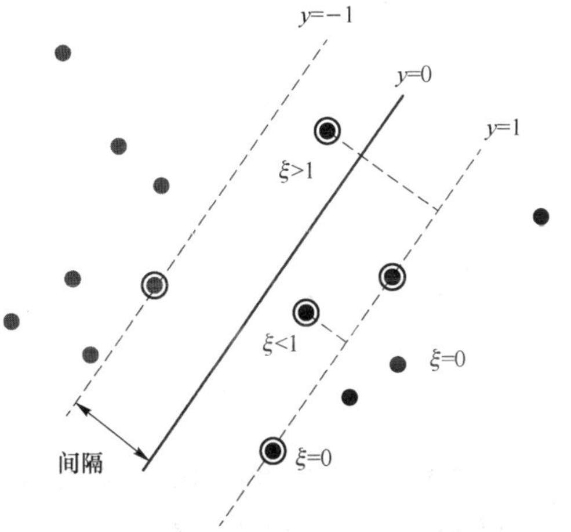

彩图 6.8

图 6.8 松弛变量的说明(圆圈标记的样本点是支持向量)

我们的目标是使所有训练样本的松弛变量之和尽可能小,同时最大化分类间隔。为了平衡这两个目标,我们引入了参数 $C(C>0)$,它控制着松弛变量的约束强度与最大化分类间隔这两个目标之间的平衡。更新后的准则函数为

$$\min_{\boldsymbol{w},b,\xi} C\sum_{n=1}^{N}\xi_n + \frac{1}{2}\|\boldsymbol{w}\|^2 \tag{6.66}$$

$$\text{s.t.}\quad y_n f(\boldsymbol{x}_n) \geqslant 1-\xi_n \quad n=1,\cdots,N \tag{6.67}$$

$$\xi_n \geqslant 0 \quad n=1,\cdots,N \tag{6.68}$$

3. 对偶模型的准则函数

对于式(6.66)所描述的优化问题,其对应的拉格朗日函数如下:

$$L(\boldsymbol{w},b,\boldsymbol{a}) = \frac{1}{2}\|\boldsymbol{w}\|^2 + C\sum_{n=1}^{N}\xi_n - \sum_{n=1}^{N}a_n(y_n(\boldsymbol{w}^{\mathrm{T}}\boldsymbol{\phi}(\boldsymbol{x}_n)+b)-1+\xi_n) - \sum_{n=1}^{N}\mu_n\xi_n \tag{6.69}$$

其中,拉格朗日乘子 a_n 和 μ_n 必须满足非负条件,即 $a_n \geqslant 0$ 和 $\mu_n \geqslant 0$。

为了获得式(6.66)的对偶表示,分别对 $\boldsymbol{w},b,\boldsymbol{\xi}=[\xi_1,\cdots,\xi_N]^{\mathrm{T}}$ 求偏导数,并得到如下等式:

$$\frac{\partial L}{\partial \boldsymbol{w}} = 0 \Rightarrow \boldsymbol{w} = \sum_{n=1}^{N}a_n y_n \boldsymbol{\phi}(\boldsymbol{x}_n) \tag{6.70}$$

$$\frac{\partial L}{\partial b} = 0 \Rightarrow \sum_{n=1}^{N}a_n y_n = 0 \tag{6.71}$$

$$\frac{\partial L}{\partial \xi_n} = 0 \Rightarrow a_n = C-\mu_n \tag{6.72}$$

将式(6.70)代入式(6.66),消去 $\boldsymbol{w},b$ 和 $\boldsymbol{\xi}$,得到对偶问题的准则函数:

$$L(\boldsymbol{a}) = \sum_{n=1}^{N}a_n - \frac{1}{2}\sum_{n=1}^{N}\sum_{m=1}^{N}a_n a_m y_n y_m k(\boldsymbol{x}_n,\boldsymbol{x}_m) \tag{6.73}$$

$$\text{s.t.}\quad \sum_{n=1}^{N}a_n y_n = 0 \tag{6.74}$$

$$0 \leqslant a_n \leqslant C \quad n=1,\cdots,N \tag{6.75}$$

式(6.73)与式(6.56)的准则函数基本相同,它仍然是一个二次规划问题。式(6.73)的约束条件有所变化,并且由于式(6.75)将参数 $\boldsymbol{a}$ 限制在边长为 C 的超立方体盒子内,因此式(6.75)被称为盒限制。支持向量机的求解方法众多,其中一种具有代表性的方法被称为顺序最小优化(Sequential

Minimal Optimization, SMO)。感兴趣的读者可以进一步查阅相关资料。

4. 稀疏性说明

接下来根据 KKT 条件分析软间隔最大化支持向量机的稀疏性。对于式(6.66)所表示的原问题,其最优解需要满足的 KKT 条件为($n=1,\cdots,N$):

$$a_n^* \geqslant 0 \tag{6.76}$$

$$y_n f(\boldsymbol{x}_n) - 1 + \xi_n \geqslant 0 \tag{6.77}$$

$$a_n^* (y_n f(\boldsymbol{x}_n) - 1 + \xi_n) = 0 \tag{6.78}$$

$$\mu_n \geqslant 0 \tag{6.79}$$

$$\xi_n \geqslant 0 \tag{6.80}$$

$$\mu_n \xi_n = 0 \tag{6.81}$$

根据式(6.78),对于到分类面距离大于 1 的训练样本,其对应的 $a_n^*=0$,这些训练样本对于预测模型没有作用。剩余的训练样本组成了支持向量,其对应的 $a_n^* \geqslant 0$,并且 $y_n f(\boldsymbol{x}_n)-1+\xi_n=0$。如果 $a_n^*<C$,那么式(6.72)表明 $\mu_n>0$,根据式(6.81),要求 $\xi_n=0$,因此该样本属于最小距离样本,它位于分类间隔线上,距离分类平面的距离为 1。$a_n=C$ 的样本位于分类间隔线的内部,并且如果 $\xi_n \leqslant 1$ 则被正确分类,如果 $\xi_n>1$ 则被错误分类。

5. 预测函数

假设 $\boldsymbol{a}^*=[a_1^*,\cdots,a_N^*]^{\mathrm{T}}$ 是优化问题式(6.73)的解,分类间隔线可以使用对偶表示模型对新的样本进行分类。首先通过式(6.70)计算出 $\boldsymbol{w}^*$:

$$\boldsymbol{w}^* = \sum_{n=1}^{N} a_n^* y_n \boldsymbol{\phi}(\boldsymbol{x}_n) \tag{6.82}$$

对于满足 $0<a_n<C$ 的支持向量训练样本,其对应的 $\xi_n=0$,即 $y_n f(\boldsymbol{x}_n)=1$,因此:

$$y_n \Big(\sum_{\boldsymbol{x}_m \in \mathcal{S}} a_m^* y_m k(\boldsymbol{x}_n, \boldsymbol{x}_m) + b^* \Big) = 1 \tag{6.83}$$

与之前一样,为了得到数值计算更稳定的解,可以通过求平均的方式来计算 b^*:

$$b^* = \frac{1}{N_{\mathcal{M}}} \sum_{\boldsymbol{x}_n \in \mathcal{M}} \Big(y_n - \sum_{m \in \mathcal{S}} a_m y_m k(\boldsymbol{x}_n, \boldsymbol{x}_m) \Big) \tag{6.84}$$

其中,$\mathcal{M}$表示满足 $0<a_n<C$ 的支持向量集合。将 $\boldsymbol{w}^*$ 和 b^* 代入式(6.42)表示的模型中,得到预测模型:

$$f(\boldsymbol{x}) = \sum_{n=1}^{N} a_n^* y_n k(\boldsymbol{x}, \boldsymbol{x}_n) + b^* \tag{6.85}$$

6.4.4 支持向量机与其他线性模型的对比分析

我们将从模型形式、准则函数和求解算法 3 个方面对比支持向量机与其他线性模型的区别。

1. 模型形式对比

支持向量机的原模型是一个线性模型,即:

$$f(\boldsymbol{x}) = \boldsymbol{w}^{\mathrm{T}} \boldsymbol{\phi}(\boldsymbol{x}) + b$$

采用对偶表示之后,支持向量机的模型为

$$f(\boldsymbol{x}) = \sum_{n=1}^{N} a_n y_n k(\boldsymbol{x}, \boldsymbol{x}_n) + b$$

通过对偶表示，支持向量机成为一个非参数模型。与原模型相比，对偶模型中存在两个主要的转换。首先是参数的替换，即从参数 $\boldsymbol{w}$ 转换为参数 $\boldsymbol{a}$。在原模型中，如果基函数 $\boldsymbol{\phi}(\boldsymbol{x})$ 是 M 维，则参数 $\boldsymbol{w}$ 也是 M 维。在对偶模型中，参数 $\boldsymbol{a}$ 的维度与训练样本的个数一样，是 N 维的，通常 $N \gg M$。

其次是从基函数 $\boldsymbol{\phi}(\boldsymbol{x})$ 到核函数 $k(\boldsymbol{x},\boldsymbol{x}')$ 的转换。在参数模型中，对于不同的学习任务，需要找到最合适的特征基函数 $\boldsymbol{\phi}(\boldsymbol{x})$，并且不同问题的特征函数差异巨大。例如，人脸识别与文字识别需要的特征函数完全不同，甚至汉字识别与英文字母识别需要的特征函数也不一样。传统的机器学习需要采用特征工程等人工方式对不同问题构建不同的特征函数。浅层神经网络实现了一定程度的特征基函数自动学习，但直到深度学习方法的兴起，才实现了更进一步的基函数自动学习。非参数模型中，特征基函数 $\boldsymbol{\phi}(\boldsymbol{x})$ 被替换为核函数 $k(\boldsymbol{x},\boldsymbol{x}')$。很多看起来完全不同的基函数，其转换后得到的核函数却常常很类似。或者说，核函数比基函数更通用。事实上，在支持向量机框架下，我们通常只要用一些常用的核函数进行替换，就能得到性能不同的模型，而不需要针对不同的任务构建专用的核函数。核技巧就是支持向量机的优势之一。

2. 准则函数对比

(1) 硬间隔最大化支持向量机的准则函数

对于硬间隔最大化支持向量机，由于要求对所有训练样本必须正确分类，因此等价于采用了错分损失函数为 ∞ 的误差函数。同时根据式(6.51)可知，最大间隔约束条件就等价于 L_2 正则化项。因此，硬间隔最大化支持向量机的准则函数可以等价为

$$\sum_{n=1}^{N} E_{\infty}(y_n f(\boldsymbol{x}_n) - 1) + \lambda \|\boldsymbol{w}\|^2 \tag{6.86}$$

其中，$E_{\infty}(z)$ 是一个函数，当 $z \geqslant 0$ 时，函数值为零，其他情况下函数值为 ∞。这就确保了限制条件，即式(6.52)成立。

(2) 软间隔最大化支持向量机的准则函数

对于软间隔最大化的支持向量机，我们同样可以用经验误差函数加正则化项的方式来表示其准则函数：

$$\sum_{n=1}^{N} E_{\mathrm{SV}}(y_n f(\boldsymbol{x}_n)) + \lambda \|\boldsymbol{w}\|^2 \tag{6.87}$$

其中，$\lambda = (2C)^{-1}$，$E_{\mathrm{SV}}(\cdot)$ 是合页误差函数(Hinge Loss Function)，定义为

$$E_{\mathrm{SV}}(y_n f(\boldsymbol{x}_n)) = [1 - y_n f(\boldsymbol{x}_n)]_+ \tag{6.88}$$

其中，$[\cdot]_+$ 表示正数部分。这个函数之所以被称为“合页”误差函数，是因为它的形状，如图6.9所示。支持向量机产生稀疏解的关键在于 $E_{\mathrm{SV}}(\cdot)$ 在大于1时出现的平台区域。另外，由于采用了正则化项来限制模型容量，因此，支持向量机也避免了采用高维空间下的核函数时容易面临的过拟合问题。

(3) 逻辑回归模型的准则函数

同样是面向分类问题，引入 L_2 正则化项的逻辑回归模型的准则函数为

$$\sum_{n=1}^{N} E_{\mathrm{LR}}(y_n f(\boldsymbol{x}_n)) + \lambda \|\boldsymbol{w}\|^2 \tag{6.89}$$

其中

$$E_{\mathrm{LR}}(y_n f(\boldsymbol{x}_n)) = \ln(1 + \exp(-y_n f(\boldsymbol{x}_n))) \tag{6.90}$$

图 6.9 对比了不同线性模型的准则函数，包括 0-1 误差函数、合页误差函数、逻辑回归误差函数、平方误差函数等。

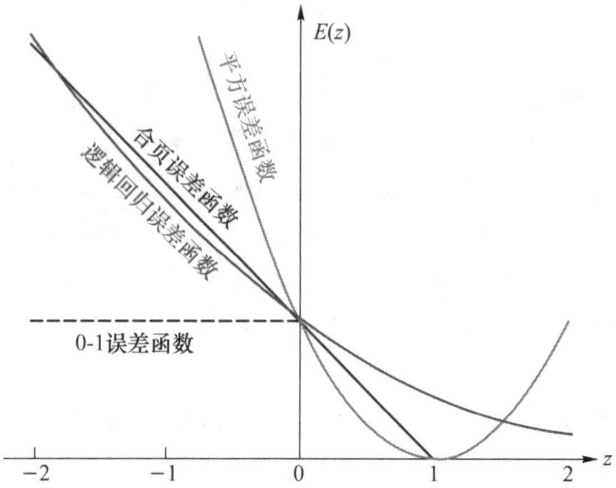

彩图 6.9

图 6.9　不同线性模型准则函数的对比

3. 求解算法对比

从优化算法角度看，无论是硬间隔最大化支持向量机的式(6.56)，还是软间隔最大化支持向量机的式(6.73)，二者均属于凸二次规划问题，其求解方法比较接近。相比之下，其他线性分类模型，如线性判别分析、感知器和逻辑回归模型的求解方法差别较大。

4. 支持向量机的理论价值

支持向量机是一种重要的机器学习模型，其理论价值至少体现在以下 3 个方面。在模型形式上，支持向量机利用对偶表示引入了核函数，可以将输入数据映射到高维特征空间，实现非线性分类。在准则函数上，一方面采用了合页误差函数，在对偶表示的模型中可以获得稀疏解。相比于经典的非参数模型需要存储所有训练样本，支持向量机只需要保存作为支持向量的训练样本即可。另一方面，支持向量机通过最大间隔约束条件来控制分类器的容量，从而得到 L_2 正则化项。正是在支持向量机出现之后，正则化项得到了更多的重视，并且已经成为准则函数中的重要内容。

6.5 本章小结

本章介绍了机器学习方法中的非参数模型，重点介绍了两种最具代表性的非参数模型，即近邻法模型和支持向量机。

与参数模型不同，非参数模型不对数据的分布做出具体假设，也无须预先确定模型的结构。非参数模型根据实例数据之间的相似性进行分类或预测。因此，非参数模型通常具有较高的灵活性和适应性，能够适应各种不同的数据分布和复杂性。

一些非参数模型无须训练过程，可以直接利用训练样本对新输入进行预测，如近邻法；另一些非参数模型需要训练过程，以获得度量相似度的函数或学习具有代表性的原型样本，如支持向量机。

非参数模型可能包含参数，但这些参数的数量不是固定的，通常会随着训练数据的增加而增加。训练完成后需要保留训练样本,因此非参数模型需要存储大量训练数据,也被称为记忆模型。

思 考 题

6-1 请简述近邻法模型的原理与方法。

6-2 请分析参数模型中的特征变换与非参数模型中的相似度函数之间的联系。

6-3 如何将参数模型转换为非参数模型?

6-4 请分析支持向量机的稀疏性与准则函数之间的关系。

6-5 支持向量机如何通过准则函数缓解过拟合问题?

6-6 核函数是如何被引入支持向量机模型中的?

第 7 章

非监督学习与聚类

7.1 介　　绍

第 7 章课件

1. 传统监督学习的局限性

在第 4～6 章,我们以监督学习为核心介绍了机器学习方法。首先,传统监督学习建立在封闭世界假设(Closed World Assumption)基础之上。这意味着分类问题中的类别体系必须是已知的、完整的和静态的,不能随时间或环境的变化而改变。只有满足这些条件,我们才能标注训练数据集并训练出针对该类别体系的分类模型。然而,现实中的问题往往处于开放世界(Open World),类别体系经常是未知的、不完整的且不断变化的。例如,新冠病毒时时刻刻都在不断变异,旧的病毒有可能突然消失或发生改变,新的病毒也有可能突然暴发出来,见图 7.1。这种真实分类问题对传统机器学习带来了新的挑战。

其次,传统监督学习的学习过程与目标任务紧密相关,这难以适应新的需求。统计机器学习的初衷是解决模式识别问题,因此传统机器学习特别关注分类和回归任务。然而,随着技术的不断进步,机器学习面临着新的需求,如 AIGC、AI for Science 和具身智能等。对于这些新应用,学习过程中甚至可能不清楚下游的目标任务是什么。为了解决这一问题,新的学习范式是将学习过程分解为不需要人工标注数据的预训练阶段,以及面向下游任务的微调或提示学习。

最后,传统监督学习依赖于训练数据的完备性和准确性。为了确保良好的泛化能力,训练数据必须涵盖各种可能的输入及其相应的目标标签,并且这些标签必须是准确无误的。然而,收集和标记大规模训练数据集是一项耗时且费力的任务,而且类别体系的动态变化可能导致这种繁重工作无法一劳永逸。值得注意的是,我们发展人工智能技术的目的之一是节省人力资源。而且,有些任务是无法通过人工标注来完成的。例如,特征表示在分类和回归任务中至关重要,但传统监督学习方法很难自动学习出有效的特征表示方法。

综上所述,传统监督学习的任务范式显然并不能满足更复杂的智能任务的要求,我们仍需要研究其他形式的学习问题。本书的最后两章将介绍非监督学习。

2. 非监督学习的基本原理

在第 1 章中提到,当前的机器学习主要采用基于实例数据的归纳推理,其知识来源于数据。监督学习需要大量与任务相关且经过人工标注的数据样本集,因此监督学习的知识来源于监督数据集。非监督学习是一种从未标记数据中学习的机器学习问题。那么,非监督学习的知识来源是什么呢?

彩图 7.1

非监督学习的基本原理在于从未标记数据中发现数据的内在结构和模式,而无须预先提供标签或目标输出。它与监督学习的主要区别在于,监督学习使用带有标签的数据进行训练,以学习输入与输出之间的映射关系,而非监督学习则通过自组织和特征提取来学习数据的潜在结构。非监督学习的基本方法是对给定数据进行某种“压缩”,从而找到数据的潜在结构,并且假定损失最小的压缩得到的结果最能反映数据的本质结构。

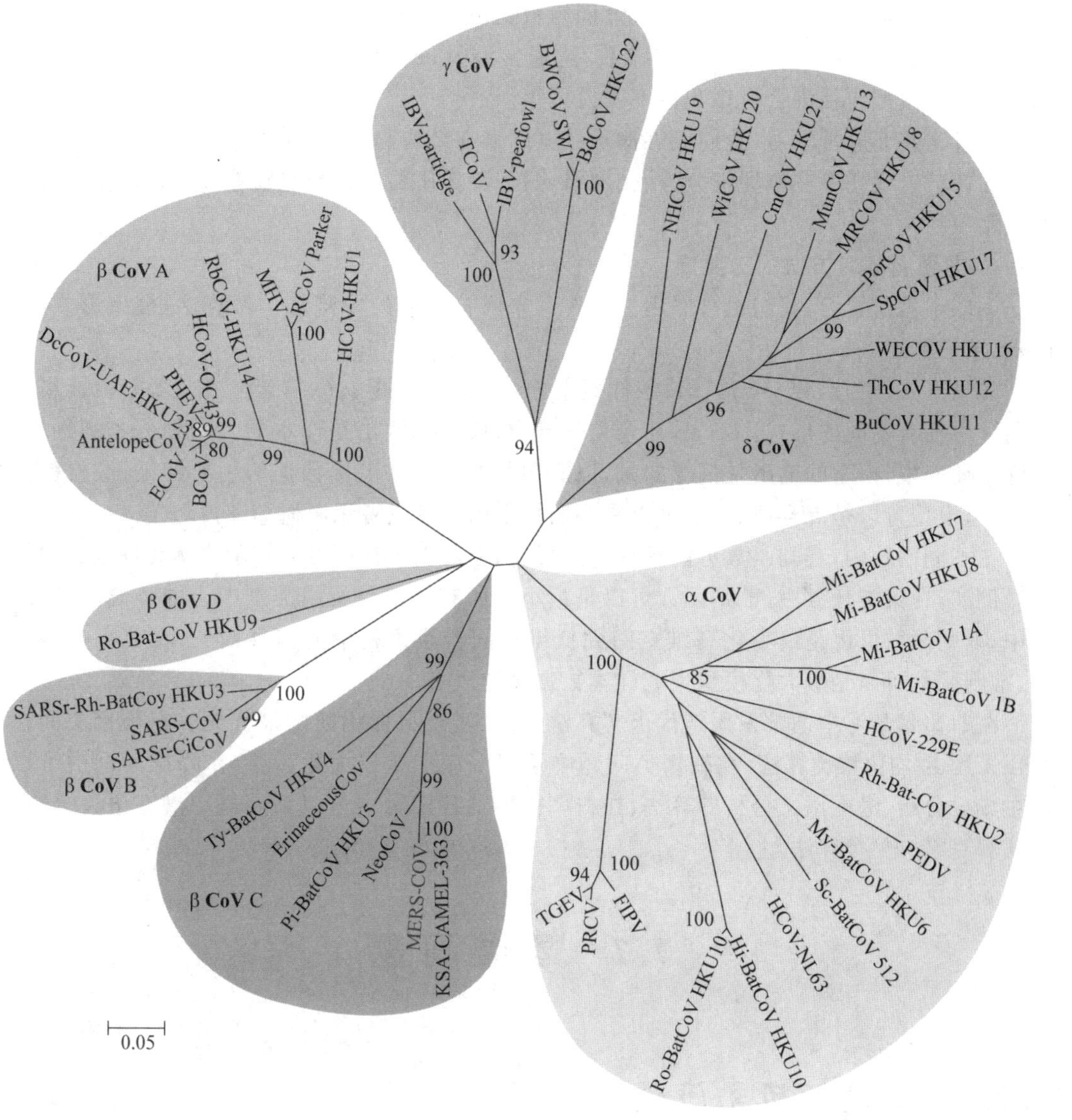

图 7.1 不断变异的新冠病毒

3. 非监督学习的主要任务

传统的非监督学习涵盖了一系列任务,其中聚类(Clustering)、降维(Dimensionality Reduction)和概率模型估计(Probability Model Estimation)是最为关键的 3 个任务。

聚类任务旨在将数据集中相似的样本归入同一类别,并将不相似的样本分配到不同类别。

在这个过程中，样本通常被表示为欧氏空间中的向量，而类别划分则是通过算法从数据中自动发现的，类别的数量可能需要预先指定。样本间的相似度或距离度量是聚类分析的核心，且这些度量标准一般根据具体任务的需求而定。聚类方法分为硬聚类(Hard Clustering)和软聚类(Soft Clustering)两种：硬聚类中，每个样本仅属于一个类别；软聚类则允许样本以概率形式属于多个类别，提供了更为灵活的类别归属表示。

降维任务的目标是将高维空间中的样本数据映射到低维空间，以便更好地展现样本间的内在结构和关系。理想情况下，低维空间的维度应当自动从数据中确定，而非人为预设。降维过程中的关键挑战在于如何在降低数据复杂性的同时，最大限度地保留数据中的关键信息。

概率模型估计，简称概率估计，假设训练数据由某个概率模型生成的，学习目标是找到最有可能生成观测数据的模型结构和参数，这通常涉及最大化数据的似然函数或后验概率等。常见的概率模型包括混合模型和概率图模型等。

通过这些非监督学习，我们能够揭示数据的潜在结构和模式，为进一步的数据分析和决策提供支持。这些任务在市场细分、社交网络分析、图像压缩和语音识别等多个领域都有着广泛的应用。

4. 非监督学习方法的三要素

类似于监督学习，我们也可以用 3 个要素来区分不同的非监督学习算法：模型形式、准则函数、求解算法。

模型形式即为函数 $\boldsymbol{y}=f_{\boldsymbol{\theta}}(\boldsymbol{x})$、条件概率分布 $p_{\boldsymbol{\theta}}(\boldsymbol{y}|\boldsymbol{x})$ 或 $p_{\boldsymbol{\theta}}(\boldsymbol{x}|\boldsymbol{y})$ 等，在聚类、降维、概率模型估计中拥有不同的形式。例如，在聚类任务中，模型的输出是样本的类别划分和类别标签；在降维任务中，模型的输出是低维向量，以简化数据表示并突出数据的主要特征；在概率模型估计中，模型可以是混合模型，也可以是有向概率图模型或者无向概率图模型等。

在不同问题中，准则函数可能具有不同形式，但准则函数都可以表示为优化问题的目标函数。例如，在聚类任务中，准则函数可以是最小化所有样本与所属类别中心的距离；在降维任务中，准则函数可以是最小化高维空间到低维空间转换过程中的信息损失；在概率模型估计中，准则函数可以是最大化模型生成样本数据集的概率。

在非监督学习中通常采用迭代求解算法，以此实现目标函数的最优化。在硬聚类问题中可以采用 K 均值聚类算法，在软聚类问题中可以采用期望最大化算法，在降维问题中可以采用主成分分析、潜在语义分析等算法，在概率模型估计问题中可以采用概率潜在语义分析、潜在狄利克雷分配等算法。

7.2 聚类问题

7.2.1 聚类的研究问题

在传统的模式识别领域，训练分类器通常依赖于人工提供的完整类别体系和标注的训练样本数据集。然而，面对尚未建立类别体系且仅有未标记样本的情况，我们应该如何训练分类器呢？图 7.2 通过人工的方式生成了一些“外星生物体”。为了对这些生物进行分类，我们首先需要建立一个类别体系，然后利用这些实例样本来训练分类器。

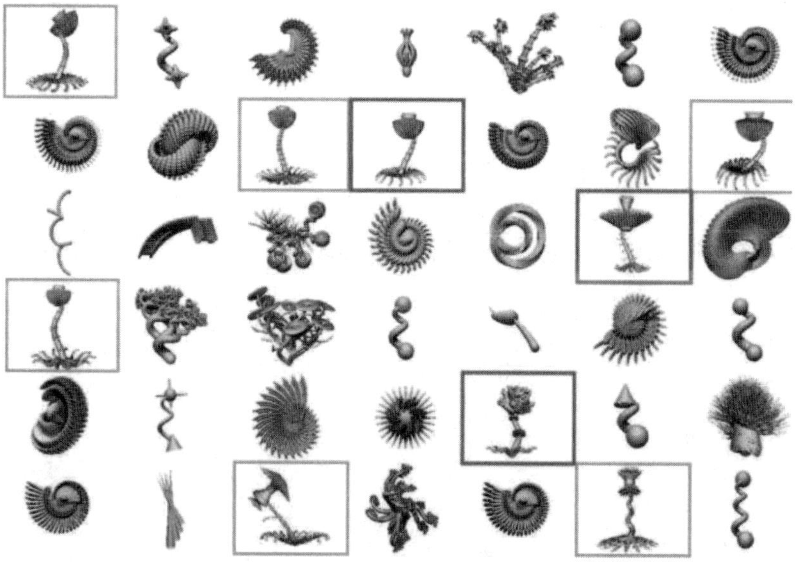

彩图 7.2

图 7.2 外星生物体的分类问题[①]

1. 聚类的定义

聚类是一种非监督学习任务，即根据无类别标记数据集中的样本的相似性将它们划分为不同的组或簇，使得同一组内的样本相似度较高，不同组之间的相似度较低。聚类的目标是发现数据集中的内在结构，并形成类别划分。

从模型角度来看，聚类问题包含两种待估计的参数。一种参数用于描述每个聚类(簇)相关的信息，例如，用类中心参数 $\boldsymbol{\mu}_k$ 表示第 k 个聚类，或者用正态分布 $\mathcal{N}(\boldsymbol{\mu}_k,\boldsymbol{\Sigma}_k)$来表示第 k 个聚类。另一种参数用于表示每个样本与不同聚类之间的关系，例如，用 r_{nk} 表示第 n 个样本与第 k 个聚类的关联，而第 n 个样本的类别指派参数可以表示为向量$[r_{n1},r_{n2},\cdots,r_{nK}]^{\mathrm{T}}$，并满足：

$$\sum_{k=1}^{K} r_{nk}=1 \tag{7.1}$$

在硬聚类中，每个样本只能属于一个类别，这时 $r_{nk}\in\{0,1\}$。若样本 $\boldsymbol{x}_n$ 被分配到聚类 k，则 $r_{nk}=1$，且对于 $j\neq k$，有 $r_{nj}=0$(独热编码)。而在软聚类中，一个样本可以属于多个类别，相应的 $r_{nk}\in[0,1]$。这时的 r_{nk} 可以解释为样本 x_n 属于第 k 个聚类的后验概率。

2. 集合论中的划分和等价关系

机器学习中的“聚类”任务与集合论中的“划分”概念存在相似之处，主要体现在两者都涉及将元素分组到不同的集合中。研究集合论中关于“划分”的定义和性质，有助于我们更深刻地理解聚类任务的本质。

在集合论中，给定非空集合 S 和非空集合 $A=\{A_1,A_2,\cdots,A_m\}$。对于任何 i,j，如果同时满足以下 3 个条件，则称集合 A 是集合 S 的划分(Partitioning)：

$$\begin{gathered}\text{若 } A_i\in A,\quad \text{则 } A_i\neq\varnothing\\ \bigcup_{i=1}^{m} A_i=S\\ \text{若 } A_i\neq A_j,\quad \text{则 } A_i\cap A_j=\varnothing\end{gathered} \tag{7.2}$$

① How to grow a mind: statistics, structure, and abstraction. DOI:10.1126/science.1192788.

例 7-1 模 3 等价类。设集合 $S=\{1,2,\cdots,8\}$，如果按照模 3 余数(即除以 3 的余数)的不同来对 S 进行划分，则可以得到集合 $A=\{A_1=\{1,4,7\},A_2=\{2,5,8\},A_3=\{3,6\}\}$，如图 7.3 所示。容易发现，$A_1$ 中的元素具有相同的属性，即模 3 余数均相等且等于 1。同样，A_2 和 A_3 中的元素也分别具有相同的模 3 余数。对于任意两个自然数 x 和 y，如果 x 除以 3 的余数与 y 除以 3 的余数相等，那么我们称 x 与 y 模 3 相等，记为 $x\equiv y(\text{mod } 3)$。模 3 相等是两个元素之间的二元关系，且满足以下 3 个特性：

① 自反性：每个元素都模 3 相等于它本身，即 $x\equiv x(\text{mod } 3)$。

② 对称性：如果 $x\equiv y(\text{mod } 3)$，则 $y\equiv x(\text{mod } 3)$。

③ 可传递性：如果 $x\equiv y(\text{mod } 3)$且 $y\equiv z(\text{mod } 3)$，则 $x\equiv z(\text{mod } 3)$。

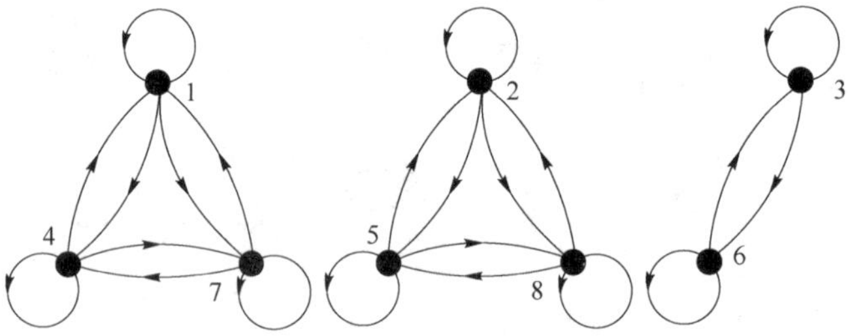

图 7.3 按照模 3 余数划分的结果

集合论中，具有自反性、对称性和可传递性的二元关系被称为等价关系(Equivalence Relation)，它是一种广义的相等关系。模 3 相等正是这样一种等价关系。按照模 3 相等关系对集合 S 进行划分，就得到了如图 7.3 所示的关系图。该图被分为 3 个互不相连通的子图。每个子图中的任意两个顶点均具有模 3 相等关系，因此它们之间存在双向边，而每个子图则形成了一个完全有向图。不同子图中的任意两个顶点间均不具有模 3 相等关系，因此不存在有向边。每个子图中的所有的顶点构成一个等价类，即集合 S 关于模 3 相等关系的一种划分结果。

与模 3 相等相同，所有的等价关系都能诱导出一种特定的划分结果。反之，不同的划分结果也能诱导出不同的等价关系。因此，集合的不同划分与不同的等价关系之间存在一一对应关系。

3. 聚类与划分的差异

在探讨机器学习中的"聚类"任务与集合论中的"划分"时，我们需认识到它们之间存在一些关键差异。首先，集合论中的"划分"是一个更为抽象和基础的概念，而"聚类"任务则是机器学习中一个更具体、更实际的问题。其次，集合论中的"划分"是基于元素之间的等价关系或共同属性来进行的，而在"聚类"任务中，样本通常用多维特征来表示，聚类算法基于样本之间的相似度或距离来进行划分。最后，集合论中的"划分"通常只考虑确定性的结果，而"聚类"任务常常涉及各种不确定性，并且算法的选择、参数设置和数据集的特性等因素都可能导致不同的聚类结果。尽管存在这些差异，集合论对于我们深入理解聚类仍然具有极大的帮助。

7.2.2 类别与概念

在机器学习领域，无论是有监督学习中的分类任务，还是非监督学习中的聚类任务，"类别"都处于核心位置。那么，为什么"类别"在机器学习中如此重要呢？为了深入理解这一点，我们将引入概念格(Concept Lattice)理论，该理论将类别与概念紧密联系起来，而概念在人类认知世界中扮演着至关重要的角色。

在概念格理论中，偏序集中的每个序偶元素＜A_i，B_i＞都是一个概念，其中 A_i 是由集合 B_i 中所有实例的共同属性所构成的集合，称为概念的内涵，而 B_i 是由具备集合 A_i 中所有属性的实例构成的集合，称为概念的外延。通过这种方式，概念格理论为我们提供了一种将类别与概念联系起来的框架，有助于我们更好地理解和分析机器学习中的类别问题。

例 7-2 动物集合与属性集合构成的概念格。以动物集合与属性集合为例，对象集合 $G=$｛麻雀、野鸭、天鹅、马、牛、狗、虎｝，属性集合 $M=$｛两条腿、有羽毛、擅游泳、四条腿、有毛发、食草、食肉｝。表 7.1 列出了一种 G 与 M 之间的二元关系。根据表 7.1，我们可以得到表 7.2 中的序偶元素，并对其进行了命名。在表 7.2 中的每个序偶元素的第一个集合（外延集合）中所有元素的共同属性就构成了该序偶元素的第二个集合（内涵集合），而具有第二个集合所有属性的动物就构成了第一个集合。例如，“鸟”的第一个集合是｛麻雀、野鸭、天鹅｝，这些动物的共同属性是｛两条腿、有羽毛｝，而具有｛两条腿、有羽毛｝属性的所有动物构成的集合是｛麻雀、野鸭、天鹅｝。

表 7.1 概念格示例

对象集 G	属性集 M						
	两条腿	有羽毛	擅游泳	四条腿	有毛发	食草	食肉
麻雀	√	√					
野鸭	√	√	√				
天鹅	√	√	√				
马				√	√	√	
牛				√	√	√	
狗				√	√		√
虎				√	√		√

观测发现，如果序偶元素的外延集合越大，则其内涵集合就越小。特别地，如果外延集合为全集 G，则内涵集合为空集 $\varnothing$；如果外延集合为空集 $\varnothing$，则内涵集合为全集 M。我们可以按照外延集合的包含关系将表 7.2 中的所有序偶元素进行排序，并划出对应的边，就可以得到一种称为“格”的代数系统，即概念格，如图 7.4 所示，可以看到每个概念都具有不同的层次。

表 7.2 表 7.1 中包含的序偶元素

概念名	序偶元素
全对象	〈G，$\varnothing$〉
鸟	〈｛麻雀、野鸭、天鹅｝，｛两条腿、有羽毛｝〉
水禽	〈｛野鸭、天鹅｝，｛两条腿、有羽毛、擅游泳｝〉
兽	〈｛马、牛、狗、虎｝，｛四条腿、有毛发｝〉
食草类	〈｛马、牛｝，｛四条腿、有毛发、食草｝〉
食肉类	〈｛狗、虎｝，｛四条腿、有毛发、食肉｝〉
全属性	〈$\varnothing$，M〉

概念格理论表明类别与概念具有紧密的联系。虽然当前主流的机器学习理论体系中并没有定义“概念”及其相关的任务，但是“类别”也可以起到相似的作用。非监督学习中，聚类任务得到的类别划分就是概念的外延，而每个聚类中所有样本具有的共有属性（如在特征空间中的分布情况）就是概念的内涵。类别构建的本质就是在数据驱动下获得聚类（概念的外延）及类别原型（概念的内涵）的过程。

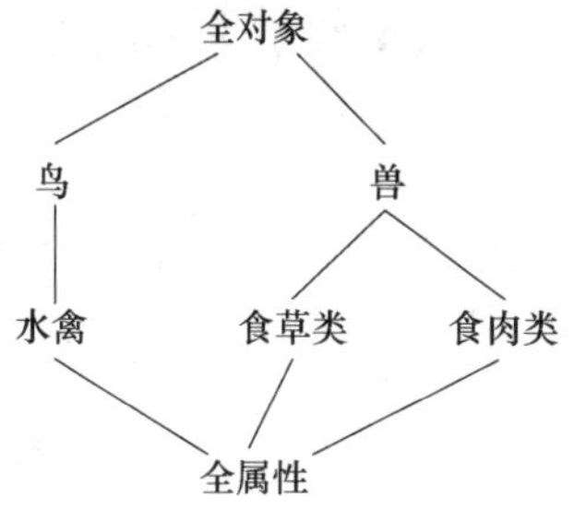

图 7.4 由表 7.2 中的序偶元素构成的概念格

7.3 K 均值聚类

7.3.1 K 均值聚类的模型与准则函数

K 均值(K-Means)聚类算法是一种应用广泛的聚类技术,旨在将给定的样本集合划分为 K 个不同的簇,以使得每个簇内的样本尽可能相似,而不同簇之间的样本差异尽可能大。该算法通过迭代过程寻找最优的簇划分方案。在 K 均值聚类中,每个样本只能被分配到一个簇中,因此 K 均值聚类是一种硬聚类方法。在执行 K 均值聚类之前,需要人为指定簇的数量 K,这是一个关键参数,它直接影响聚类的结果和性能。

1. 模型形式

训练数据集$\mathcal{D}=\{\boldsymbol{x}_1,\boldsymbol{x}_2,\cdots,\boldsymbol{x}_N\}$包含 N 个未标记类别的 D 维观测样本。在 K 均值聚类算法中,我们假设数据集$\mathcal{D}$由 K 个聚类的样本混合而成,每个聚类的类中心(类原型)为 $\boldsymbol{\mu}_k(k=1,\cdots,K)$。我们的目标是通过挖掘数据集的内在结构,得到每个聚类的参数,并确定每个样本的类别归属。

用$[r_{n1},r_{n2},\cdots,r_{nK}]^{\mathrm{T}}$ 表示第 n 个样本 $\boldsymbol{x}_n$ 与 K 个聚类的关系,其中,r_{nk} 表示样本 x_n 与聚类 k 的所属关系,$r_{nk}\in\{0,1\}$且 $\sum_{k=1}^{K}r_{nk}=1$。如果样本 x_n 属于聚类 k,那么 $r_{nk}=1$,且对于 $j\neq k$,有 $r_{nj}=0$。在该模型中,K 是已知的,$[\boldsymbol{\mu}_1,\cdots,\boldsymbol{\mu}_K]$和矩阵$[r_{nk}]_{N\times K}$是待估计的参数。

2. 准则函数

K 均值聚类算法旨在找到一种簇(聚类)的划分方式,使得同类样本之间的相似度最大化(即距离最小化),同时不同类别样本之间的相似度最小化(即距离最大化)。基于这一思路,可以建立一个目标函数,即失真度量(Distortion Measure),其形式为

$$J=\sum_{n=1}^{N}\sum_{k=1}^{K}r_{nk}\|\boldsymbol{x}_n-\boldsymbol{\mu}_k\|^2 \tag{7.3}$$

式(7.3)表示每个样本 $\boldsymbol{x}_n$ 与它所属类别的类中心 $\boldsymbol{\mu}_k$ 的距离的平方和。K 均值聚类算法的目标是找到使得 J 达到最小值的$[\boldsymbol{\mu}_1,\cdots,\boldsymbol{\mu}_K]$和$[r_{nk}]_{N\times K}$的参数值。

3. 求解的难点

$[\boldsymbol{\mu}_1,\cdots,\boldsymbol{\mu}_K]$和$[r_{nk}]_{N\times K}$这两种参数具有紧密的联系。根据参数$[\boldsymbol{\mu}_1,\cdots,\boldsymbol{\mu}_K]$就可以推算出样本的类别归属参数 r_{nk}:

$$r_{nk}=\begin{cases}1 & k=\operatorname{argmin}_j\|\boldsymbol{x}_n-\boldsymbol{\mu}_j\|^2\\ 0 & \text{其他}\end{cases} \tag{7.4}$$

类似地,根据参数$[r_{nk}]_{N\times K}$也很容易计算出每个聚类的参数 $\boldsymbol{\mu}_k$:

$$\boldsymbol{\mu}_k=\frac{\sum_n r_{nk}\boldsymbol{x}_n}{\sum_n r_{nk}} \tag{7.5}$$

由于这两种参数相互依赖,因此很难同时求解出$[\boldsymbol{\mu}_1,\cdots,\boldsymbol{\mu}_K]$和$[r_{nk}]_{N\times K}$。

式(7.3)是一个组合优化问题,其所有可能划分的数目是:

$$S(N,K)=\frac{1}{K!}\sum_{k=1}^{K}(-1)^{K-k}\binom{K}{k}k^N \tag{7.6}$$

这个数字是指数级的。事实上,求解 K 均值聚类的最优解是 NP 复杂度问题。

7.3.2 求解算法

虽然直接求解式(7.3)的全局最优解具有挑战性，但是通过迭代算法寻找局部最优解相对容易。K均值聚类的常用求解算法是一个迭代过程，每次迭代包括两个步骤，分别对应类别指派参数$[r_{nk}]_{N\times K}$和类中心参数$[\boldsymbol{\mu}_1,\cdots,\boldsymbol{\mu}_K]$的最优化步骤。在迭代过程开始之前，首先需要为类中心参数$[\boldsymbol{\mu}_1,\cdots,\boldsymbol{\mu}_K]$选择初始值，最简单的方式是随机初始化，也可以采用一些基于经验的方法。之后进入迭代过程，直到收敛为止。

1. 迭代过程的第一步

在每个迭代过程的第一步，保持类中心参数$[\boldsymbol{\mu}_1,\cdots,\boldsymbol{\mu}_K]$固定不变，求取使得式(7.3)极小化的$[r_{nk}]_{N\times K}$，即：

$$[r_{nk}]_{N\times K}=\underset{[r_{nk}]_{N\times K}}{\operatorname{argmin}}\sum_{n=1}^{N}\sum_{k=1}^{K}r_{nk}\|\boldsymbol{x}_n-\boldsymbol{\mu}_k\|^2 \tag{7.7}$$

式(7.7)可以解释为在所有聚类中心均已知的情况下，对每个样本进行类别指派。由于式(7.7)是r_{nk}的线性函数，因此很容易得到一个解析解，并且不同样本的类别指派可以独立计算，求解结果即是将样本指派到与其距离最近的类中心对应的聚类，即：

$$r_{nk}=\begin{cases}1 & k=\operatorname{argmin}_j\|\boldsymbol{x}_n-\boldsymbol{\mu}_j\|^2\\0 & \text{其他}\end{cases} \tag{7.8}$$

在7.5节中，我们可以观察到这个过程对应EM算法(7.5节)中的E(期望)步骤。

2. 迭代过程的第二步

在每个迭代过程的第二步，保持类别指派参数$[r_{nk}]_{N\times K}$固定不变，求取使得式(7.3)极小化的类中心$[\boldsymbol{\mu}_1,\cdots,\boldsymbol{\mu}_K]$，即：

$$[\boldsymbol{\mu}_1,\cdots,\boldsymbol{\mu}_K]=\underset{[\boldsymbol{\mu}_1,\cdots,\boldsymbol{\mu}_K]}{\operatorname{argmin}}\sum_{n=1}^{N}\sum_{k=1}^{K}r_{nk}\|\boldsymbol{x}_n-\boldsymbol{\mu}_k\|^2 \tag{7.9}$$

式(7.9)可以解释为在每个样本的所属类别已经已知的情况下，求取使得类内方差最小化的参数$[\boldsymbol{\mu}_1,\cdots,\boldsymbol{\mu}_K]$。这时，式(7.9)是$\boldsymbol{\mu}_k$的二次函数，令它关于$\boldsymbol{\mu}_k$的导数等于零，即可达到最小值，即：

$$2\sum_{n=1}^{N}r_{nk}(\boldsymbol{x}_n-\boldsymbol{\mu}_k)=0 \tag{7.10}$$

容易解出$\boldsymbol{\mu}_k$为

$$\boldsymbol{\mu}_k=\frac{\sum_n r_{nk}\boldsymbol{x}_n}{\sum_n r_{nk}} \tag{7.11}$$

这个过程对应于EM算法中的M(最大化)步骤。需要注意的是，式(7.11)实际上用于计算第k个聚类中所有样本的均值，这也解释了K均值聚类算法名称的由来。

K均值聚类算法的迭代过程是持续重复以上两个步骤，直至聚类结果不再改变或达到预设的最大迭代次数。由于迭代中的每个步骤都在降低目标函数J的值，因此K均值聚类算法必然会收敛。尽管K均值聚类算法复杂度远低于穷举法，但是其代价是该算法有可能会收敛到J的某个局部最小值而不是全局最小值。

例7-3 K均值算法实例。图7.5给出了K均值聚类算法的迭代过程。图7.5(a)表示了二维特征空间中的无标注数据集，而叉号分别表示初始聚类中心$\boldsymbol{\mu}_1$和$\boldsymbol{\mu}_2$。在初始的E步骤中，根据到不同聚类中心的距离，每个样本被分配到不同的聚类中，如图7.5(b)所示。这等价于根据两个聚类中心的垂直平分线来对所有样本进行分类。在接下来的M步骤中，依据分配到每个类别的样本来更新该聚类的类中心参数，如图7.5(c)所示。图7.5(d)～(i)给出了接下来的E步骤和M步骤，直到最终收敛。

注意,由于图 7.5 的 K 均值聚类算法中选择了较差的初始值,因此算法在收敛之前执行了若干步。在实际应用中,一个更好的初始化步骤是将聚类中心选择为由 K 个随机样本点组成的子集。另外,K 均值聚类算法经常被用于在 EM 算法之前初始化高斯混合模型的参数。

彩图 7.5

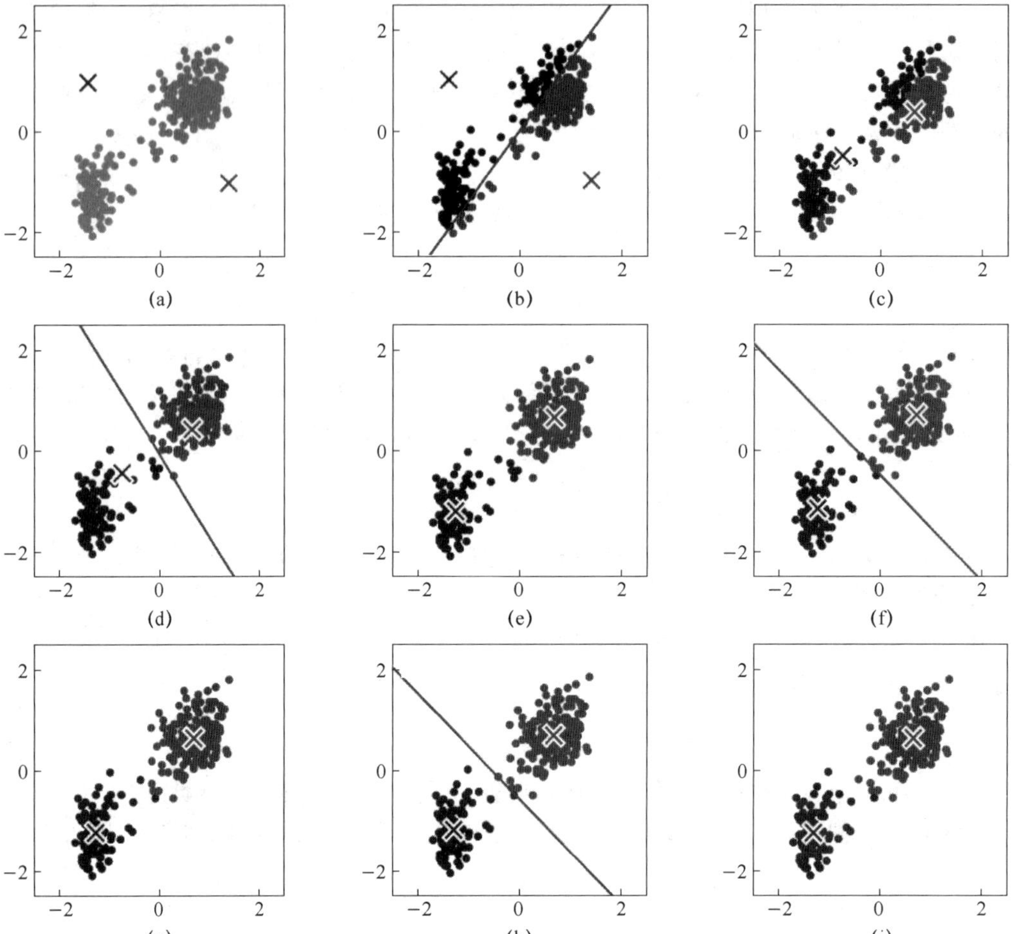

图 7.5 K 均值聚类算法

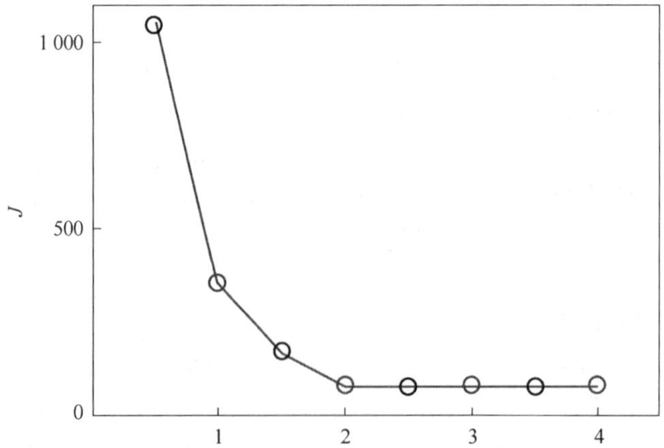

彩图 7.6

图 7.6 对于图 7.5 的 K 均值聚类算法,代价函数 J 的变化

7.4 高斯混合模型

7.4.1 高斯混合模型与参数

在聚类问题中，不确定性是一个不可忽视的因素。为了应对这些不确定性，引入更多的统计学方法可以提高聚类方法的灵活性和有效性。具体来说，我们可以假设每个聚类中的样本都属于一个特定的子类别，并且遵循相同的统计分布。一种常用方法是假设每个子类别的样本都服从正态分布。那么，将所有类别的样本混合在一起时，就构成了高斯混合模型(Gaussian Mixture Model，GMM)。

单个正态分布的概率密度函数是单峰的，但现实世界中的数据往往不满足这种简单的单峰分布。通过采用 GMM，我们能够更好地捕捉数据内在的复杂结构，从而为我们提供更为精确的聚类分析工具。

1. 高斯混合模型与其显性参数

对于包含 N 个未标记类别的 D 维观测数据集 $\mathcal{D}=\{\boldsymbol{x}_1,\boldsymbol{x}_2,\cdots,\boldsymbol{x}_N\}$，GMM 假设数据集 $\mathcal{D}$ 由 K 个子类的样本混合而成。其中第 k 个子类的样本服从期望值为 $\boldsymbol{\mu}_k$，协方差矩阵为 $\boldsymbol{\Sigma}_k$ 的正态分布，记为 $\mathcal{N}(\boldsymbol{x}|\boldsymbol{\mu}_k,\boldsymbol{\Sigma}_k)$，且该子类样本占总数据集的比例为 π_k。则 GMM 的形式为

$$p(\boldsymbol{x})=\sum_{k=1}^{K}\pi_k\,\mathcal{N}(\boldsymbol{x}|\boldsymbol{\mu}_k,\boldsymbol{\Sigma}_k) \tag{7.12}$$

其中，第 k 个子类的样本服从的正态分布 $\mathcal{N}(\boldsymbol{x}|\boldsymbol{\mu}_k,\boldsymbol{\Sigma}_k)$，也被称为第 k 个分模型或第 k 个分量。π_k 称混合系数，它表示任意一个服从式(7.12)分布的样本属于第 k 个分量的概率，并且满足：

$$\begin{cases}0\leqslant\pi_k\leqslant 1\\ \displaystyle\sum_{k=1}^{K}\pi_k=1\end{cases} \tag{7.13}$$

2. 高斯混合模型中的隐藏变量

K 均值聚类模型中的类别指派参数 $[r_{nk}]_{N\times K}$ 建立起了样本与聚类之间的联系，从而简化了模型的求解算法。尽管式(7.12)已经准确定义了 GMM，但它缺乏相应的类别指派参数。因此，式(7.12)并未完全揭示 GMM 的全部含义，这导致直接求解该模型非常困难。

为了显性表示样本 $\boldsymbol{x}$ 是由 GMM 的哪一个分量生成的，我们引入 K 维二值随机变量 $\boldsymbol{z}=[z_1,\cdots,z_K]^{\mathrm{T}}$，并且采用独热编码表示 $\boldsymbol{z}$。于是，$z_k\in\{0,1\}$，$\boldsymbol{\Sigma}_k z_k=1$，如果 $z_k=1$ 且 $j\neq k$，则 $z_j=0$。根据其含义容易得出以下结论：

$$p(z_k=1)=\pi_k\quad k=1,\cdots,K \tag{7.14}$$

更进一步，我们还可以将 $\boldsymbol{z}$ 的概率分布写成：

$$p(\boldsymbol{z})=\prod_{k=1}^{K}\pi_k{}^{z_k} \tag{7.15}$$

在 GMM 中，当样本由第 k 个分量所产生时，$z_k=1$ 并且样本的概率分布服从：

$$p(\boldsymbol{x}|z_k=1)=\mathcal{N}(\boldsymbol{x}|\boldsymbol{\mu}_k,\boldsymbol{\Sigma}_k) \tag{7.16}$$

根据式(7.15)和式(7.16)得到：

$$p(\boldsymbol{x}|\boldsymbol{z})=\prod_{k=1}^{K}\mathcal{N}(\boldsymbol{x}|\boldsymbol{\mu}_k,\boldsymbol{\Sigma}_k)^{z_k} \tag{7.17}$$

在式(7.12)的GMM中,变量 z 不是可观测变量。我们为了简化模型的解释和求解而引入了变量 z。因此,z 也被称为隐藏变量(Hidden Variable)或者潜在变量(Latent Variable)。

3. 包含生成过程的高斯混合模型

图 7.7 GMM 的有向图

数据集 $\mathcal{D}$ 中的样本取值具有很多不确定性。引入变量 z 之后,我们就可以通过式(7.15)和式(7.17)两个概率分布准确描述这些不确定性。这样,我们可以将数据集 $\mathcal{D}$ 中的样本视为经过两个概率采样步骤生成的。对于数据集 $\mathcal{D}$ 中的任意一个样本 $\boldsymbol{x}$,其产生过程如图7.7所示。首先,按照式(7.15)的多项分布来生成 K 维独热编码的变量 z,以确定该样本的所属子类别 k。然后,按照式(7.17)和第 k 个分模型的正态分布 $\mathcal{N}(\boldsymbol{x}|\boldsymbol{\mu}_k,\boldsymbol{\Sigma}_k)$,即式(7.16),生成一个随机观测值 $\boldsymbol{x}$。将这两个步骤所对应的式(7.15)和式(7.17)的概率分布联合起来,得到:

$$p(\boldsymbol{x}) = \sum_{z} p(z)p(\boldsymbol{x}|z) = \sum_{k=1}^{K} \pi_k \mathcal{N}(\boldsymbol{x}|\mu_k,\boldsymbol{\Sigma}_k) \tag{7.18}$$

式(7.18)与式(7.12)的GMM一致,不仅更清楚地表示出样本的生成过程,还引入了在观测样本中不可见的隐变量 z,这对我们求解聚类问题至关重要。

7.4.2 准则函数

1. 难以求解的似然函数

将所有聚类的类别参数简记为 $\boldsymbol{\pi}=[\pi_1,\cdots,\pi_K]^{\mathrm{T}}$,$\boldsymbol{\mu}=[\boldsymbol{\mu}_1,\cdots,\boldsymbol{\mu}_K]$,$\boldsymbol{\Sigma}=[\boldsymbol{\Sigma}_1,\cdots,\boldsymbol{\Sigma}_K]$,对于数据集 $\mathcal{D}$,可以很容易地写出似然函数形式的目标函数:

$$\ln p(\mathcal{D}|\boldsymbol{\pi},\boldsymbol{\mu},\boldsymbol{\Sigma}) = \sum_{n=1}^{N} \ln\Big(\sum_{k=1}^{K} \pi_k \mathcal{N}(\boldsymbol{x}_n|\mu_k,\boldsymbol{\Sigma}_k)\Big) \tag{7.19}$$

然而,直接求解这个目标函数非常困难。由于式(7.19)中对 k 的求和出现在对数内部,对数函数不再直接作用于正态分布。因此,令对数似然函数的导数等于零并不会得到一个解析解。

2. 容易求解的似然函数

为了找到求解方法,我们分析一种特殊情况下的似然函数。假设每个观测样本 $\boldsymbol{x}_n$ 的所属分量 z_n 都是已知的,也就是数据集 $\mathcal{D}=\{\boldsymbol{x}_1,\boldsymbol{x}_2,\cdots,\boldsymbol{x}_N\}$ 对应的 $Z=\{z_1,z_2,\cdots,z_N\}$ 是已知的。那么对数据集 $\{\mathcal{D},Z\}$ 进行最大化的似然函数为

$$\ln p(\mathcal{D},Z|\boldsymbol{\pi},\boldsymbol{\mu},\boldsymbol{\Sigma}) = \sum_{n=1}^{N}\sum_{k=1}^{K} z_{nk}(\ln\pi_k + \ln\mathcal{N}(\boldsymbol{x}_n|\mu_k,\boldsymbol{\Sigma}_k)) \tag{7.20}$$

其中,z_{nk} 表示 z_n 的第 k 个分量。与式(7.19)进行对比可以看到,式(7.20)在 k 上的求和与对数运算的顺序交换了,因此求解也简单得多了。

3. 完整数据与不完整数据

从式(7.20)可以看出,如果观测数据同时包括了 $\{\mathcal{D},Z\}$,则目标函数就会变得简单;如果观测数据缺少了 Z 而只有 $\mathcal{D}$,则目标函数就会变得复杂。对于GMM,我们将 $\{\mathcal{D},Z\}$ 称为完整数据(Complete Data),而将缺少 Z 的数据集 $\mathcal{D}$ 称为不完整数据(Incomplete Data)。

模型的求解需要完整数据,但是实际上我们能够观测到的只有不完整数据。如何解决这个问题呢?在K均值聚类算法中,虽然类别指派参数 $[r_{nk}]_{N\times K}$ 是未知的,但是我们可以根据 $[r_{nk}]_{N\times K}$ 与类中心参数 $[\boldsymbol{\mu}_1,\cdots,\boldsymbol{\mu}_K]$ 的关系来估计出类别指派参数 $[r_{nk}]_{N\times K}$。同样的想法,在GMM中我们可以利用 Z 与参数 $\boldsymbol{\pi},\boldsymbol{\mu},\boldsymbol{\Sigma}$ 和数据集 $\mathcal{D}$ 的关系来计算 Z 的期望值,并以此替代 Z,从而得到完整数据的期望值。

4. 责任参数数据

为了解决上述问题，我们引入责任参数 $\gamma(z_k)$。$\gamma(z_k)$被定义为 $p(z_k=1|x)$，其含义是观测样本 $\boldsymbol{x}$ 由分量 k 生成的概率，$\gamma(z_k)$也可以被看作分量 k 对于“解释”观测样本 $\boldsymbol{x}$ 的“责任”(Responsibility)。与 z_k 一样，$\gamma(z_k)$也给出了样本 $\boldsymbol{x}$ 的类别指派。不同的是，$\gamma(z_k)$给出的是介于 0～1 之间的软性类别指派。也就是说，样本 $\boldsymbol{x}$ 对于多个类别的 $\gamma(z_k)$都可能是非零的，并且：

$$\sum_{k=1}^{K}\gamma(z_k)=1 \tag{7.21}$$

如果所有的类别参数 $\boldsymbol{\mu}_k,\boldsymbol{\Sigma}_k(k=1,\cdots K)$均已知，那么就可以利用贝叶斯公式推断出 $\gamma(z_k)$：

$$\begin{aligned}\gamma(z_k)&=p(z_k=1|\boldsymbol{x})\\&=\frac{p(z_k=1)p(\boldsymbol{x}|z_k=1)}{\sum_{j=1}^{K}p(z_j=1)p(\boldsymbol{x}|z_j=1)}\\&=\frac{\pi_k\,\mathcal{N}(\boldsymbol{x}|\boldsymbol{\mu}_k,\boldsymbol{\Sigma}_k)}{\sum_{j=1}^{K}\pi_j\,\mathcal{N}(\boldsymbol{x}|\boldsymbol{\mu}_j,\boldsymbol{\Sigma}_j)}\end{aligned} \tag{7.22}$$

还可以证明：

$$\begin{aligned}E[z_k]&=(z_k=1)p(z_k=1|\boldsymbol{x})+(z_k=0)p(z_k=0|\boldsymbol{x})\\&=1\times p(z_k=1|\boldsymbol{x})+0\times p(z_k=0|\boldsymbol{x})\\&=\gamma(z_k)\end{aligned} \tag{7.23}$$

式(7.23)说明 z_k 的期望值就是责任参数 $\gamma(z_k)$。

于是，我们用样本 $\boldsymbol{x}_n$ 的责任参数 $\gamma(z_{nk})$取代 z_{nk} 的观测值，从而得到了责任参数数据集。并且对应的对数似然函数就是式(7.20)对于 Z 的期望值：

$$E_Z[\ln p(\mathcal{D},Z|\boldsymbol{\pi},\boldsymbol{\mu},\boldsymbol{\Sigma})]=\sum_{n=1}^{N}\sum_{k=1}^{K}\gamma(z_{nk})(\ln\pi_k+\ln\mathcal{N}(\boldsymbol{x}_n|\boldsymbol{\mu}_k,\boldsymbol{\Sigma}_k)) \tag{7.24}$$

例 7-4 不完整数据集的求解实例。图 7.8 分别表示完整数据集、不完整数据集以及责任参数数据集。图 7.8(a)观测到隐藏变量 Z，属于完整数据集，其似然函数为式(7.26)，该条件下容易求解。图 7.8(b)没有观测到隐藏变量 Z，属于不完整数据集，其似然函数为式(7.19)，该条件下难以求解。图 7.8(a)属于有监督学习，而图 7.8(b)的聚类问题属于非监督学习。为了求解图 7.8(b)，式(7.24)对观测变量 Z 求期望，通过用责任参数 $\gamma(z_{nk})$取代 z_{nk} 的观测值，从而得到了责任参数数据集，即图 7.8(c)。

彩图 7.8

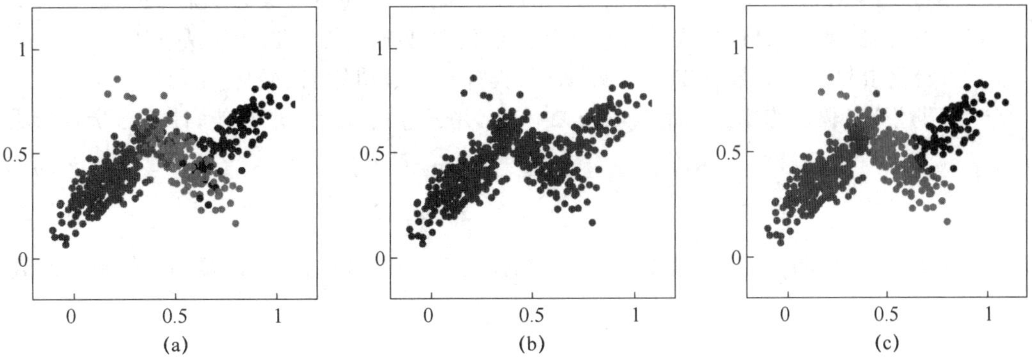

图 7.8 完整数据集、不完整数据集与责任参数数据集

7.4.3 求解算法

1. 责任参数数据的求解算法

接下来我们尝试利用责任参数数据对应的目标函数式(7.24)来求解类别参数 $\boldsymbol{\mu}$,$\boldsymbol{\Sigma}$ 和 $\boldsymbol{\pi}$。令式(7.24)对于第 k 个分量期望值 $\boldsymbol{\mu}_k$ 的导数等于 0,可得:

$$\boldsymbol{\mu}_k = \frac{1}{N_k}\sum_{n=1}^{N}\gamma(z_{nk})\boldsymbol{x}_n \tag{7.25}$$

$$N_k = \sum_{n=1}^{N}\gamma(z_{nk}) \tag{7.26}$$

其中,N_k 可以被看成分配到子类 k 的有效样本数量。与单个正态分布期望值的最大似然解相比,式(7.25)在形式上多了参数 $\gamma(z_{nk})$。这是因为 $\gamma(z_{nk})$是一种软性类别指派,它表示样本 $\boldsymbol{x}_n$ 属于第 k 个分量的后验概率,所以在计算均值 $\boldsymbol{\mu}_k$ 时使用 $\gamma(z_{nk})$对样本 $\boldsymbol{x}_n$ 进行加权。

令式(7.24)关于 $\boldsymbol{\Sigma}_k$ 的导数等于 0,可得:

$$\boldsymbol{\Sigma}_k = \frac{1}{N_k}\sum_{n=1}^{N}\gamma(z_{nk})(\boldsymbol{x}_n-\boldsymbol{\mu}_k)(\boldsymbol{x}_n-\boldsymbol{\mu}_k)^{\mathrm{T}} \tag{7.27}$$

式(7.27)与单个正态分布最大似然解具有相似的函数形式,主要不同在于每个样本都有一个权重 $\gamma(z_{nk})$。

对于混合系数 $\boldsymbol{\pi}_k$ 的求解需要考虑限制条件,即式(7.13),即所有混合系数的加权和等于 1。为此,采用拉格朗日乘数法:

$$\ln p(\mathcal{D}|\boldsymbol{\pi},\boldsymbol{\mu},\boldsymbol{\Sigma}) + \lambda\left(\sum_{k=1}^{K}\pi_k - 1\right) \tag{7.28}$$

对式(7.28)求导并令导数为零,可得:

$$\pi_k = \frac{N_k}{N} \tag{7.29}$$

即第 k 个分量的混合系数 π_k 为该分量对于解释样本数据的"责任"的平均值。

2. 迭代的求解算法

然而,稍微分析就会发现式(7.25)、式(7.27)和式(7.29)并没有求解出 GMM 参数的一个解析解。因为它们的解中均用到了责任参数 $\gamma(z_{nk})$,而式(7.22)表明 $\gamma(z_{nk})$依赖于类别参数 $\boldsymbol{\mu}$,$\boldsymbol{\Sigma}$ 和 $\boldsymbol{\pi}$。这与 K 均值聚类算法中的情形非常类似,因此,我们同样可以采用迭代方法来寻找问题的最大似然解。实际上,这种迭代过程就是 7.5 节将要介绍的 EM 算法应用于 GMM 的一个实例。与 EM 算法一样,这里求解算法的每个迭代过程也分为 E 步骤和 M 步骤。

对于式(7.18)的 GMM,求取最大化似然函数的参数 $\boldsymbol{\pi}$,$\boldsymbol{\mu}$,$\boldsymbol{\Sigma}$ 的迭代算法如下:

① 初始化步骤。对参数 $\boldsymbol{\mu}$,$\boldsymbol{\Sigma}$ 和 $\boldsymbol{\pi}$ 赋初值,再计算对数似然函数的初始值。

② E(期望)步骤。使用当前的参数 $\boldsymbol{\mu}$,$\boldsymbol{\Sigma}$ 和 $\boldsymbol{\pi}$,并通过式(7.22)求期望,计算出责任参数:

$$\gamma(z_{nk}) = \frac{\pi_k N(\boldsymbol{x}_n|\boldsymbol{\mu}_k,\boldsymbol{\Sigma}_k)}{\sum_{j=1}^{K}\pi_j N(\boldsymbol{x}_n|\boldsymbol{\mu}_j,\boldsymbol{\Sigma}_j)} \tag{7.30}$$

③ M(最大化)步骤。使用当前的责任参数,找到最大化式(7.24)的 $\boldsymbol{\mu}$,$\boldsymbol{\Sigma}$ 和 $\boldsymbol{\pi}$ 的新参数值:

$$N_k = \sum_{n=1}^{N}\gamma(z_{nk}) \tag{7.31}$$

$$\boldsymbol{\mu}_k^{\text{new}} = \frac{1}{N_k}\sum_{n=1}^{N}\gamma(z_{nk})\boldsymbol{x}_n \tag{7.32}$$

$$\boldsymbol{\Sigma}_k^{\text{new}} = \frac{1}{N_k}\sum_{n=1}^{N}\gamma(z_{nk})(\boldsymbol{x}_n - \boldsymbol{\mu}_k^{\text{new}})(\boldsymbol{x}_n - \boldsymbol{\mu}_k^{\text{new}})^{\mathrm{T}} \tag{7.33}$$

$$\pi_k^{\text{new}} = \frac{N_k}{N} \tag{7.34}$$

④ 计算对数似然函数：

$$\ln p(\mathcal{D}|\boldsymbol{\pi},\boldsymbol{\mu},\boldsymbol{\Sigma}) = \sum_{n=1}^{N}\ln\left(\sum_{k=1}^{K}\pi_k N(\boldsymbol{x}_n|\boldsymbol{\mu}_k,\boldsymbol{\Sigma}_k)\right) \tag{7.35}$$

⑤ 检查参数或者对数似然函数的收敛性。如果没有满足收敛的准则，则返回 E(期望)步骤；否则结束。

例 7-5 高斯混合模型求解实例。图 7.9 展示了使用 EM 算法求解由两个高斯分布组成的混合概率分布的示例。初始化时，类中心参数的设定与图 7.5 的 K 均值聚类算法相同，方差矩阵被初始化为正比于单位矩阵。图 7.9(a)显示了所有未标注的训练样本集以及初始的混合模型参数，其中的两个圆圈分别表示两个高斯分量一个标准差位置的轮廓线。图 7.9(b)显示了初始 E 步骤的结果，其中每个样本点的颜色表示该样本点由相应分量生成的后验概率。由蓝色分量生成的后验概率较大的样本，其颜色更偏蓝色；由红色分量生成的后验概率较大的样本，其颜色更偏红色；对于属于两个分量的后验概率都较大的样本来说，其颜色看起来是紫色的。图 7.9(c)给出了第一个 M 步骤之后的结果，其中蓝色正态分布的均值被移动到蓝色样本数据的均值位置，该均值根据每个样本属于蓝色分类的概率进行了加权。类似地，蓝色分量的协方差被设置为蓝色样本的加权协方差。红色分量的情形与此相同。图 7.9(d)～(f)分别展示了 2 次、5 次、20 次完整的 EM 循环之后的结果。在图 7.9(f)中，算法接近收敛。

彩图 7.9

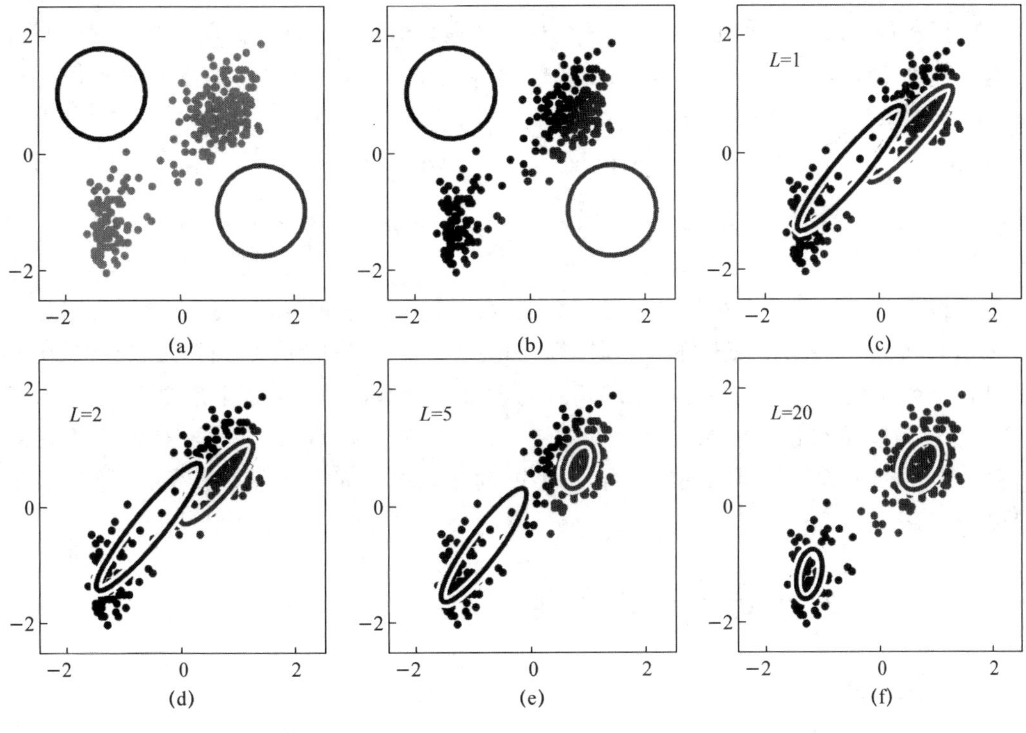

图 7.9 GMM 的求解算法示例

与K均值聚类算法相比,EM算法在达到(近似)收敛之前,经历了更多次迭代,每次迭代需要更多的计算量。因此,通常先运行K均值聚类算法找到GMM的一个合适的初始化值,再使用EM算法进行调整。

7.5 期望最大化算法

在K均值聚类和GMM的求解算法中都采用了类似的迭代优化方法,它们都可以被看成期望最大化(Expectation Maximization,EM)算法的一种应用实例。本节将探讨EM算法的一般形式。

7.5.1 具有隐藏变量的优化问题

在机器学习问题中,我们经常遇到一类无法直接观测但对模型状态和可观测输出有着重要影响的变量,这些变量就是前面提到的隐藏变量。例如,GMM中,观测样本$\boldsymbol{x}$的所属分量z就是一个隐藏变量。尽管z并不是模型的显性参数,但隐藏变量z直接影响了观测值$\boldsymbol{x}$的概率分布。当z未知时,模型参数的估计变得困难;当z已知时,模型参数的估计就变得相对容易。

类似的情况也出现在天气预报中,我们能够观测到的只是阴天或下雨等天气现象,但是导致这些现象的大气环境等影响因素是隐藏在背后的变量。了解这些隐藏变量对于提高天气预测的准确性至关重要。

EM算法通常用于解决具有隐藏变量的模型的最大似然估计问题。假设观测到的所有样本的集合记作$\mathcal{D}=\{\boldsymbol{x}_1,\boldsymbol{x}_2,\cdots,\boldsymbol{x}_N\}$,隐藏变量的集合记作$Z$,模型参数的集合记作$\boldsymbol{\theta}$,因此对数似然函数为

$$\ln p(\mathcal{D}|\boldsymbol{\theta})=\ln\Big(\sum_{z}p(\mathcal{D},Z|\boldsymbol{\theta})\Big) \tag{7.36}$$

式(7.36)中,我们仅考虑了隐藏变量Z为离散值的情况。若Z为连续值,只需将求和替换为积分即可。

由于隐藏变量Z的求和嵌套在对数函数的内部,这导致求解式(7.36)变得异常困难。类似于GMM,如果对于每个观测样本$\boldsymbol{x}$,其对应的隐变量z是已知的,那么目标函数将转换为一般形式的似然函数$\ln p(\mathcal{D},Z|\boldsymbol{\theta})$,从而简化了参数$\boldsymbol{\theta}$的求解过程。从这个角度看,正是由于缺失了$Z$的观测值导致目标函数形式变得复杂,难以求解。同GMM一样,对于完整数据集$\{\mathcal{D},Z\}$,其似然函数容易求解;而在实际应用中,对于缺失Z的不完整数据集,其似然函数则变得难以求解。

7.5.2 EM算法的思路与步骤

1. EM算法的基本思路

在实际应用中,我们通常只有不完整的数据集D,而没有完整数据集$\{\mathcal{D},Z\}$。我们虽然无法观测到隐藏变量Z,但可以利用后验概率$p(Z|\mathcal{D},\boldsymbol{\theta})$推断关于$Z$的信息,并进一步计算$Z$的

期望值，以代替 Z 的真实值。这样就可以构建一个完整的数据集及其对应的似然函数，这是EM算法中的E步骤。随后，通过最大化E步骤得到的目标函数，我们可以求解出新的模型参数 $\boldsymbol{\theta}$，这是EM算法中的M步骤。连续进行E步骤和M步骤的迭代会产生修正后的参数 $\boldsymbol{\theta}$，新的参数 $\boldsymbol{\theta}$ 再被用于更新后验概率 $p(Z|\mathcal{D},\boldsymbol{\theta})$，从而可以计算新的期望值，进而启动下一轮迭代过程。

2. EM算法的主要步骤

对于给定的观测变量 $\mathcal{D}$ 和隐藏变量 Z 的联合概率分布 $p(\mathcal{D},Z|\boldsymbol{\theta})$，为了求解 $\boldsymbol{\theta}$ 关于最大化似然函数 $p(\mathcal{D}|\boldsymbol{\theta})$ 的解，通用的EM算法过程如下。

① 初始化。选择参数 $\boldsymbol{\theta}^{\mathrm{old}}$ 的一个初始设置。

② E步骤（期望步骤）。计算 $p(Z|\mathcal{D},\boldsymbol{\theta}^{\mathrm{old}})$，然后使用这个后验概率分布计算完整数据对于参数 $\boldsymbol{\theta}$ 的对数似然函数的期望。这个期望被记作 $Q(\boldsymbol{\theta},\boldsymbol{\theta}^{\mathrm{old}})$，由式(7.37)给出：

$$Q(\boldsymbol{\theta},\boldsymbol{\theta}^{\mathrm{old}}) = \sum_{z} p(Z|\mathcal{D},\boldsymbol{\theta}^{\mathrm{old}}) \ln p(\mathcal{D},Z|\boldsymbol{\theta}) \tag{7.37}$$

③ M步骤（最大化步骤）。计算 $\boldsymbol{\theta}^{\mathrm{new}}$，由式(7.38)给出：

$$\boldsymbol{\theta}^{\mathrm{new}} = \underset{\boldsymbol{\theta}}{\arg\max}\, Q(\boldsymbol{\theta},\boldsymbol{\theta}^{\mathrm{old}}) \tag{7.38}$$

④ 检查对数似然函数或者参数值的收敛性。如果不满足收敛准则，那么令

$$\boldsymbol{\theta}^{\mathrm{old}} \leftarrow \boldsymbol{\theta}^{\mathrm{new}} \tag{7.39}$$

然后回到E步骤；否则结束迭代。

在EM算法的初始化步骤也很重要。虽然可以采用随机初始化方法，但是在很多情况下EM算法对初始值敏感，最终结果随不同初始值的波动较大。如果根据具体问题而采用相应的初始化方法，就可能会加快收敛速度并获得更优解。

3. EM算法的相关问题

如果参数 $\boldsymbol{\theta}$ 的取值不变，那么式(7.36)的值也将保持不变。在EM算法中，仅有M步骤涉及参数 $\boldsymbol{\theta}$ 的更新，并且每次更新都旨在最大化目标函数，即式(7.36)。因此，EM算法必然会收敛。然而，需要注意的是，尽管EM算法会收敛，但并不能保证收敛到全局最大值，因为其结果受初始值的影响，可能会收敛到局部极大值。

前面介绍了EM算法在求解最大似然解中的应用。此外，EM算法也可用于寻找模型的最大后验概率解。为此，我们需要定义一个参数的先验概率分布 $p(\boldsymbol{\theta})$。在这种情况下，E步骤与最大似然函数的情形相同，而在M步骤中，需要最大化的量为 $Q(\boldsymbol{\theta},\boldsymbol{\theta}^{\mathrm{old}})+\ln p(\boldsymbol{\theta})$。

我们已探讨了存在离散隐藏变量的情况下，利用EM算法来最大化似然函数的方法。另外，EM算法同样适用于处理数据集中缺失值的情况。通过整合所有变量的联合分布，并对缺失值进行边缘化处理，我们可以得到观测值的分布。随后，EM算法便能够用于最大化这一分布的似然函数。此外，在数据值随机缺失的情况下，即缺失机制与未观测值无关，EM算法依然适用。这种情况在多种场景中都可能发生，例如，当传感器的测量值超过预设阈值时，传感器可能无法成功返回数据。在这些情况下，EM算法提供了一种有效的解决方案。

7.6 本章小结

本章讲述了非监督学习问题。首先介绍了聚类任务的研究问题及其重要性，其次详细介

绍了“硬性”的 K 均值聚类算法和“软性”的高斯混合模型，以及解决具有隐藏变量优化问题的期望最大化求解算法。

过去由于技术水平的限制，传统机器学习主要通过监督学习的方式解决封闭世界的模式识别问题。然而，在实际应用中，我们面临的是开放世界中的情况，其类别体系不完整且不断变化。聚类任务能够根据不断演变的数据自动形成新的类别体系，为进一步解决分类问题奠定了基础。随着技术的不断进步，机器学习任务与人类学习任务之间的联系日益紧密，非监督学习在机器学习领域中的重要性逐渐凸显。尽管本章的聚类问题属于最简单的非监督学习任务，但该任务既基础又重要。

思 考 题

7-1 为什么无标注的数据能够通过非监督学习获得知识？

7-2 聚类的研究问题和意义是什么？

7-3 请从模型形式、准则函数和求解算法 3 个要素的角度分析 K 均值聚类算法。

7-4 请从模型形式、准则函数和求解算法 3 个要素的角度分析高斯混合模型。

7-5 请总结期望最大化算法的思路和步骤。

第 8 章

特征空间的降维与优化

8.1 介　　绍

第 8 章课件

8.1.1 测量空间与特征空间

在之前的章节里，我们采用特征向量作为样本的表示方法，并在此基础上探讨了各种机器学习问题。然而，如何构建和优化这些特征空间，以便更有效地表示数据并提高学习算法的性能，是一个值得深入探讨的问题。本章将介绍特征空间的降维和优化方法。

1. 数据获取与测量空间

测量空间(Measurement Space)是指对象被实际测量和记录的原始状态所在的空间。从现实世界中获取原始观测数据的过程称为数据获取(Data Acquisition)。数据获取过程可以包括测量、采样与量化、去噪与增强、数据清洗、数据整合和数据转换等步骤。例如，通过视觉传感器捕获图像数据，通过震动传感器记录音频数据，或通过医疗检测获得病人数据，这些都属于测量空间中的原始观测数据。值得注意的是，即使观测到的样本数据是二阶或更高阶的矩阵，也可以通过矩阵展平操作将其转换为向量。因此，在测量空间中，一个样本的观测数据可以被视为向量。

尽管测量空间提供了丰富的信息，但这些原始观测数据并不适合直接用于机器学习系统。以邮政编码识别为例，即使采用 32×64 的低分辨率表示一个原始观测的数字图像，对应的测量空间维度也会达到 2 048 维。在这个测量空间中包含了大量与数字识别任务无关的信息，如背景、颜色、亮度、字体、纹理等，这会导致同类样本聚合程度差、不同类别样本分离程度低，从而影响学习方法的泛化能力。

2. 特征构建与特征空间

为了提高表征能力，可以通过特征构建(Feature Construction)从原始测量数据中提取出更能描述样本的本质属性或类别特点的特征，从而得到初始的特征空间(Feature Space)。与测量空间相比，特征空间的维度会显著减少。以如图 8.1 所示的数字识别任务为例，采用水平/垂直穿越笔画数特征和左/右距离特征来表示图像，不仅能够更好地突出每个图像(样本)

的类别特点，同时也能显著降低特征空间的维度。如果测量空间是 32×64 的二维数字图像，则原始数据维度为 2 048 维；而如果采用水平/垂直穿越笔画数特征（32＋64 维）和左/右距离特征（64＋64 维），则特征空间总维度为 224 维。通过特征构建，我们能够更有效地表征数据，减少冗余信息，提高模型的泛化能力。

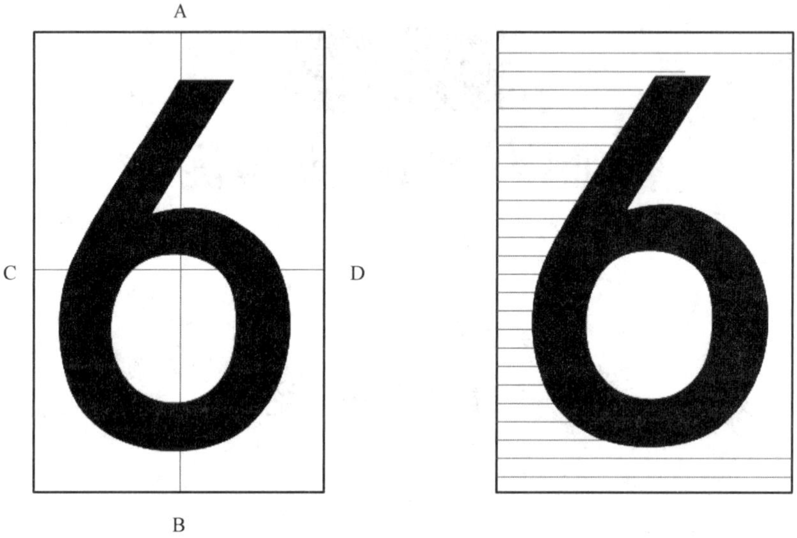

图 8.1 数字识别中的特征构建

特征构建是一个高度依赖领域专家经验和创造力的过程。设计者需要深入研究真实样本，思考数据的潜在形式和结构，然后将这些洞察应用于特征构建。特征构建的质量直接影响后续学习任务的成败，因此在深度学习时代之前，特征构建的质量反映了不同研究团队的技术积累和科研实力。

在图像处理领域，众多杰出的研究团队开发出了一系列高效且适用范围广泛的经典特征提取方法，包括 HOG（Histogram of Oriented Gradients）、SIFT（Scale-Invariant Feature Transform）、Spin Image、RIFT、Textons 和 GLOH 等。这些特征因其强大的泛化能力，在多种图像识别任务中展现出卓越的性能。以 HOG 特征为例，如图 8.2 所示，它通过捕捉图像局部区域的梯度方向分布，提取了视觉线索特征。该特征在目标检测和面部识别等领域中表现突出。在声音信息处理领域，梅尔频率倒谱系数（Mel-Frequency Cepstral Coefficients，MFCC）特征同样扮演着关键角色，它模拟了人类听觉系统对声音频谱的感知特性，捕捉了声音信号的 MFCC 特征，为声音识别和分析提供了重要的信息。

3. 特征优化与优化的特征空间

通过特征构建得到的初始特征通常是为图像识别、声音识别等更一般的任务而设计。然而，在具体应用场景，如数字识别、人脸识别、语音识别、哼唱识别等情境下，这些特征并非一定是最优的。因此，进一步特征优化显得尤为必要。传统的特征优化技术包括特征选择（Feature Selection）和特征提取（Feature Extraction），这两者的共同目标是在保留有用信息的前提下降低数据维度。

特征选择指的是从初始的 D 个特征集中选择对模型预测性能最有积极影响的 d 个特征组合（$d<D$），从而实现特征空间的降维和优化。特征提取是指通过适当的变换把 D 个初始特征转换成 d（$d<D$）个新特征。这样做的目的，一是降低特征空间的维数，使后续的分类器设

计在计算上更容易实现;二是消除特征之间可能存在的相关性,减少特征中与分类无关的信息,使新的特征更有利于分类。

特征提取中最经常采用的特征变换是线性变换,假设 $\boldsymbol{x}\in\mathbb{R}^D$ 是 D 维初始特征,变换后的 d 维新特征为 $\boldsymbol{z}\in\mathbb{R}^d$,则变换函数为

$$\boldsymbol{z}=\boldsymbol{w}^{\mathrm{T}}\boldsymbol{x} \tag{8.1}$$

其中,$\boldsymbol{w}$ 为线性特征变换的模型参数。

特征选择和特征提取都是基于机器学习的特征优化方法。首先,这两种方法都依赖基于数据的归纳推理,以实现对初始特征空间的降维和优化。其次,它们包含了机器学习方法中的模型形式、准则函数和求解算法 3 个要素。

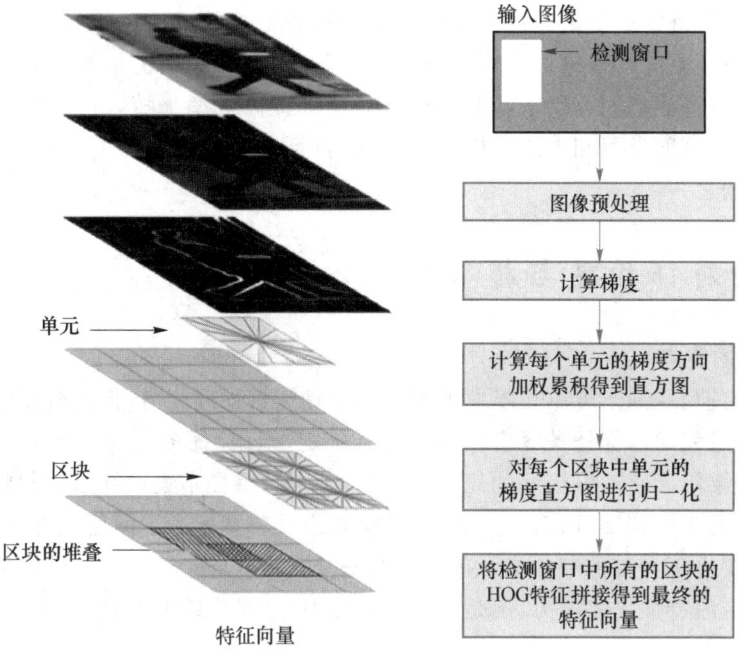

彩图 8.2

图 8.2 HOG 特征

4. 3 个层次的表示方法

如图 8.3 所示,表示样本的方法可分为测量空间、初始特征空间和优化特征空间 3 个层次。首先,通过数据获取得到测量空间,其中的数据被称为原始数据。其次,在测量空间基础上进行特征构建,形成初始特征空间。最后,通过特征选择和特征提取等优化技术获得优化特征空间。图 8.3 从左到右展示了从测量空间到特征空间的过程。

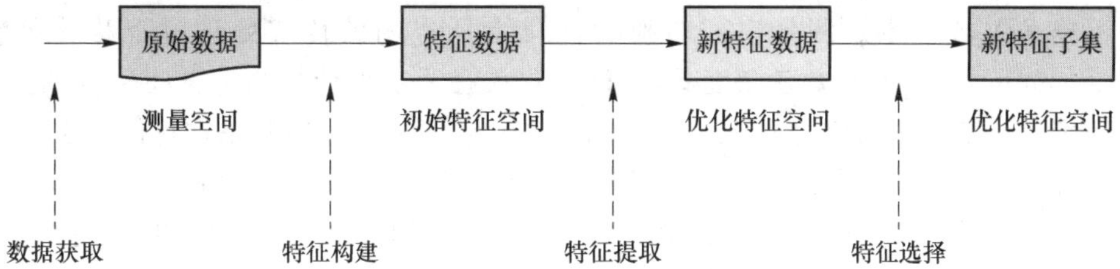

图 8.3 从测量空间到特征空间

(1) 特征空间的符号表示

假设模型的输入 x 属于测量空间或初始特征空间，用 $\mathcal{X}$ 表示，模型的输出 y 属于目标空间 $\mathcal{Y}$，那么原始的机器学习问题通过训练数据获得 $f:\mathcal{X}\rightarrow\mathcal{Y}$。根据前面的讨论，测量空间 $\mathcal{X}$ 并不适合直接用于实际问题，因此我们考虑通过降维获得一个改进的特征空间 $\mathcal{Z}$。这时，模式识别问题就变为 $\mathcal{X}\rightarrow\mathcal{Z}\rightarrow\mathcal{Y}$ 的过程。其中，$\mathcal{X}\rightarrow\mathcal{Z}$ 是指通过降维的方式来优化特征空间的过程，这也是本章将重点讨论的问题；而 $\mathcal{Z}\rightarrow\mathcal{Y}$ 就是前面章节讨论过的分类与回归问题或者聚类问题。

(2) 优化特征空间的意义

特征空间的构建与优化在机器学习中具有关键作用。在模式识别任务中，系统的成功与否首先取决于特征能否有效地反映类别的本质属性。可以认为特征决定了机器学习的上限，而机器学习方法则用来逼近这一上限。更优越的特征意味着更高的灵活性、更简单的模型以及更好的效果。如果特征空间构建得好，即使是略逊一筹的模型和非最优化的参数也能够满足应用需求，而且良好的特征空间有助于降低系统复杂度并提高效率。随着机器学习理论和技术的不断发展，特别是深度学习和大语言模型的兴起，特征表示变得更加关键，已经成为机器学习领域的核心问题之一。

8.1.2 传统的特征构建与特征优化方法

1. 传统特征技术的特点

在深度学习兴起之前，受制于理论技术发展水平以及计算机处理能力，传统机器学习呈现以下特点。首先，学习过程与目标任务紧密相关。只有确定了目标任务之后才能开始训练过程，而训练出的模型主要用于解决设定好的任务。例如，基于数字样本集训练出的邮政编码识别系统只能识别数字，无法识别字母、汉字。其次，分类器设计与特征表示问题通常分开处理，即采用两个步骤分别解决 $\mathcal{X}\rightarrow\mathcal{Z}$ 的特征表示问题和 $\mathcal{Z}\rightarrow\mathcal{Y}$ 的分类与回归问题。尽管神经网络的隐藏层节点具有一定的特征提取能力，但是相比深度学习，这些传统方法在特征表示方面的学习能力较弱。

在上述背景下，传统特征技术具有以下特点。第一，特征方法(包括特征构建和特征优化等)通常是为特定的目标任务而设计的，获得的特征在其他任务上的迁移能力并不强。例如，图像识别中使用的特征构建方法未必适用于声音识别；即使同样是文字识别，也需要分别对数字、字母或汉字进行特征优化。第二，研究者通常并未将特征方法完全视为基于数据的机器学习任务，大部分特征方法或多或少依赖人工参与。第三，即使采用了机器学习方法，其中监督学习仍然占很大比重，其训练过程常常需要人工标注的数据。

2. 特征工程

工程技术人员将原始测量空间转换为优化特征空间的传统处理过程称为特征工程(Feature Engineering)。从数学角度看，特征工程就是手工设计从测量空间到特征空间的映射。特征工程包括特征构建、特征提取和特征选择等主要步骤。特别是在特征构建阶段，这一步骤很大程度上依赖于人工经验和技巧，缺乏有效的机器学习方法。因此，特征工程似乎不值得在机器学习领域的研究中被深入探讨。然而，特征工程对机器学习的成败至关重要。许多机器学习算法之所以取得成功，正是因为存在一个能够被学习模型充分利用的工程化特征。即使在大模型时代，特征工程仍然具有存在的意义。

3. 结构化描述法

在早期的研究中,研究者曾试图模仿人类描述样本的方式。例如,在句法模式识别(Syntactic Pattern Recognition)中采用了结构化描述法(Structured Description Method),这种方法不仅要表达被识别样本的组成要素,还要描述这些要素之间的相互关系。举例来说,将一幅景物图像表示为树、花、房屋,树在房屋旁边,花在树上,花是白色的,等等,并将这些信息用串、树、图等数据结构保存在计算机中。尽管结构化描述法包含更丰富的信息,但是传统方法缺少自动提取出这种表示方法的技术。因此,传统的结构化描述法以及基于这种描述方法的句法模式识别在 20 世纪末便已经很少被采用了。然而,从目前看来,或许可以通过机器学习的方法从向量表示中学习出结构描述。

8.1.3 表示学习

1. 表示学习

随着深度学习的兴起,样本的表征技术经历了革命性的变革。首先,特征构建与特征优化演变为机器学习问题,人工设计的重要性明显降低。基于深度学习的表征技术不仅在理论上更为系统化,功能上更为强大,而且方法上也更为多样化。其次,在新的特征技术中,非监督学习已经成为主要方法。人工标注工作繁重,数据质量难以保证,且在任务调整时可能需要重新标注。相比之下,非监督学习直接从原始观测数据开始训练,显著减轻了人力负担,提高了数据标注效率。此外,特征表示与下游任务之间的关系也发生了变化。在深度学习出现之前,特征构建和优化过程通常是针对特定目标任务展开的。然而,在真实应用场景中,我们经常面临与原任务类似但略有不同的新任务。在传统方法框架下,此时就需要重新进行特征构建和特征优化。在深度学习框架下,我们可以将学习划分为预训练(Pre-Training)和微调(Fine-Tuning)两个阶段。预训练阶段从大规模无标注数据中学习通用特征表示方法,而微调阶段利用通用特征和少量监督数据来解决新的下游任务。

我们将从原始观测数据中通过非监督学习自动提取出特征表示的表征技术称为表示学习(Representation Learning),又称特征学习(Feature Learning)或者表征学习。图 8.4 对比了表示学习与特征工程的主要区别。

彩图 8.4

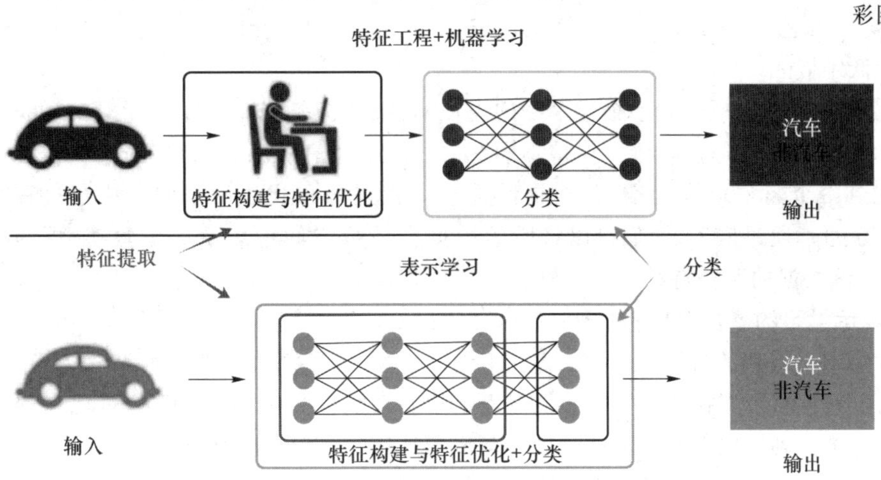

图 8.4 特征工程与表示学习比较

2. 表示学习的基本原则:降维

为了在表示学习中获得更加令人满意的结果,我们通常要遵循 3 个基本原则,包括降维、分布式表示以及深度。

降维是表示学习中的一个基本且关键的原则。在特征工程中,从测量空间开始,经过初始特征空间,最终得到优化特征空间,这一过程实际上是在不断地降低表示空间的维度。在表示学习中,降维原则更加重要。虽然测量空间的维度可能非常高,但是真正反映样本本质属性的维度相对较低。通过降维,我们可以提取样本之间的关联关系,构建样本数据的结构,从而更准确地提取样本的本质属性。从信息论的角度来看,降维能够去除冗余信息。从泛化性的角度来看,降维能够简化模型的复杂度,进而提高模型的泛化能力。

3. 表示学习的基本原则:分布式表示

(1) 局部表示

用数值向量描述样本的两种常用方式是局部表示(Local Representation)和分布式表示(Distributed Representation)。局部表示,也称为离散表示或符号表示,代表方法是独热向量表示。以颜色为例,要表示红、橙、黄、绿、青、蓝、紫 7 种颜色,我们需要一个至少 7 维的向量。在这个 7 维独热向量中,每个维度分别对应一种颜色。当某个颜色出现时,对应该颜色的维度为 1,其余维度为 0。例如,红色的独热向量为$[1,0,0,0,0,0,0]^T$,绿色为$[0,0,0,1,0,0,0]^T$,黄色的独热向量为$[0,0,1,0,0,0,0]^T$。

局部表示的特点是:①容易通过观测来直接得到,具有较好的解释性;②通常是高维稀疏向量,容易导致数据稀疏问题;③扩展能力不强,例如,有一种新的颜色,就需要增加一维来表示;④很难度量出不同样本之间的关联性,例如,按照三原色原理,黄色=红色+绿色,但是独热向量无法表现出这种关系。

(2) 分布式表示

与局部表示相比,分布式表示强调将特征信息分散到多个维度中,以联合方式表示。相对于独热向量的高维、离散和稀疏,分布式表示向量的维度更低、取值更连续、观测值更稠密。同样的 7 种颜色表示问题,RGB 编码就是一种分布式表示方式。采用红(R)、绿(G)、蓝(B)3 个维度,每个维度取值范围为 0～255 的整数,这样就能几乎表示出人类视力所能感知的所有颜色。并且 RGB 空间为计算不同颜色之间的关系提供了可能。在 RGB 空间中,红色向量为$[255,0,0]^T$,绿色为$[0,255,0]^T$,黄色为$[255,255,0]^T$,黄色=红色+绿色。

(3) 低维嵌入

尽管分布式表示更有利于描述事物的内在属性和关联,但直接从原始观测数据中获得分布式表示并非易事。通过降维并保持不同对象之间的关联关系,我们可以将高维的局部表示空间映射到一个非常低维的空间,这个低维空间就是分布式表示空间。这个过程称为嵌入(Embedding)。通过嵌入,我们可以将原始数据在低维空间中表示为更紧凑、更易处理的形式,同时保留数据的重要特征。

4. 表示学习的基本原则:深度

自动学习出有效的特征表示的关键在于构建具有一定深度的模型。所谓"深度"是指对原始数据进行非线性特征转换的次数。如果把表示学习系统视为一个有向图结构,那么深度可以理解为从输入节点到输出节点所经过的最长路径的长度。从模型的角度来看,表示学习需要一种"深度模型"来自动从数据中提取有效的特征表示,这正是深度学习(Deep Learning)的核心。

为什么模型的"深度"在表示学习中如此重要呢?首先,样本的本质属性往往隐藏在深层次的信息中,这些信息很难通过一两次非线性变换来准确提取。其次,并非只有深层次的信息才有价值,浅层和中层特征同样包含了大量有用的信息。图 8.5 展示了不同“深度”下的图像特征。浅层特征(如图 8.5 所示的第一层的特征)通常指的是直接从图像像素中提取的原始特征,这些特征与图像的物理属性紧密相关,一般为边缘、角点等。这些特征容易计算,但可能不够鲁棒,对图像的微小变化敏感,并且缺乏对图像内容的高层语义理解。中层特征(如图 8.5 所示的第二层的特征)是介于浅层和深层特征之间的特征,它们开始涉及一些图像的局部结构和模式。中层特征比浅层特征更具鲁棒性(Robustness),但仍然缺乏对整体场景的全面理解。深层特征(如图 8.5 所示的第三层的特征)能够识别图像中的复杂模式和对象,具有较强的泛化能力和抗干扰能力。它们通常能够理解图像的高层语义内容,如对象类别、场景等。

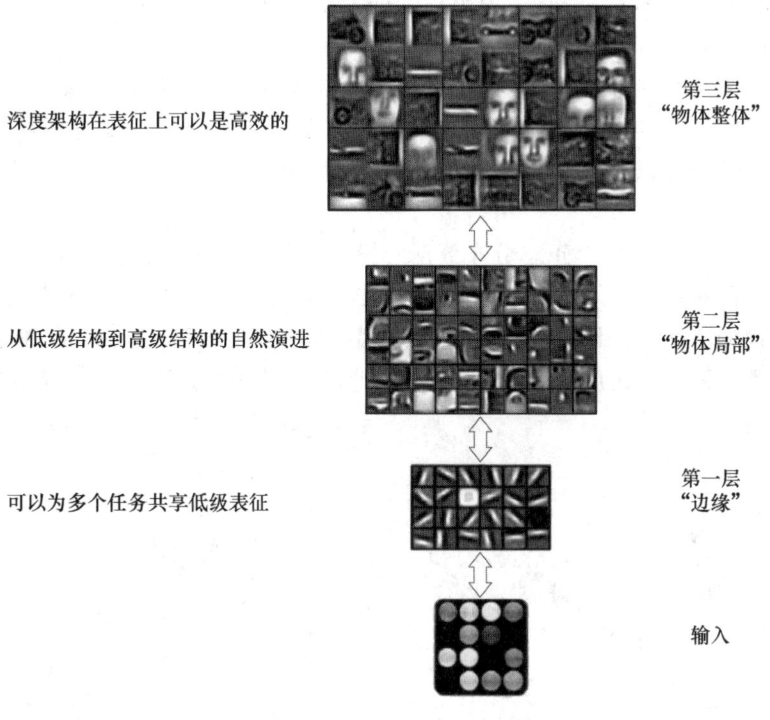

彩图 8.5

图 8.5 不同“深度”下的图像特征

5. 本章内容

特征表示问题涵盖了特征工程、监督学习、非监督学习以及深度学习等多个方面。本章将集中介绍基于非监督学习的特征构建与特征优化算法,包括主成分分析、潜在语义分析、概率潜在语义分析等。

同前面的章节相似,本章一方面将介绍简单有效的方法,如潜在语义分析;另一方面也会探讨特征学习技术的统计学理论基础,如概率潜在语义分析。此外,非监督表示学习方法也包含模型形式、准则函数和求解算法 3 个要素,它们是掌握相关算法的关键。

8.2 主成分分析

主成分分析(Principal Component Analysis,PCA)是一种应用广泛且高效的降维方法。

它通过线性变换将数据映射到一个新的坐标系中，并在新的坐标系中最大化数据的方差，从而提取数据的主要特征和内在结构。

8.2.1 主成分分析的基本思想

在处理高维原始观测数据时，不同维度之间可能存在相关性，这意味着某些维度可能包含相互关联的信息。此外，样本表示的关键在于描述出样本之间的差异性，而那些最能够表示出样本之间差异性的特征维度就是最有价值的维度。主成分分析的出发点在于去除维度间的相关性，并找到最能描述样本间差异的特征维度。

如图 8.6(a)所示，在以 x_1 和 x_2 为坐标轴的二维空间中，样本数据集的分布呈现出明显的相关性，因此我们能够根据样本点的 x_1 坐标大致猜测出该样本的 x_2 坐标(或者相反)。通过转换到新的维度空间，我们可以发现 y_1 维度最能体现样本间的差异性。虽然 y_1 和 y_2 共同构成了一个完备的二维空间，但在 y_2 维度上，样本数据的差异非常小，通常可以看作琐碎信息或噪声。因此，尽管原始数据被表示在由 x_1 和 x_2 构成的二维空间中，但是数据集的内在维度是由 y_1 构成的一维空间。

图 8.6(b)展示了包含两个正态分布数据的情况。在原始空间中，样本的 x_1 和 x_2 坐标之间展现出了一定的相关性。转换到 y_1 和 y_2 空间后，维度间的相关性被大大消除，不同的维度分别承载了不同的含义：y_1 维度更多反映了样本数据之间的类间差异；而 y_2 维度则表现了类内差异。从分类和聚类的角度来看，y_1 维度的信息相较于 x_1、x_2 和 y_2 具有更高的价值。

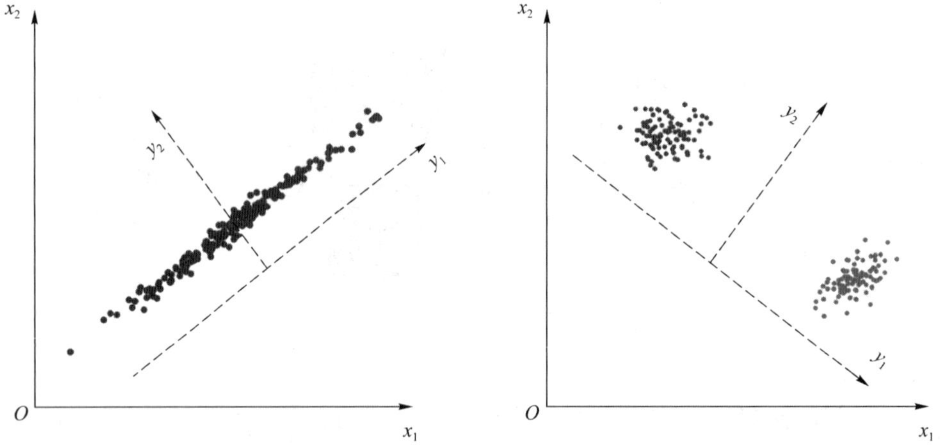

(a) 一个正态分布的样本数据　　(b) 两个正态分布的样本数据

图 8.6　主成分分析的基本思想

8.2.2 主成分分析的核心方法

1. 模型形式

主成分分析采用了线性正交变换模型。假设原空间 $\mathcal{X}$ 为 D 维，某一观测样本记为 $\boldsymbol{x}=[x_1,\cdots,x_D]^{\mathrm{T}}$。新特征空间 $\mathcal{Z}$ 为 d 维，记为 $\boldsymbol{z}=[z_1,\cdots,z_d]^{\mathrm{T}}$，且满足 $d\leqslant D$。新的特征集合是原始特征集合的线性组合，即：

$$\boldsymbol{z}=\boldsymbol{A}^{\mathrm{T}}\boldsymbol{x} \tag{8.2}$$

待求参数 $\boldsymbol{A}=[\boldsymbol{a}_1,\boldsymbol{a}_2,\cdots,\boldsymbol{a}_d]$是一个 $D\times d$ 的线性正交变换矩阵,其中每个 $\boldsymbol{a}_i(i=1,\cdots,d)$ 是 D 维列向量,且 $\boldsymbol{a}_1,\boldsymbol{a}_2,\cdots,\boldsymbol{a}_d$ 构成了一组标准正交基,满足:

$$\boldsymbol{a}_i^{\mathrm{T}}\boldsymbol{a}_j=\begin{cases}1 & i=j\\0 & i\neq j\end{cases}\tag{8.3}$$

在矩阵 $\boldsymbol{A}$ 中采用单位向量是为了统一尺度并简化计算,而采用正交向量则符合准则函数的要求,这将在后续进一步说明。通过向量 $\boldsymbol{a}_i$,可以得到新特征的第 i 维坐标,即:

$$z_i=\boldsymbol{a}_i^{\mathrm{T}}\boldsymbol{x}\tag{8.4}$$

当 $d<D$ 时,新的特征空间实现了降维;当 $d=D$ 时,特征空间仅进行了线性变换,并没有降维。

2. 准则函数

在原特征空间中,任意一个观测样本记为 $\boldsymbol{x}=[x_1,\cdots,x_D]^{\mathrm{T}}$,其期望向量是:

$$\boldsymbol{\mu}=E[\boldsymbol{x}]\tag{8.5}$$

$\boldsymbol{x}$ 的协方差矩阵是:

$$\Sigma=\mathrm{cov}(\boldsymbol{x},\boldsymbol{x})=E[(\boldsymbol{x}-\boldsymbol{\mu})(\boldsymbol{x}-\boldsymbol{\mu})^{\mathrm{T}}]\tag{8.6}$$

由随机变量的性质可知:

$$E[z_i]=\boldsymbol{a}_i^{\mathrm{T}}\boldsymbol{\mu}\quad i=1,\cdots,d\tag{8.7}$$

$$\mathrm{var}(z_i)=\boldsymbol{a}_i^{\mathrm{T}}\boldsymbol{\Sigma}a_i\quad i=1,\cdots,d\tag{8.8}$$

$$\mathrm{cov}(z_i,z_j)=\boldsymbol{a}_i^{\mathrm{T}}\boldsymbol{\Sigma}a_j\quad i=1,\cdots,d\quad j=1,\cdots,d\tag{8.9}$$

在主成分分析中,我们假设变换后的特征是按照标号的顺序逐个得到的。根据主成分分析的思想,观测数据在新的特征维度上的方差需要最大化(差异最大化),同时新的变换特征与之前得到的特征之间应当是线性不相关的。假设已经得到前 $i-1$ 个变换特征 $z_1,\cdots,z_{i-1}$,现在要求得到第 i 个变换特征 $z_i=\boldsymbol{a}_i^{\mathrm{T}}\boldsymbol{x}$。根据方差最大的准则:

$$\boldsymbol{a}_i=\max_{\boldsymbol{a}_i}\mathrm{var}(z_i)=\max_{\boldsymbol{a}_i}\boldsymbol{a}_i^{\mathrm{T}}\boldsymbol{\Sigma}\boldsymbol{a}_i\tag{8.10}$$

根据不相关准则得到限制条件:

$$\mathrm{cov}(z_i,z_j)=\boldsymbol{a}_i^{\mathrm{T}}\boldsymbol{\Sigma}\boldsymbol{a}_j=0\quad j=1,\cdots,i-1\tag{8.11}$$

为了避免尺度变换,我们统一要求所有的变换向量均为单位向量,得到限制条件:

$$\boldsymbol{a}_j^{\mathrm{T}}\boldsymbol{a}_j=1\quad j=1,\cdots,i\tag{8.12}$$

将上述目标和约束整合在一起得到计算第 i 个变换特征参数 a_i 的准则函数:

$$\max_{\boldsymbol{a}_i}\boldsymbol{a}_i^{\mathrm{T}}\boldsymbol{\Sigma}\boldsymbol{a}_i\tag{8.13}$$

$$\mathrm{s.t.}\quad\boldsymbol{a}_i^{\mathrm{T}}\boldsymbol{\Sigma}\boldsymbol{a}_j=0\quad j=1,\cdots,i-1\tag{8.14}$$

$$\boldsymbol{a}_j^{\mathrm{T}}\boldsymbol{a}_j=1\quad j=1,\cdots,i\tag{8.15}$$

3. 求解算法

(1) 第一主成分

先求解主成分分析中的第一个变换特征,也被称为第一主成分,$z_1=\boldsymbol{a}_1^{\mathrm{T}}\boldsymbol{x}$,即求第一个参数向量 $\boldsymbol{a}_1$。根据式(8.13)~式(8.15)得到约束的优化问题:

$$\max_{\boldsymbol{a}_1}\boldsymbol{a}_1^{\mathrm{T}}\boldsymbol{\Sigma}\boldsymbol{a}_1\tag{8.16}$$

$$\mathrm{s.t.}\quad\boldsymbol{a}_1^{\mathrm{T}}\boldsymbol{a}_1=1\tag{8.17}$$

这等价于求解下列拉格朗日函数的极值:

$$\boldsymbol{a}_1^{\mathrm{T}}\boldsymbol{\Sigma}\boldsymbol{a}_1-\lambda(\boldsymbol{a}_1^{\mathrm{T}}\boldsymbol{a}_1-1)\tag{8.18}$$

其中,λ 是拉格朗日乘子。

将式(8.18)对 $\boldsymbol{a}_1$ 求导并令其为0,得到最优解满足以下条件:

$$\boldsymbol{\Sigma a}_1=\lambda \boldsymbol{a}_1 \tag{8.19}$$

这是协方差矩阵 $\boldsymbol{\Sigma}$ 的特征方程,因此 λ 一定是 $\boldsymbol{\Sigma}$ 的某个特征值,而 $\boldsymbol{a}_1$ 是对应的单位特征向量。于是,准则函数的值为

$$\boldsymbol{a}_1^{\mathrm{T}}\boldsymbol{\Sigma a}_1=\boldsymbol{a}_1^{\mathrm{T}}\lambda \boldsymbol{a}_1=\lambda \boldsymbol{a}_1^{\mathrm{T}}\boldsymbol{a}_1=\lambda \tag{8.20}$$

因此,为了最大化准则函数,只要找到 $\boldsymbol{\Sigma}$ 的最大特征值 λ_1,其对应的单位特征向量 $\boldsymbol{a}_1$ 就是式(8.18)的最优解。

(2) 第二主成分

接下来求解第二个变换特征,也就是第二主成分,$z_2=\boldsymbol{a}_2^{\mathrm{T}}\boldsymbol{x}$。根据式(8.13)~式(8.15)得到约束的优化问题:

$$\max_{a_2} \boldsymbol{a}_2^{\mathrm{T}}\boldsymbol{\Sigma a}_2 \tag{8.21}$$

$$\text{s.t.}\quad \boldsymbol{a}_2^{\mathrm{T}}\boldsymbol{\Sigma a}_1=0 \tag{8.22}$$

$$\boldsymbol{a}_2^{\mathrm{T}}\boldsymbol{a}_2=1 \tag{8.23}$$

考虑到 $\boldsymbol{a}_1$ 是 $\boldsymbol{\Sigma}$ 的单位特征向量,将式(8.19)代入式(8.22)可得:

$$\boldsymbol{a}_2^{\mathrm{T}}\boldsymbol{\Sigma a}_1=\boldsymbol{a}_2^{\mathrm{T}}\lambda_1\boldsymbol{a}_1=\lambda_1\boldsymbol{a}_2^{\mathrm{T}}\boldsymbol{a}_1=0 \tag{8.24}$$

因此:

$$\boldsymbol{a}_2^{\mathrm{T}}\boldsymbol{\Sigma a}_1=0\Leftrightarrow \boldsymbol{a}_2^{\mathrm{T}}\boldsymbol{a}_1=0 \tag{8.25}$$

定义拉格朗日函数:

$$\boldsymbol{a}_2^{\mathrm{T}}\boldsymbol{\Sigma a}_2-\lambda(\boldsymbol{a}_2^{\mathrm{T}}\boldsymbol{a}_2-1)-\kappa \boldsymbol{a}_2^{\mathrm{T}}\boldsymbol{a}_1 \tag{8.26}$$

其中,λ,κ 是拉格朗日乘子。对 $\boldsymbol{a}_2$ 求导并令其为0,得:

$$2\boldsymbol{\Sigma a}_2-2\lambda \boldsymbol{a}_2-\kappa \boldsymbol{a}_1=0 \tag{8.27}$$

将式(8.27)左乘以 $\boldsymbol{a}_1^{\mathrm{T}}$:

$$2\boldsymbol{a}_1^{\mathrm{T}}\boldsymbol{\Sigma a}_2-2\lambda \boldsymbol{a}_1^{\mathrm{T}}\boldsymbol{a}_2-\kappa \boldsymbol{a}_1^{\mathrm{T}}\boldsymbol{a}_1=0 \tag{8.28}$$

根据式(8.22)和式(8.25)可知式(8.28)的前两项均为0,且根据式(8.17)得到 $\kappa=0$。将该结果代入式(8.27),得:

$$\boldsymbol{\Sigma a}_2=\lambda \boldsymbol{a}_2 \tag{8.29}$$

可见 $\boldsymbol{a}_2$ 仍然是 $\boldsymbol{\Sigma}$ 的特征向量,并且为了让准则函数最大化,其所对应的特征值 λ_2 一定是除 λ_1 之外 $\boldsymbol{\Sigma}$ 的最大特征值。这时式(8.26)最大值为 λ_2。

(3) 第 i 主成分

依次类推,求解第 i 个主成分,$z_i=\boldsymbol{a}_i^{\mathrm{T}}\boldsymbol{x}$。为了最大化 z_i 的方差,只要找到 $\boldsymbol{\Sigma}$ 的第 i 大的特征值 λ_i,其对应的单位特征向量 $\boldsymbol{a}_i$ 就是满足主成分分析思想的参数向量,并且 z_i 的最大化方差等于 λ_i。

(4) 最终解

按照上述步骤,主成分分析的求解过程可以通过计算协方差矩阵 $\boldsymbol{\Sigma}$ 来实现。假设原空间有 D 维,则 $\boldsymbol{\Sigma}$ 共有 D 个特征值,有时存在取值相等和取值为0的特征值。计算出 $\boldsymbol{\Sigma}$ 的所有特征值,并按照大小排序为 $\lambda_1,\lambda_2,\cdots,\lambda_D(\lambda_1\geqslant\lambda_2\geqslant\cdots\geqslant\lambda_D)$。按照同样的顺序排列对应的特征向量 $\boldsymbol{a}_1,\boldsymbol{a}_2,\cdots,\boldsymbol{a}_D$。当降维后的空间维度为 d 时,最大的 d 个特征值所对应的特征向量就构成了变换矩阵 $\boldsymbol{A}=[\boldsymbol{a}_1,\boldsymbol{a}_2,\cdots,\boldsymbol{a}_d]$,并且在变换空间中样本的期望方差为

$$\sum_{i=1}^{d}\operatorname{var}(\boldsymbol{a}_i^{\mathrm{T}}\boldsymbol{x})=\sum_{i=1}^{d}\lambda_i \tag{8.30}$$

4. 正交性

原始的约束条件中包含 $\boldsymbol{a}_i^{\mathrm{T}}\boldsymbol{\Sigma}\boldsymbol{a}_j=0(j=1,\cdots,i-1)$，这反映了主成分分析要求变换特征之间不相关。在求解第二主成分时，由于第一主成分的参数 $\boldsymbol{a}_1$ 是 $\boldsymbol{\Sigma}$ 的特征向量，因此约束条件转变为 $\boldsymbol{a}_2^{\mathrm{T}}\boldsymbol{a}_1=0$，即 $\boldsymbol{a}_2$ 和 $\boldsymbol{a}_1$ 正交。同样的原因，在求解第 i 主成分时，约束条件也可以转变为 $\boldsymbol{a}_i^{\mathrm{T}}\boldsymbol{a}_j=0(j=1,\cdots,i-1)$，即 $\boldsymbol{a}_i$ 与之前的所有变换向量均要正交。正因为如此，在式(8.2)中我们将变换矩阵 $\boldsymbol{A}$ 设置为标准正交矩阵。

从式(8.30)可见，降维之后数据的方差一定会减小(不进行尺度变换)。而主成分分析可以在保持变换特征之间不相关的前提下，最大限度地减少方差的损失，从而实现最有效的降维。主成分分析保留的维度是最能描述数据之间主要差异的部分，有时这些主成分还具有实际的物理意义。被舍弃掉的次要成分往往对应于原始观测数据中的琐碎信息或噪声。

8.2.3 实际应用中的主成分分析

1. 实际数据

在主成分分析中，需要根据观测数据的期望值和协方差矩阵来求解主成分。在实际应用中，只能基于有限的观测数据来计算期望值和协方差矩阵，并求解出主成分。

假设数据集 $\mathcal{D}=\{\boldsymbol{x}_1,\boldsymbol{x}_2,\cdots,\boldsymbol{x}_N\}$ 由 N 个 D 维观测样本构成，其中 $\boldsymbol{x}_j=[x_{1j},x_{2j},\cdots,x_{Dj}]^{\mathrm{T}}$ 表示第 j 个观测样本，x_{ij} 表示第 j 个观测样本的第 i 个维度上的观测值。数据集 $\mathcal{D}$ 可以用样本矩阵表示为

$$\boldsymbol{X}=[\boldsymbol{x}_1,\boldsymbol{x}_2,\cdots,\boldsymbol{x}_N]=\begin{bmatrix} x_{11} & x_{12} & \cdots & x_{1N} \\ x_{21} & x_{22} & \cdots & x_{2N} \\ \vdots & \vdots & & \vdots \\ x_{D1} & x_{D2} & \cdots & x_{DN} \end{bmatrix} \tag{8.31}$$

2. 实际应用中的变换步骤

针对观测数据集 $\mathcal{D}$ 的主成分分析包括以下 4 个步骤。

① 规范化处理。在进行主成分分析时，一般需要对样本数据进行规范化处理。首先计算均值向量 $\bar{\boldsymbol{x}}$：

$$\bar{\boldsymbol{x}}=\frac{1}{N}\sum_{j=1}^{N}\boldsymbol{x}_j \tag{8.32}$$

其中，$\bar{\boldsymbol{x}}=[\bar{x}_1,\cdots,\bar{x}_D]^{\mathrm{T}}$ 是 D 维向量，$\bar{x}_i$ 是第 i 个维度上观测数据的平均值：

$$\bar{x}_i=\frac{1}{N}\sum_{j=1}^{N}x_{ij} \tag{8.33}$$

再计算数据集的协方差矩阵 $\boldsymbol{S}$：

$$\boldsymbol{S}=[s_{ij}]_{D\times D} \tag{8.34}$$

其中，s_{ij} 为

$$s_{ij}=\frac{1}{N-1}\sum_{n=1}^{N}(x_{in}-\bar{x}_i)(x_{jn}-\bar{x}_j)\quad i,j=1,2,\cdots,D \tag{8.35}$$

规范化处理是指对数据做如下变换：

$$x'_{ij}=\frac{x_{ij}-\bar{x}_i}{\sqrt{s_{ii}}}\quad i=1,2,\cdots,D\quad j=1,2,\cdots,N \tag{8.36}$$

为了方便，以下仍将规范化数据 x'_{ij} 记作 x_{ij}，规范化的样本矩阵仍记作 $\boldsymbol{X}$。

② 计算规范化数据矩阵的相关矩阵 $\boldsymbol{R}$。

$$\boldsymbol{R}=[r_{ij}]_{D\times D}=\frac{1}{N-1}\boldsymbol{X}\boldsymbol{X}^{\mathrm{T}} \tag{8.37}$$

其中，

$$r_{ij}=\frac{1}{N-1}\sum_{n=1}^{N}x_{in}x_{jn}\quad i,j=1,2,\cdots,D \tag{8.38}$$

注意，规范化数据矩阵的相关矩阵 $\boldsymbol{R}$ 就是原数据矩阵的协方差矩阵 $\boldsymbol{S}$。

③ 求相关矩阵 $\boldsymbol{R}$ 的 d 个特征值和对应的 d 个单位特征向量。求解下面的特征方程：

$$|\boldsymbol{R}-\lambda I|=0 \tag{8.39}$$

其中，$|\cdot|$表示矩阵的行列式。得 $\boldsymbol{R}$ 的 d 个最大的特征值：

$$\lambda_1\geqslant\lambda_2\geqslant\cdots\geqslant\lambda_d \tag{8.40}$$

求 d 个特征值对应的单位特征向量：

$$\boldsymbol{a}_1,\boldsymbol{a}_2,\cdots,\boldsymbol{a}_d \tag{8.41}$$

对应的变换矩阵为

$$\boldsymbol{A}=[\boldsymbol{a}_1,\boldsymbol{a}_2,\cdots,\boldsymbol{a}_d] \tag{8.42}$$

④ 计算所有样本变换后的表示向量。对于第 j 个样本，其变换后的向量为

$$\boldsymbol{z}_j=\boldsymbol{A}^{\mathrm{T}}\boldsymbol{x}_j \tag{8.43}$$

其中，$\boldsymbol{z}_j=[z_{1j},\cdots,z_{dj}]^{\mathrm{T}}$，其第 i 个维度上的变换后数值为

$$z_{ij}=\boldsymbol{a}_i^{\mathrm{T}}\boldsymbol{x}_j \tag{8.44}$$

3. 维度选择

在实际应用中还有一些问题需要讨论。首先是降维后的维度 d 如何选择。如果 d 过小，则新的空间中容易遗漏重要的信息；如果 d 过大，则新的空间中会保留过多噪声或其他干扰。一个经验法则是：如果累积的特征值已经超过所有特征值之和的 90%，则选择停止增加维度。也就是说，我们选择满足式(8.45)的最小整数作为 d：

$$\frac{\lambda_1+\lambda_2+\cdots+\lambda_d}{\lambda_1+\lambda_2+\cdots+\lambda_D}>0.9 \tag{8.45}$$

d 每增加 1，式(8.45)左边有可能会跳跃性增大，因此右边的阈值范围常常为 0.85～0.95。

4. 主成分分析的适用范围

什么情况下应该使用主成分分析呢？如果观测数据服从正态分布，那么不相关就等价于统计独立。主成分分析会去除维度之间的相关性，从而得到统计独立的特征空间。而特征值较小的维度更容易对应于噪声或其他干扰，因此更应该被去除。观测数据不服从正态分布时，如果特征值仍然呈现快速递减的趋势，那么说明前几个主成分会占据总方差的较大比例。这时，去除后几个维度并不会损失主要信息。

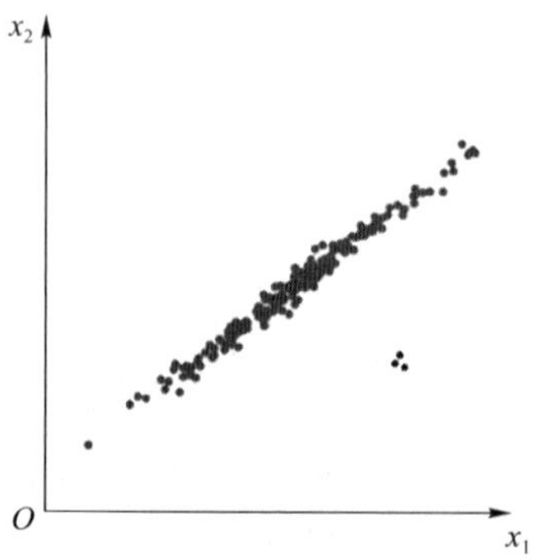

图 8.7　少量异常样本会严重干扰数据中的主成分

有些情况下，如图 8.7 所示，数据中存在的少量异常样本可能会严重干扰数据中的主要成分，这时主成分分析得到的结果会与实际情况发生较大的偏离，因此此时便不适合采用主成分分析。

当数据个数 N 或维数 D 很大时，本小节的

算法在计算上可能会非常昂贵。在这种情况下，通常使用奇异值分解（Singular Value Decomposition, SVD）来代替矩阵分解算法。

8.2.4 Karhunen-Loève 变换

1. 基本思想

K-L 变换（Karhunen Loève Transform）有多个变种，其中最基本的形式与主成分分析非常相似。K-L 变换的基本思想是利用一组标准正交向量空间对随机变量进行降维表示，并且尽量减少重建损失。具体而言，对于 D 维随机向量 $\boldsymbol{x}\in\mathbb{R}^D$，旨在使用另一个正交向量空间对其进行降维表示，并且希望新的表示与原始表示之间的均方误差最小化。

2. 模型形式

假设 D 维随机向量 $\boldsymbol{x}\in\mathbb{R}^D$ 的 N 次独立观测数据集 $\mathcal{D}=\{\boldsymbol{x}_1,\boldsymbol{x}_2,\cdots,\boldsymbol{x}_N\}$。其中 $\boldsymbol{x}_j=[x_{1j},x_{2j},\cdots,x_{Dj}]^{\mathrm{T}}$ 表示第 j 个观测样本，x_{ij} 表示第 j 个观测样本的第 i 个维度上的观测值。K-L 变换的模型参数由一组完备的标准正交基 $\boldsymbol{a}_1,\boldsymbol{a}_2,\cdots,\boldsymbol{a}_D$ 构成，其中 $a_i(i=1,\cdots,D)$ 是 D 维向量，且：

$$\boldsymbol{a}_i^{\mathrm{T}}\boldsymbol{a}_j=\begin{cases}1 & i=j\\ 0 & i\neq j\end{cases} \tag{8.46}$$

因此，随机向量 $\boldsymbol{x}$ 在正交基 $\boldsymbol{a}_i$ 上的投影为

$$z_i=\boldsymbol{a}_i^{\mathrm{T}}\boldsymbol{x} \tag{8.47}$$

而 $\boldsymbol{x}$ 在所有正交基上的坐标为 $\boldsymbol{z}=[z_1,z_2,\cdots,z_D]^{\mathrm{T}}$。

基于 $\boldsymbol{z}$ 可以重建原空间的观测向量 $\boldsymbol{x}$：

$$\boldsymbol{x}=\sum_{i=1}^{D}z_i\boldsymbol{a}_i \tag{8.48}$$

为了降维，如果只选择 d 个正交基（$d<D$），即标准正交基为 $\boldsymbol{a}_1,\boldsymbol{a}_2,\cdots,\boldsymbol{a}_d$，则在正交基上的坐标 $\boldsymbol{z}=[z_1,z_2,\cdots,z_d]^{\mathrm{T}}$，而重建的观测向量为

$$\hat{\boldsymbol{x}}=\sum_{i=1}^{d}z_i\boldsymbol{a}_i \tag{8.49}$$

3. 准则函数

观测样本在原空间中被表示为 D 维向量 $\boldsymbol{x}$，将其投影到 d 个正交基上得到的是 d 维向量 $\boldsymbol{z}$，从 $\boldsymbol{x}$ 到 $\boldsymbol{z}$ 实现了降维表示。但是基于 $\boldsymbol{z}$ 重建出的 D 维向量 $\hat{\boldsymbol{x}}$ 与原始的观测向量 $\boldsymbol{x}$ 可能会存在差异。由于观测样本 $\boldsymbol{x}$ 被看成一个随机向量，因此重建损失需要在统计意义上来定义。在 K-L 变换的准则函数中，将重建损失定义为均方误差，即：

$$\boldsymbol{A}=\min_{A}E[(x-\hat{x})^{\mathrm{T}}(x-\hat{x})] \tag{8.50}$$

其中，$\boldsymbol{A}=[\boldsymbol{a}_1,\boldsymbol{a}_2,\cdots,\boldsymbol{a}_d]$，$d<D$。将式(8.48)和式(8.49)代入均方误差公式，即式(8.50)，得：

$$\begin{aligned}E[(x-\hat{x})^{\mathrm{T}}(x-\hat{x})]&=E\Big[\Big(\sum_{i=d+1}^{D}z_i\boldsymbol{a}_i\Big)^{\mathrm{T}}\Big(\sum_{j=d+1}^{D}z_j\boldsymbol{a}_j\Big)\Big]\\&=E\Big[\sum_{i=d+1}^{D}z_i^2\Big]\\&=E\Big[\sum_{i=d+1}^{D}\boldsymbol{a}_i^{\mathrm{T}}\boldsymbol{x}\boldsymbol{x}^{\mathrm{T}}\boldsymbol{a}_i\Big]\\&=\sum_{i=d+1}^{D}\boldsymbol{a}_i^{\mathrm{T}}E[\boldsymbol{x}\boldsymbol{x}^{\mathrm{T}}]\boldsymbol{a}_i\end{aligned} \tag{8.51}$$

用 $\boldsymbol{R}_X$ 来表示 $E[\boldsymbol{x}\boldsymbol{x}^{\mathrm{T}}]$，则式(8.50)的准则函数可以改写为

$$\boldsymbol{A}=\min_{\boldsymbol{A}}\sum_{i=d+1}^{D}\boldsymbol{a}_i^{\mathrm{T}}\boldsymbol{R}_X\boldsymbol{a}_i \tag{8.52}$$

限制条件为

$$\boldsymbol{a}_i^{\mathrm{T}}\boldsymbol{a}_j=\begin{cases}1 & i=j\\ 0 & i\neq j\end{cases} \tag{8.53}$$

4. 求解算法

采用拉格朗日法，得到无约束的准则函数：

$$\sum_{i=d+1}^{D}\boldsymbol{a}_i^{\mathrm{T}}\boldsymbol{R}_X\boldsymbol{a}_i-\sum_{i=1}^{D}\lambda_i(\boldsymbol{a}_i^{\mathrm{T}}\boldsymbol{a}_i-1)-\sum_{i=1}^{D-1}\sum_{j=i+1}^{D}\kappa_{ij}\boldsymbol{a}_j^{\mathrm{T}}\boldsymbol{a}_i \tag{8.54}$$

其中 λ_i,κ_{ij} 是拉格朗日乘子。

对 $\boldsymbol{a}_i$ 求导并令其为 0，得：

$$\boldsymbol{R}_X\boldsymbol{a}_i=\lambda_i\boldsymbol{a}_i \tag{8.55}$$

因此，K-L 变换的解仍然可以通过求矩阵的特征值和特征向量来获得，这里的矩阵是 $\boldsymbol{R}_X$。为了让均方误差最小，需要选择 $\boldsymbol{R}_X$ 最大的 d 个特征值所对应的特征向量来构成变换矩阵 $\boldsymbol{A}$。舍弃的特征值之和就是重建损失：

$$E[(\boldsymbol{x}-\hat{\boldsymbol{x}})^{\mathrm{T}}(\boldsymbol{x}-\hat{\boldsymbol{x}})]=\sum_{i=d+1}^{D}\lambda_i \tag{8.56}$$

5. K-L 变换的步骤

假设数据集 $\mathcal{D}=\{\boldsymbol{x}_1,\boldsymbol{x}_2,\cdots,\boldsymbol{x}_N\}$ 用样本矩阵表示为

$$\boldsymbol{X}=[\boldsymbol{x}_1,\boldsymbol{x}_2,\cdots,\boldsymbol{x}_N]=\begin{bmatrix}x_{11} & x_{12} & \cdots & x_{1N}\\ x_{21} & x_{22} & \cdots & x_{2N}\\ \vdots & \vdots & & \vdots\\ x_{D1} & x_{D2} & \cdots & x_{DN}\end{bmatrix} \tag{8.57}$$

① 计算原特征空间中样本的 $\boldsymbol{R}_X$ 矩阵：

$$\boldsymbol{R}_X=E[\boldsymbol{X}\boldsymbol{X}^{\mathrm{T}}] \tag{8.58}$$

② 计算 $\boldsymbol{R}_X$ 的特征值和特征向量：

$$\boldsymbol{R}_X\boldsymbol{a}=\lambda\boldsymbol{a} \tag{8.59}$$

得到 D 个特征值，并从大到小排列为 $\lambda_1,\lambda_2,\cdots,\lambda_D$，对应的特征向量为 $\boldsymbol{a}_1,\boldsymbol{a}_2,\cdots,\boldsymbol{a}_D$。

③ 由前 d 个特征值所对应的特征向量构成 $\boldsymbol{A}$：

$$\boldsymbol{A}=[\boldsymbol{a}_1,\boldsymbol{a}_2,\cdots,\boldsymbol{a}_d] \tag{8.60}$$

6. 小结

主成分分析的准则函数是方差最大化，而 K-L 变换的准则函数是重建损失最小化。虽然它们的基本思想并不相同，但是形式非常相似，主要的不同在于 K-L 变换不需要规范化处理。在实际应用中，K-L 变换和主成分分析会有不同的使用方法。

8.3 潜在语义分析

当观测数据主要展现为两种要素之间的关联关系时，可以通过保留这种拓扑联系并提取

更具表示能力的降维特征。在文本数据中，我们直接观测到的是词-文档的共现关系，然而词特征无法直接表达文档间更高层语义的关联。为此，潜在语义分析（Latent Semantic Analysis，LSA）被用于挖掘文档与词之间的潜在话题特征，以提高文档表示的准确性。潜在语义分析也被称为潜在语义索引（Latent Semantic Indexing，LSI），最初被应用于文本信息检索，随后在推荐系统、图像处理、生物信息学等领域得到广泛应用。本节主要介绍通过矩阵分解来提取话题特征的方法。

8.3.1 潜在语义分析的基本思想

1. 文本表示问题

为了用计算机处理人类的语言，首先要解决语言在计算机内部的存储和表示问题。文本是语言在纸面上的体现形式，而字符串（String）是文本在计算机中最直接和最常用的存储形式。在字符串数据中，最基本的文本单元是字或词，这些字或词构成句子，句子再进一步构成文档。

在句子和文档的表示上，我们通常采用结构化表示或向量化表示两种方式。句法分析（Syntactic Parsing）作为一种结构化表示方法，通过揭示句子中的句法结构和词语间的依存关系，将句子表示为复杂的结构，如句法树或依存关系图。这种方法能够精确表示复杂的语法和语义结构，但也存在一些明显的缺点：它依赖于手工构建的结构化特征，通常需要大量标注数据来进行监督学习；对于语言变化和语言差异较为敏感，容易导致鲁棒性不强；处理长距离依赖时存在困难；在面对语言歧义时，句法分析可能会产生不确定性。

向量空间模型（Vector Space Model, VSM）是一种常用的向量化表示方法。该模型将词作为特征维度构建特征向量，以此表示文档或句子。在向量空间模型中，最基本的形式是词袋（Bag of Words, BOW）模型，它将文档或句子视为一个无序的词集合，并在此基础上来构建词向量。词袋模型是构建深层语义表示的基础。

2. 基于词袋模型的文档表示方法

（1）文档数据

假设观测到的文档数据集$\mathcal{D}=\{\boldsymbol{d}_1,\boldsymbol{d}_2,\cdots,\boldsymbol{d}_N\}$，其中$\boldsymbol{d}_j$是第$j$个文档。假设在所有文档中出现的不同词共有$M$个，构成了词集合$\mathcal{W}=\{w_1,w_2,\cdots,w_M\}$。根据词袋模型，我们忽略掉每篇文档的语法和语序等要素，仅将其看作若干个词的集合，并且假设文档中每个词的出现都是独立的。用元素x_{ij}表示词w_i在文档$\boldsymbol{d}_j$中的权值，文档$\boldsymbol{d}_j$就被表示成一个M维向量：

$$\boldsymbol{x}_j=\begin{bmatrix} x_{1j} \\ x_{2j} \\ \vdots \\ x_{Mj} \end{bmatrix} \tag{8.61}$$

将文档数据集$\mathcal{D}$用一个词-文档矩阵表示，记作$\boldsymbol{X}$：

$$\boldsymbol{X}=[\boldsymbol{x}_1,\boldsymbol{x}_2,\cdots,\boldsymbol{x}_N]=\begin{bmatrix} x_{11} & x_{12} & \cdots & x_{1N} \\ x_{21} & x_{22} & \cdots & x_{2N} \\ \vdots & \vdots & & \vdots \\ x_{M1} & x_{M2} & \cdots & x_{MN} \end{bmatrix} \tag{8.62}$$

（2）TF-IDF 权重

在词袋模型中，权值x_{ij}的选择非常关键。最常用的权重是频率-逆文本频率（Term

Frequency-Inverse Document Frequency，TF-IDF）。具体而言，如果某个词在文档中出现的频率非常高，那么说明该词更能代表该文档，因此其权重应该较大；而有些词在所有的文档中均有较高的频率，例如，中文中"的""是"等词，这些词无助于描述文档间的语义差异，因此其权重应该较小。综合两方面考虑，TF-IDF 权重的定义是：

$$\mathrm{TFIDF}_{ij}=\mathrm{TF}_{ij}\times\mathrm{IDF}_{ij}=\frac{\mathrm{tf}_{ij}}{\mathrm{tf}_j}\log\frac{\mathrm{df}}{\mathrm{df}_i}\quad i=1,2,\cdots,M\quad j=1,2,\cdots,N \tag{8.63}$$

其中，tf_{ij} 是词 w_i 出现在文档 $\boldsymbol{d}_j$ 中的频数，tf_j 是文档 $\boldsymbol{d}_j$ 中词频数的总和，df_i 是含有词 w_i 的文档个数，df 是文档数据集 $\mathcal{D}$ 的全部文档数，TF_{ij} 为词 w_i 在文档 $\boldsymbol{d}_j$ 中的词频（Term Frequency，TF）：

$$\mathrm{TF}_{ij}=\frac{\mathrm{tf}_{ij}}{\mathrm{tf}_j}\quad i=1,2,\cdots,M\quad j=1,2,\cdots,N \tag{8.64}$$

IDF_{ij} 为词 w_i 的逆文本频率（Inverse Document Frequency，IDF）：

$$\mathrm{IDF}_{ij}=\log\frac{\mathrm{df}}{\mathrm{df}_i}\quad i=1,2,\cdots,M \tag{8.65}$$

（3）相似性度量

在 TF-IDF 权重的向量空间模型中，文档 $\boldsymbol{d}_i$ 和 $\boldsymbol{d}_j$ 之间的语义相似度可以通过词向量间的内积或标准化内积（余弦）来计算：

$$\mathrm{Sim}_{\mathrm{Dot}}(\boldsymbol{x}_i,\boldsymbol{x}_j)=\boldsymbol{x}_i\cdot\boldsymbol{x}_j\ \text{或}\ \mathrm{Sim}_{\mathrm{Cos}}(\boldsymbol{x}_i,\boldsymbol{x}_j)=\frac{\boldsymbol{x}_i\cdot\boldsymbol{x}_j}{\|\boldsymbol{x}_i\|\|\boldsymbol{x}_j\|} \tag{8.66}$$

其中，· 表示向量的内积，‖·‖表示向量的范数。虽然忽略了词语顺序会降低模型对精确语义的表示能力，但该模型仍然可以描述出文档所属的领域和方向。式(8.66)表明，在两个文档中共同出现的词越多，其语义就越相近，这也符合我们的直觉。

（4）词向量表示的特点和优点

中文中常用词大概有 5 万个，加上领域专有名词，词集合很容易就扩展到 20 万个以上。而对于一篇文档来说，去掉介词、连词、代词等停用词后的不同词数目一般不超过 1 000 个，因此每个文档 $\boldsymbol{d}$ 的词向量 $\boldsymbol{x}$ 常常是一个高维稀疏的向量。

词袋模型有简单、高效、稳定等多种优点。首先，该模型不需要太多的人工参与，只要设计好词集合即可建立词向量空间。其次，稀疏词向量的内积计算量很少，可以高效地完成。相对于句法分析，词袋模型对于缺字、多字、乱码等干扰的鲁棒性强。这个模型虽然简单，但能在一定程度上能够满足应用的需求，因此在文本信息检索、文本数据挖掘等领域被广泛应用。

（5）词向量表示的缺点

词向量空间模型存在明显的局限性。自然语言的词语具有一词多义性（Polysemy）及多词一义性（Synonymy）现象，即同一个词可以表示多个语义，多个单词可以表示同一个语义。对于这种情况，词向量的相似度并不准确。

考虑以下 3 个句子：

$\boldsymbol{d}_1$："杜鹃羽毛绚丽，叫声悠扬"。

$\boldsymbol{d}_2$："杜鹃花海绚丽多彩"。

$\boldsymbol{d}_3$："美丽的布谷鸟唱歌动听"。

"杜鹃"是一词多义，可以指杜鹃鸟或杜鹃花；"杜鹃"和"布谷鸟"是多词同义。表 8.1 中以不同的词为维度，$\boldsymbol{d}_1$，$\boldsymbol{d}_2$，$\boldsymbol{d}_3$ 被表示成取值为 0 或 1 的词向量。从语义上看，$\boldsymbol{d}_1$ 和 $\boldsymbol{d}_3$ 的关联性更强；但是从词向量上看，$\boldsymbol{d}_1$ 和 $\boldsymbol{d}_2$ 的余弦相似度更高，而 $\boldsymbol{d}_1$ 和 $\boldsymbol{d}_3$ 的余弦相似度甚至为 0。

表 8.1 词向量空间模型的局限性

句子	词										
	杜鹃	羽毛	绚丽	叫声	悠扬	花海	多彩	美丽	布谷鸟	唱歌	动听
d_1	1	1	1	1	1	0	0	0	0	0	0
d_2	1	0	1	0	0	1	1	0	0	0	0
d_3	0	0	0	0	0	0	0	1	1	1	1

在文本信息检索应用中,用户通常希望通过少量的检索词查找所有相关的文档。如果用户的目标是“杜鹃鸟”,则他们希望可以找到同时描述“布谷鸟”的文档,并且过滤掉有关“杜鹃花”的文档。为了更好地度量文档之间的相似性,我们需要建立词之间的语义关系。然而,词之间的语义关系常常隐藏在观测数据中,难以直接利用。在特征工程时代,研究者通过人工构建语义词典来表示词之间的语义关系,如知网、同义词词林、WordNet、FrameNet 等。近年来,随着机器学习技术的发展,基于数据驱动的方法已成为词表示的主要方式。

3. 潜在语义分析的基本思想

(1) 从局部表示到分布式表示

从性质上看,向量空间模型属于局部表示方法。它可以直接观测得到,通常具有离散、高维、稀疏等特点。局部表示方法的这些特点使得词向量空间模型在处理一词多义和多词同义等语义问题时存在局限性。如果通过降维得到一种连续、低维、稠密的分布式表示,是否能够改善上述问题呢?

(2) 介于词和文档之间的话题特征

一种可能的解决方案是采用特征工程来构建低维的分布式表示特征。根据经验,某些词往往在特定类别的文档中频繁出现,而这些词的组合就构成了一个话题(Topic)。例如,“杜鹃”“布谷鸟”“羽毛”“叫声”等词常常一起出现在描述杜鹃鸟的文档中,它们的组合构成了“杜鹃鸟”这一话题。

话题并没有严格的定义,一般指的是文档所讨论的内容或主题,是介于词和文档粒度之间的一种特征。一个话题通常由若干个语义相关的词表示。例如,将“杜鹃”和“花朵”组合成一个话题,可以更准确地描述“杜鹃花”的语义;而将“杜鹃”和“布谷鸟”组合成一个话题,则能够更全面地描述“杜鹃鸟”的语义。每个文档通常包含多个话题,而如果两个文档在话题上相似,那么它们的语义也可能相似。因此,基于话题的模型有助于解决传统词袋模型中存在的语义歧义问题。与词特征相比,话题特征具有更低的维度,并且通常更稠密。

(3) 潜在语义分析

潜在语义分析旨在通过机器学习方法自动从数据中构建话题特征。由于话题特征并不直接出现在原始的观测数据中,我们需要通过一些方法提取出潜藏在词-文档矩阵中的话题结构,并用这些话题特征代替传统的词特征来表示文档的语义。

在潜在语义分析中,我们假设词-话题以及话题-文档之间存在线性关系。基于这一假设,我们可以采用矩阵分解的方式来提取话题特征。

8.3.2 矩阵的奇异值分解

1. 奇异值分解的模型形式

奇异值分解是一种更通用的矩阵分解方法,可以在降维的同时实现在平方损失意义下的最优近似。矩阵的奇异值分解是指，将一个非零的$M\times N$实矩阵$\boldsymbol{A}$，$\boldsymbol{A}\in\mathbb{R}^{M\times N}$，表示为以下3个实矩阵乘积形式的运算，即进行矩阵的因子分解：

$$\boldsymbol{A}=\boldsymbol{U\Sigma V}^{\mathrm{T}} \tag{8.67}$$

其中，$\boldsymbol{U}$ 是 M 阶正交矩阵，$\boldsymbol{V}$ 是 N 阶正交矩阵，$\boldsymbol{\Sigma}$ 是由降序排列的非负的对角线元素组成的 $M\times N$ 矩形对角矩阵，且满足：

$$\boldsymbol{UU}^{\mathrm{T}}=\boldsymbol{I} \tag{8.68}$$

$$\boldsymbol{VV}^{\mathrm{T}}=\boldsymbol{I} \tag{8.69}$$

$$\boldsymbol{\Sigma}=\mathrm{diag}(\sigma_1,\sigma_2,\cdots,\sigma_p) \tag{8.70}$$

$$\sigma_1\geqslant\sigma_2\geqslant\cdots\geqslant\sigma_p\geqslant 0 \tag{8.71}$$

$$p=\min(M,N) \tag{8.72}$$

其中，$\sigma_i(i=1,2,\cdots,p)$称为矩阵 $\boldsymbol{A}$ 的奇异值(Singular Value)，$\boldsymbol{U}$ 的列向量称为左奇异向量(Left Singular Vector)，$\boldsymbol{V}$ 的列向量称为右奇异向量(Right Singular Vector)。

矩阵 $\boldsymbol{A}$ 的奇异值可以通过求对称矩阵 $\boldsymbol{A}^{\mathrm{T}}\boldsymbol{A}$ 的特征值和特征向量得到。$\boldsymbol{A}^{\mathrm{T}}\boldsymbol{A}$ 的特征值 λ_i 的平方根为奇异值，即：

$$\sigma_i=\sqrt{\lambda_i}\quad i=1,2,\cdots,N \tag{8.73}$$

$\boldsymbol{A}^{\mathrm{T}}\boldsymbol{A}$ 的特征向量构成正交矩阵 $\boldsymbol{V}$ 的列，并且 $\boldsymbol{V}$ 的每列特征向量要与 $\boldsymbol{\Sigma}$ 中的奇异值(特征值的正平方根)相对应。

注意，奇异值分解不要求矩阵 $\boldsymbol{A}$ 是方阵，事实上矩阵的奇异值分解可以看作方阵的对角化的推广。可以证明实矩阵 $\boldsymbol{A}$ 的奇异值分解一定存在但不一定是唯一的。

2. 紧奇异值分解

上文的分解称完全奇异值分解。紧奇异值旨在既降维又不丢失精度。对于 $M\times N$ 的实矩阵 $\boldsymbol{A}$，如果其秩为 $\mathrm{rank}(\boldsymbol{A})=r$，$r\leqslant\min(M,N)$，则紧奇异值分解为

$$\boldsymbol{A}=\boldsymbol{U}_r\boldsymbol{\Sigma}_r\boldsymbol{V}_r^{\mathrm{T}} \tag{8.74}$$

其中，$\boldsymbol{U}_r$ 是$M\times r$ 矩阵，$\boldsymbol{V}_r$ 是 $N\times r$ 矩阵，$\boldsymbol{\Sigma}_r$ 是 r 阶对角矩阵。矩阵 $\boldsymbol{U}_r$ 由完全奇异值分解中 $\boldsymbol{U}$ 的前 r 列得到，矩阵 $\boldsymbol{V}_r$ 由 $\boldsymbol{V}$ 的前 r 列得到，矩阵 $\boldsymbol{\Sigma}_r$ 由 $\boldsymbol{\Sigma}$ 的前 r 个对角线元素得到。紧奇异值分解的对角矩阵 $\boldsymbol{\Sigma}_r$ 的秩与原始矩阵 $\boldsymbol{A}$ 的秩相等。

3. 截断奇异值分解

在矩阵的奇异值分解中，只取最大的 K 个奇异值($K<r$，r 为矩阵 $\boldsymbol{A}$ 的秩)对应的部分，就得到了矩阵的截断奇异值分解。设 $\boldsymbol{A}$ 为 $M\times N$ 实矩阵，其秩 $\mathrm{rank}(\boldsymbol{A})=r$，且 $0<K<r$，则称 $\boldsymbol{U}_K\boldsymbol{\Sigma}_K\boldsymbol{V}_K^{\mathrm{T}}$ 为矩阵 $\boldsymbol{A}$ 的截断奇异值分解：

$$\boldsymbol{A}\approx\boldsymbol{U}_K\boldsymbol{\Sigma}_K\boldsymbol{V}_K^{\mathrm{T}} \tag{8.75}$$

其中，$\boldsymbol{U}_K$ 是 $M\times K$ 矩阵，$\boldsymbol{V}_K$ 是 $N\times K$ 矩阵，$\boldsymbol{\Sigma}_K$ 是 K 阶对角矩阵。矩阵 $\boldsymbol{U}_K$ 由完全奇异值分解中 $\boldsymbol{U}$ 的前 K 列得到，矩阵 $\boldsymbol{V}_K$ 由 $\boldsymbol{V}$ 的前 K 列得到，矩阵 $\boldsymbol{\Sigma}_K$ 由 $\boldsymbol{\Sigma}$ 的前 K 个对角线元素得到。对角矩阵 $\boldsymbol{\Sigma}_K$ 的秩比原始矩阵 $\boldsymbol{A}$ 的秩低，因此 $\boldsymbol{U}_K\boldsymbol{\Sigma}_K\boldsymbol{V}_K^{\mathrm{T}}$ 只能近似表示 $\boldsymbol{A}$。

4. 矩阵的最优近似

奇异值分解是一种矩阵近似的方法，这个近似是在 F 范数(Frobenius Norm)意义下的最优近似。矩阵的 F 范数是向量的 L_2 范数的推广，对应着机器学习中的平方损失函数：

$$\|\boldsymbol{A}\|_F=\Big(\sum_{i=1}^{M}\sum_{j=1}^{N}(a_{ij})^2\Big)^{\frac{1}{2}} \tag{8.76}$$

可以证明截断奇异值分解是在平方损失(F 范数)下对矩阵的最优近似，即如果 $\boldsymbol{A}'=\boldsymbol{U\Sigma}'\boldsymbol{V}^{\mathrm{T}}$

是矩阵 $\boldsymbol{A}$ 的 K 阶截断奇异值分解，且

$$\boldsymbol{\Sigma}'=\begin{bmatrix}\sigma_1 & & & & & \\ & \ddots & & & 0 & \\ & & \sigma_K & & & \\ & & & 0 & & \\ & 0 & & & \ddots & \\ & & & & & 0\end{bmatrix}=\begin{bmatrix}\boldsymbol{\Sigma}_K & 0\\ 0 & 0\end{bmatrix} \tag{8.77}$$

则：

$$\|\boldsymbol{A}-\boldsymbol{A}'\|_F=(\sigma_{k+1}^2+\sigma_{k+2}^2+\cdots+\sigma_N^2)^{\frac{1}{2}}=\min_{S\in\mathcal{M}}\|\boldsymbol{A}-\boldsymbol{S}\|_F \tag{8.78}$$

其中，$\mathcal{M}$ 为 $\mathbb{R}^{M\times N}$ 中所有秩不超过 K 的矩阵的集合，$0<K<r$，$\mathrm{rank}(\boldsymbol{A})=r$。也就是说，截断奇异值分解在压缩（降维）的前提下在 F 范数意义上实现了最优近似。

8.3.3 基于奇异值分解的潜在语义分析模型

1. 模型形式

利用矩阵奇异值分解可以实现潜在语义分析。将文档数据集 $\mathcal{D}$ 用一个词-文档矩阵表示，记作 $\boldsymbol{X}$：

$$\boldsymbol{X}=[\boldsymbol{x}_1,\boldsymbol{x}_2,\cdots,\boldsymbol{x}_N]=\begin{bmatrix}x_{11} & x_{12} & \cdots & x_{1N}\\ x_{21} & x_{22} & \cdots & x_{2N}\\ \vdots & \vdots & & \vdots\\ x_{M1} & x_{M2} & \cdots & x_{MN}\end{bmatrix} \tag{8.79}$$

其中，x_{ij} 表示词 w_i 在文档 $\boldsymbol{d}_j$ 中的 TF-IDF 权重或其他权值。

采用矩阵的截断奇异值分解作为模型，即将 $\boldsymbol{X}$ 近似表示为 $\boldsymbol{X}'$：

$$\boldsymbol{X}'\approx\boldsymbol{U}_K\boldsymbol{\Sigma}_K\boldsymbol{V}_K^{\mathrm{T}}=[\boldsymbol{u}_1,\boldsymbol{u}_2,\cdots,\boldsymbol{u}_K]\begin{bmatrix}\sigma_1 & 0 & \cdots & 0\\ 0 & \sigma_2 & \cdots & 0\\ \vdots & \vdots & & \vdots\\ 0 & 0 & \cdots & \sigma_K\end{bmatrix}\begin{bmatrix}\boldsymbol{v}_1^{\mathrm{T}}\\ \boldsymbol{v}_2^{\mathrm{T}}\\ \vdots\\ \boldsymbol{v}_K^{\mathrm{T}}\end{bmatrix} \tag{8.80}$$

其中，K 是模型的超参数，$K\leqslant M$ 且 $K\leqslant N$；矩阵 $\boldsymbol{U}_K=[\boldsymbol{u}_1,\boldsymbol{u}_2,\cdots,\boldsymbol{u}_K]$，$\boldsymbol{u}_1,\cdots,\boldsymbol{u}_K$ 由 $\boldsymbol{X}$ 的前 K 个互相正交的左奇异向量组成。从物理意义角度看，$\boldsymbol{u}_i(i=1,\cdots,K)$ 是一个用 M 维词向量表示的话题，称为话题向量。这 K 个话题向量张成的子空间被称为话题向量空间。

$\boldsymbol{\Sigma}_K$ 是 K 阶对角方阵，对角元素为 $\boldsymbol{X}$ 的前 K 个最大奇异值。矩阵 $\boldsymbol{V}_K=[\boldsymbol{v}_1,\boldsymbol{v}_2,\cdots,\boldsymbol{v}_K]$ 的列由 $\boldsymbol{X}$ 的前 K 个互相正交的右奇异向量组成。$\boldsymbol{\Sigma}_K\boldsymbol{V}_K^{\mathrm{T}}$ 的第 j 列向量，简记为 $(\boldsymbol{\Sigma}_K\boldsymbol{V}_K^{\mathrm{T}})_j$，就是在 K 维话题空间中表示的文档 $\boldsymbol{d}_j$。在原始词空间中文档 $\boldsymbol{d}_j$ 的观测向量 $\boldsymbol{x}_j$ 是 M 维，一般情况下 $M\gg K$，因此，通过截断奇异值分解得到的话题空间可以实现降维表示。

$\boldsymbol{X}'$ 与 $\boldsymbol{X}$ 一样都是 $M\times N$ 的矩阵。$\boldsymbol{X}'$ 是从话题空间再恢复到词空间的词-文档矩阵。对于文档 $\boldsymbol{d}_j$，其原始观测到的词空间向量是 $\boldsymbol{x}_j$，表示成话题空间的向量是 $(\boldsymbol{\Sigma}_K\boldsymbol{V}_K^{\mathrm{T}})_j$，再将其恢复到词空间的向量为 $\boldsymbol{x}_j'=\boldsymbol{U}_K(\boldsymbol{\Sigma}_K\boldsymbol{V}_K^{\mathrm{T}})_j$。采用降维表示后总会丢失一些信息，因此，$\boldsymbol{x}_j'$ 只是对 $\boldsymbol{x}_j$ 的近似，通常 $\boldsymbol{x}_j'\neq\boldsymbol{x}_j$，相应的 $\boldsymbol{X}'\neq\boldsymbol{X}$。

2. 准则函数

潜在语义分析希望用少量的话题特征就可以尽量准确地表现出词-文档之间的关系，也就

是希望 $\boldsymbol{X}'$ 与观测到的词-文档矩阵 $\boldsymbol{X}$ 之间的差异尽量小。因此，准则函数就是：

$$\|\boldsymbol{X}-\boldsymbol{X}'\|_F=\min_{S\in\mathcal{M}}\|\boldsymbol{X}-\boldsymbol{S}\|_F \tag{8.81}$$

其中，$\mathcal{M}$ 为 $\mathbb{R}^{M\times N}$ 中所有秩不超过 K 的矩阵的集合，$0<K<r$，$\text{rank}(\boldsymbol{A})=r$。

3. 算法步骤

基于奇异值分解的潜在语义分析的计算步骤如下（步骤①～④为奇异值分解，步骤⑤得到潜在语义分析）：

① 计算 $\boldsymbol{X}^{\text{T}}\boldsymbol{X}$ 的特征值和特征向量。计算对称矩阵 $\boldsymbol{W}=\boldsymbol{X}^{\text{T}}\boldsymbol{X}$，再求解特征方程：

$$(\boldsymbol{W}-\lambda\boldsymbol{I})\boldsymbol{v}=0 \tag{8.82}$$

得到特征值，将特征值由大到小排列，特征值大小关系如下：

$$\lambda_1\geqslant\lambda_2\geqslant\cdots\geqslant\lambda_N\geqslant 0 \tag{8.83}$$

将特征值 $\lambda_i(i=1,2,\cdots,N)$ 代入如式(8.82)所示的特征方程，求得对应的特征向量。

② 求 N 阶正交矩阵 $\boldsymbol{V}$。将特征向量单位化，得到单位特征向量 $\boldsymbol{v}_1,\boldsymbol{v}_2,\cdots,\boldsymbol{v}_N$，构成 N 阶正交矩阵 $\boldsymbol{V}$：

$$\boldsymbol{V}=[\boldsymbol{v}_1,\boldsymbol{v}_2,\cdots,\boldsymbol{v}_N] \tag{8.84}$$

③ 求 $M\times N$ 对角矩阵 $\boldsymbol{\Sigma}$。计算 $\boldsymbol{X}$ 的奇异值：

$$\sigma_i=\sqrt{\lambda_i}\quad i=1,2,\cdots,N \tag{8.85}$$

构造 $M\times N$ 的矩形对角矩阵 $\boldsymbol{\Sigma}$，主对角线元素是奇异值，其余元素是 0：

$$\boldsymbol{\Sigma}=\text{diag}(\sigma_1,\sigma_2,\cdots,\sigma_N) \tag{8.86}$$

④ 求 M 阶正交矩阵 $\boldsymbol{U}$。$\text{rank}(\boldsymbol{X})=r$，对 $\boldsymbol{X}$ 的前 r 个正奇异值，令：

$$\boldsymbol{u}_i=\frac{1}{\sigma_i}\boldsymbol{X}\boldsymbol{v}_i\quad i=1,2,\cdots,r \tag{8.87}$$

得到

$$\boldsymbol{U}_1=[\boldsymbol{u}_1,\boldsymbol{u}_2,\cdots,\boldsymbol{u}_r] \tag{8.88}$$

求 $\boldsymbol{X}^{\text{T}}$ 的零空间的一组标准正交基 $\{\boldsymbol{u}_{r+1},\boldsymbol{u}_{r+2},\cdots,\boldsymbol{u}_M\}$，令：

$$\boldsymbol{U}_2=[\boldsymbol{u}_{r+1},\boldsymbol{u}_{r+2},\cdots,\boldsymbol{u}_M] \tag{8.89}$$

并令：

$$\boldsymbol{U}=[\boldsymbol{U}_1\boldsymbol{U}_2] \tag{8.90}$$

⑤ 得到潜在语义分析。$\boldsymbol{X}$ 的完全奇异值分解为

$$\boldsymbol{X}=\boldsymbol{U}\boldsymbol{\Sigma}\boldsymbol{V}^{\text{T}}$$

K 阶截断奇异值分解就是潜在语义分析：

$$\boldsymbol{X}'=\boldsymbol{U}_K\boldsymbol{\Sigma}_K\boldsymbol{V}_K^{\text{T}} \tag{8.91}$$

计算 $\boldsymbol{\Sigma}_K\boldsymbol{V}_K^{\text{T}}$，其第 j 列向量 $(\boldsymbol{\Sigma}_K\boldsymbol{V}_K^{\text{T}})_j$ 就是文档 $\boldsymbol{d}_j$ 在 K 维话题空间中的表示向量。用该向量更容易计算出文档之间在语义上的相似性。

8.3.4 基于非负矩阵分解的话题模型

1. 奇异值分解存在的问题

在基于奇异值分解的潜在语义分析中，我们将 $\boldsymbol{U}$ 矩阵的列向量解释为由 M 维词向量表示的话题特征，而将 $\boldsymbol{\Sigma}\boldsymbol{V}^{\text{T}}$ 矩阵解释为基于话题特征来表示的 N 个文档向量。这种解释在 $\boldsymbol{U}$ 和 $\boldsymbol{V}$ 均为非负实数矩阵时是合理的。然而，当奇异值分解得到的 $\boldsymbol{U}$ 和 $\boldsymbol{V}$ 包含负实数元素时，会

降低模型的可解释性。非负矩阵分解(Non-negative Matrix Factorization, NMF)对参数矩阵施加了非负性约束,这使其更适合处理非负数据,如词-文档矩阵。

2. 非负矩阵分解

非负矩阵分解是一种矩阵分解方法。若一个矩阵的所有元素非负,则称该矩阵为非负矩阵。若 $\boldsymbol{X}$ 是非负矩阵,则记作 $\boldsymbol{X}\geqslant 0$。对于非负矩阵 $\boldsymbol{X}$,若非负矩阵 $\boldsymbol{W}\geqslant 0$ 和 $\boldsymbol{H}\geqslant 0$,使得:

$$\boldsymbol{X}\approx\boldsymbol{WH} \tag{8.92}$$

即将非负矩阵 $\boldsymbol{X}$ 分解为两个非负矩阵 $\boldsymbol{W}$ 和 $\boldsymbol{H}$ 乘积的形式,称为非负矩阵分解。因为很难实现完全相等,所以只要求 $\boldsymbol{WH}$ 与 $\boldsymbol{X}$ 近似相等。

3. 话题的模型形式

给定包含 M 个词的 N 个观测文档数据集,其词-文档矩阵记作 $\boldsymbol{X}$。当采用词频或TF-IDF做权重时,$\boldsymbol{X}\geqslant 0$。假设文档集合共包含 K 个话题,则可以基于这 K 个话题将 $\boldsymbol{X}$ 分解为两个非负矩阵的乘积形式,即 $\boldsymbol{W}\geqslant 0$ 和 $\boldsymbol{H}\geqslant 0$,且:

$$\boldsymbol{X}'=\boldsymbol{WH} \tag{8.93}$$

$$\boldsymbol{X}\approx\boldsymbol{X}' \tag{8.94}$$

当涉及降维表示时经常会损失一些信息,因此只要求 $\boldsymbol{X}'$ 与 $\boldsymbol{X}$ 近似相等。

我们进一步令 $\boldsymbol{W}$ 为 $M\times K$ 的矩阵,记为 $\boldsymbol{W}=[w_1,w_2,\cdots,w_K]$,其中 $w_1,w_2,\cdots,w_K$ 是用 M 维词向量表示的 K 个话题,其构成了话题向量空间。令 $\boldsymbol{H}$ 为 $K\times N$ 的矩阵,记为 $\boldsymbol{H}=[\boldsymbol{h}_1,\boldsymbol{h}_2,\cdots,\boldsymbol{h}_N]$,其中 $\boldsymbol{h}_1,\boldsymbol{h}_2,\cdots,\boldsymbol{h}_N$ 均为 K 维向量,用来在 K 个话题空间中表示 N 个文档。这就是基于非负矩阵分解的话题模型。

目前为止,我们对 $\boldsymbol{W}$ 和 $\boldsymbol{H}$ 的限制仅体现在维度和非负上,此外一般会要求 $\boldsymbol{W}$ 的列向量是归一化的。由于话题向量和文档向量都非负,因此它们可以被解释为某种概率分布。另外,向量的线性组合表明局部的叠加构成了整体。

4. 准则函数

非负矩阵分解的损失函数可以有多种形式,分别对应不同的含义。第一种损失函数是平方损失。对于两个 $M\times N$ 的非负矩阵 $\boldsymbol{X}$ 和 $\boldsymbol{X}'$,平方损失函数定义为

$$\|\boldsymbol{X}-\boldsymbol{X}'\|_F^2=\sum_{i=1}^{M}\sum_{j=1}^{N}(x_{ij}-x'_{ij})^2 \tag{8.95}$$

其下界是 0,当且仅当 $\boldsymbol{X}=\boldsymbol{X}'$ 时达到下界。考虑非负条件的约束,这种基于非负矩阵分解的潜在语义分析模型准则函数为

$$\min_{\boldsymbol{W},\boldsymbol{H}}\ \frac{1}{2}\|\boldsymbol{X}-\boldsymbol{WH}\|_F^2 \tag{8.96}$$

$$\text{s.t.}\quad \boldsymbol{W}\geqslant 0\quad \boldsymbol{H}\geqslant 0 \tag{8.97}$$

第二种损失函数是散度(Divergence)。对于两个 $M\times N$ 的非负矩阵 $\boldsymbol{X}$ 和 $\boldsymbol{X}'$,散度损失函数定义为

$$D(\boldsymbol{X}\|\boldsymbol{X}')=\sum_{i=1}^{M}\sum_{j=1}^{N}\left(x_{ij}\log\frac{x_{ij}}{x'_{ij}}-x_{ij}+x'_{ij}\right) \tag{8.98}$$

其下界也是 0,当且仅当 $\boldsymbol{X}=\boldsymbol{X}'$ 时达到下界。当 $\boldsymbol{\Sigma}x_{ij}=\boldsymbol{\Sigma}x'_{ij}=1$ 时,散度损失函数退化为 Kullback-Leiber 散度(Kullback-Leiber Divergence)或相对熵(Relative Entropy),这时 $\boldsymbol{X}$ 和 $\boldsymbol{X}'$ 均可以解释为某种概率分布。完整的准则函数为

$$\min_{\boldsymbol{W},\boldsymbol{H}} D(\boldsymbol{X}\|\boldsymbol{X}') \tag{8.99}$$

$$\text{s.t.} \quad \boldsymbol{W} \geqslant 0 \quad \boldsymbol{H} \geqslant 0 \tag{8.100}$$

5. 求解算法

这里仅介绍式(8.96)的求解算法,式(8.99)的求解算法与此类似。式(8.96)的准则函数可以记为

$$J(\boldsymbol{W},\boldsymbol{H})=\frac{1}{2}\|\boldsymbol{X}-\boldsymbol{W}\boldsymbol{H}\|_F^2=\frac{1}{2}\sum(x_{ij}-(\boldsymbol{W}\boldsymbol{H})_{ij})^2 \tag{8.101}$$

应用梯度下降法求解。首先求准则函数的梯度:

$$\frac{\partial J(\boldsymbol{W},\boldsymbol{H})}{\partial W_{il}}=-((\boldsymbol{X}\boldsymbol{H}^{\mathrm{T}})_{il}-(\boldsymbol{W}\boldsymbol{H}\boldsymbol{H}^{\mathrm{T}})_{il}) \tag{8.102}$$

$$\frac{\partial J(\boldsymbol{W},\boldsymbol{H})}{\partial H_{lj}}=-((\boldsymbol{W}^{\mathrm{T}}\boldsymbol{X})_{lj}-(\boldsymbol{W}^{\mathrm{T}}\boldsymbol{W}\boldsymbol{H})_{lj}) \tag{8.103}$$

然后求得梯度下降法的更新规则,由式(8.102)和式(8.103)有:

$$W_{il}=W_{il}+\lambda_{il}((\boldsymbol{X}\boldsymbol{H}^{\mathrm{T}})_{il}-(\boldsymbol{W}\boldsymbol{H}\boldsymbol{H}^{\mathrm{T}})_{il}) \tag{8.104}$$

$$H_{lj}=H_{lj}+\mu_{lj}((\boldsymbol{W}^{\mathrm{T}}\boldsymbol{X})_{lj}-(\boldsymbol{W}^{\mathrm{T}}\boldsymbol{W}\boldsymbol{H})_{lj}) \tag{8.105}$$

其中,λ_{il},μ_{lj}是步长。选取:

$$\lambda_{il}=\frac{W_{il}}{(\boldsymbol{W}\boldsymbol{H}\boldsymbol{H}^{\mathrm{T}})_{il}} \tag{8.106}$$

$$\mu_{lj}=\frac{H_{lj}}{(\boldsymbol{W}^{\mathrm{T}}\boldsymbol{W}\boldsymbol{H})_{lj}} \tag{8.107}$$

则得到乘法更新规则:

$$W_{il}=W_{il}\frac{(\boldsymbol{X}\boldsymbol{H}^{\mathrm{T}})_{il}}{(\boldsymbol{W}\boldsymbol{H}\boldsymbol{H}^{\mathrm{T}})_{il}} \quad i=1,2,\cdots,M \quad l=1,2,\cdots,K \tag{8.108}$$

$$H_{lj}=H_{lj}\frac{(\boldsymbol{W}^{\mathrm{T}}\boldsymbol{X})_{lj}}{(\boldsymbol{W}^{\mathrm{T}}\boldsymbol{W}\boldsymbol{H})_{lj}} \quad l=1,2,\cdots,K \quad j=1,2,\cdots,N \tag{8.109}$$

选取初始矩阵 $\boldsymbol{W}$ 和 $\boldsymbol{H}$ 为非负矩阵,可以保证迭代过程及结果的矩阵 $\boldsymbol{W}$ 和 $\boldsymbol{H}$ 均为非负。

8.4 概率潜在语义分析

通过更多地利用概率来描述系统中的不确定性,我们可以在统计学的基础上更有效地构建话题模型。本节介绍基于概率生成模型的话题特征提取方法,主要包括概率潜在语义分析和潜在狄利克雷分配。

8.4.1 概率潜在语义分析原理

1. 基本思想

概率潜在语义分析(Probabilistic Latent Semantic Analysis,PLSA),也称概率潜在语义索引(Probabilistic Latent Semantic Indexing,PLSI),是一种利用概率生成模型对文档集合进行话题分析的非监督学习方法。

(1) 符号约定

PLSA 基于词袋模型假设,即忽略词顺序,将文档和话题看作若干个词的集合,并且假设

每个词的出现都是独立的。假设 M 个不同的词构成了词集合 $\mathcal{W}=\{w_1,w_2,\cdots,w_M\}$，$K$ 个话题构成了话题集合 $\mathcal{Z}=\{z_1,z_2,\cdots,z_K\}$，$N$ 个文档构成了文档数据集 $\mathcal{D}=\{\boldsymbol{d}_1,\boldsymbol{d}_2,\cdots,\boldsymbol{d}_N\}$。在 PLSA 中直接观测到的仍然是词-文档共现矩阵。用元素 x_{ij} 表示词 w_i 在文档 $\boldsymbol{d}_j$ 中的权值，文档数据集 $\mathcal{D}$ 可以用词-文档矩阵表示，记作 $\boldsymbol{X}$：

$$\boldsymbol{X}=[\boldsymbol{x}_1,\boldsymbol{x}_2,\cdots,\boldsymbol{x}_N]=\begin{bmatrix} x_{11} & x_{12} & \cdots & x_{1N} \\ x_{21} & x_{22} & \cdots & x_{2N} \\ \vdots & \vdots & & \vdots \\ x_{M1} & x_{M2} & \cdots & x_{MN} \end{bmatrix} \tag{8.110}$$

如果采用式(8.64)的 TF 权值，那么 $\boldsymbol{X}$ 会具有更清楚的概率解释；采用式(8.63)的 TF-IDF 权值，实际效果会更好。

(2) 基于话题的文档表示

在 PLSA 中，假设文档是由话题构成的。给定一个文档 $\boldsymbol{d}$ 之后，话题集合 $\mathcal{Z}$ 的概率参数 $\boldsymbol{p}(\mathcal{Z}|\boldsymbol{d})$ 为多项分布：

$$\boldsymbol{p}(\mathcal{Z}|\boldsymbol{d})=[p(z_1|\boldsymbol{d})p(z_2|\boldsymbol{d})\cdots p(z_K|\boldsymbol{d})]^{\mathrm{T}} \tag{8.111}$$

$$p(z_k|\boldsymbol{d})\geqslant \boldsymbol{0} \quad k=1,\cdots,K \tag{8.112}$$

$$\sum_{k=1}^{K} p(z_k|\boldsymbol{d}) = 1 \tag{8.113}$$

$\boldsymbol{p}(\mathcal{Z}|\boldsymbol{d})$ 作为一个 K 维向量，能够在 K 维话题空间对文档 $\boldsymbol{d}$ 进行表示。与奇异值分解或非负矩阵分解相比，$\boldsymbol{p}(\mathcal{Z}|\boldsymbol{d})$ 包含了归一化限制条件，并且更具有概率可解释性。此外，文档数据集 $\mathcal{D}$ 中 N 个文档的话题条件概率向量构成一个 $K\times N$ 矩阵，该矩阵与非负矩阵分解中的 $\boldsymbol{H}$ 矩阵类似，都用来在降维空间(话题空间)中表示样本(文档)。

(3) 话题矩阵

话题是由词构成的。给定一个话题 $z_k(k=1,\cdots,K)$，词 $\mathcal{W}$ 的概率 $\boldsymbol{p}(\mathcal{W}|z_k)$ 为多项分布：

$$\boldsymbol{p}(\mathcal{W}|z_k)=[p(w_1|z_k)p(w_2|z_k)\cdots p(w_M|z_k)]^{\mathrm{T}} \tag{8.114}$$

$$p(w_m|z_k)\geqslant 0 \quad m=1,\cdots,M \tag{8.115}$$

$$\sum_{m=1}^{M} (w_m|z_k) = 1 \tag{8.116}$$

$\boldsymbol{p}(\mathcal{W}|z_k)(k=1,\cdots,K)$ 是一个 M 维向量，对应于在 M 维词空间中表示的话题 $z_k(k=1,\cdots,K)$。所有话题的 M 维概率向量 $\boldsymbol{p}(\mathcal{W}|z_k)(k=1,\cdots,K)$ 构成了 $M\times K$ 矩阵，该矩阵与非负矩阵分解中的 $\boldsymbol{W}$ 类似，都用来在原空间(词空间)中表示降维特征(话题特征)。

在这个模型中，词 $w_m(m=1,\cdots,M)$ 和文档 $\boldsymbol{d}_n(n=1,\cdots,N)$ 是可以直接观测到的，被称为观测变量，话题 $z_k(k=1,\cdots,K)$ 不能直接被观测到，被称为隐变量。

2. 生成过程

PLSA 中假设文档是按照上述的概率参数采样产生的。假设文档数据集 $\mathcal{D}$ 中包括 N 个文档，为了描述简单，设定每个文档都包含 L 个词，则模型中的参数包括可以观测到的总词数 M、文档个数 N、每篇文档长度 L、超参数话题个数 K、模型参数 $\boldsymbol{p}(\mathcal{Z}|\boldsymbol{d}_n)(n=1,\cdots,N)$ 和 $\boldsymbol{p}(\mathcal{W}|z_k)(k=1,\cdots,K)$。文档数据集 $\mathcal{D}$ 的生成过程描述如下。

针对每个文档 $\boldsymbol{d}_n(n=1,\cdots,N)$，执行以下操作：

① 依据条件概率分布 $\boldsymbol{p}(\mathcal{Z}|\boldsymbol{d}_n)$，从话题集合随机选取一个话题 $z_k(z_k\in\mathcal{Z})$；

② 依据条件概率分布 $\boldsymbol{p}(\mathcal{W}|z_k)$，从词集合随机选取一个词 $w_m(w_m\in\mathcal{W})$；

③ 重复①和②L 次，直到生成整个文档 $\boldsymbol{d}_n$。

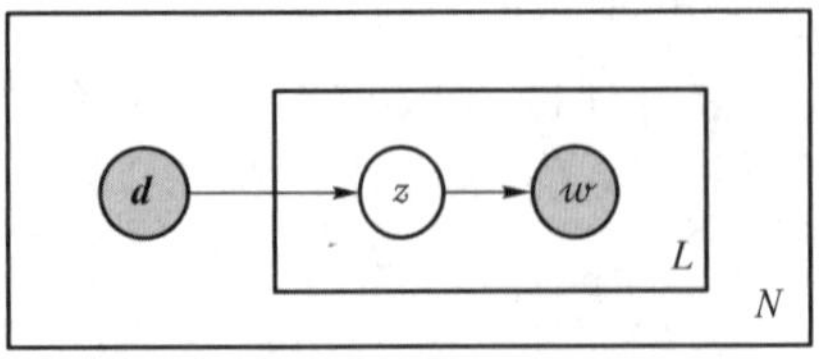

图 8.8 PLSA 的有向图

生成模型可以用有向图(Directed Graph)来表示，如图 8.8 所示。图中灰色圆表示观测变量，白色圆表示隐变量，箭头表示条件概率中从条件到变量的方向，方框表示多次重复，方框内右下角数字表示重复次数。文档变量 $\boldsymbol{d}$ 是一个观测变量，话题变量 z 是一个隐变量，单词变量 w 是一个观测变量。

3. 概率模型

依据上述生成过程，我们就能够推断出观测数据集$\mathcal{D}$的生成概率。根据词袋模型的假设，文档数据集$\mathcal{D}$可以表示为词-文档共现矩阵 $\boldsymbol{X}$。为了便于解释，假设 $\boldsymbol{X}$ 中的元素 x_{ij} 表示词 w_i 在文档 $\boldsymbol{d}_j$ 中出现的次数，即 $\boldsymbol{X}$ 的权重是tf_{ij}：

$$x_{ij}=\mathrm{tf}_{ij} \tag{8.117}$$

由于 $\boldsymbol{X}$ 中不同词-文档对之间是统计独立的，因此生成出矩阵 $\boldsymbol{X}$ 的概率为

$$p(\boldsymbol{X}) = \prod_{i=1}^{M}\prod_{j=1}^{N} p(w_i,\boldsymbol{d}_j)^{\mathrm{tf}_{ij}} = \prod_{i=1}^{M}\prod_{j=1}^{N} p(w_i,\boldsymbol{d}_j)^{x_{ij}} \tag{8.118}$$

其中，$p(w_i,\boldsymbol{d}_j)$表示词 w_i 与文档 $\boldsymbol{d}_j$ 共同出现的概率。

根据图 8.8 和上述的生成过程，我们进一步分析 $p(w_i,\boldsymbol{d}_j)$：

$$\begin{aligned} p(w_i,\boldsymbol{d}_j) &= p(\boldsymbol{d}_j)p(w_i|\boldsymbol{d}_j) \\ &= p(\boldsymbol{d}_j)\sum_{k=1}^{K}p(w_i,z_k|\boldsymbol{d}_j) \\ &= p(\boldsymbol{d}_j)\sum_{k=1}^{K}p(z_k|\boldsymbol{d}_j)p(w_i|z_k) \end{aligned} \tag{8.119}$$

式(8.119)的第一行用到了乘法准则，第二行用到了加法准则，第三行在求和项中再次用到乘法准则。在话题 z_k 给定的条件下，单词 w_i 与文档 $\boldsymbol{d}_j$ 条件独立，即 $p(w_i|z_k,\boldsymbol{d}_j)=p(w_i|z_k)$。将式(8.119)代入式(8.118)中，得到：

$$\ln p(\boldsymbol{X}) = \sum_{i=1}^{M}\sum_{j=1}^{N}x_{ij}\ln\left(p(\boldsymbol{d}_j)\sum_{k=1}^{K}p(z_k|\boldsymbol{d}_j)p(w_i|z_k)\right) \tag{8.120}$$

将不确定因素用 $\boldsymbol{p}(\mathcal{Z}|\boldsymbol{d})$和 $\boldsymbol{p}(\mathcal{W}|z)$描述后，式(8.120)给出了观测到的文档数据集$\mathcal{D}$的概率，式(8.120)就是 PLSA 的概率模型。

8.4.2 概率潜在语义分析的学习方法

1. 模型形式

PLSA 的模型形式如式(8.118)所示。其中，M、N 和 L 是直接可以观测到数值的参数，话题个数 K 是超参数，一般由设计者基于经验来设定。模型中需要估计的参数是 $\boldsymbol{p}(\mathcal{Z}|\boldsymbol{d}_n)(n=1,\cdots,N)$和 $\boldsymbol{p}(\mathcal{W}|z_k)(k=1,\cdots,K)$。其中，$\boldsymbol{p}(\mathcal{W}|z_k)$是概率意义下的话题特征，$\boldsymbol{p}(\mathcal{Z}|\boldsymbol{d}_n)$是 N 个观测文档在话题特征空间中概率意义下的向量表示。与潜在语义分析和奇异值分解相比，$\boldsymbol{p}(\mathcal{Z}|\boldsymbol{d}_n)$和 $\boldsymbol{p}(\mathcal{W}|z_k)$参数更具有概率可解释性。

2. 准则函数

PLSA 是一个概率生成模型，准则函数可以取对数似然函数并让其最大化。忽略掉

式(8.118)中与待估计参数无关的项，如 $p(\boldsymbol{d}_j)$，对数似然函数为

$$L = \ln p(\boldsymbol{X}) = \sum_{i=1}^{M}\sum_{j=1}^{N} \mathrm{tf}_{ij}\ln\Big(\sum_{k=1}^{K} p(z_k|\boldsymbol{d}_j)p(w_i|z_k)\Big) \tag{8.121}$$

由于模型中存在隐变量 $\mathcal{Z}$，因此准则函数的对数项中含有求和式，导致对数似然函数的优化无法用解析方法求解。

3. 求解算法

对于式(8.121)的准则函数，可以采用 EM 算法求解。EM 算法的核心是定义 Q 函数。

① E 步骤：计算 Q 函数。

Q 函数为完全数据的对数似然函数对不完全数据的条件分布的期望。针对 PLSA 的生成模型，Q 函数是：

$$Q = \sum_{k=1}^{K}\Big(\sum_{j=1}^{N} \mathrm{tf}_j\Big(\log p(\boldsymbol{d}_j) + \sum_{i=1}^{M} \mathrm{TF}_{ij}\log p(w_i|z_k)p(z_k|\boldsymbol{d}_j)\Big)\Big)p(z_k|w_i,\boldsymbol{d}_j) \tag{8.122}$$

其中，tf_j 是文档 $\boldsymbol{d}_j$ 中词频数的总和；TF_{ij} 是式(8.64)定义的 TF 权值；条件概率分布 $p(z_k|w_i,\boldsymbol{d}_j)$ 代表不完全数据，是已知变量；条件概率分布 $p(w_i|z_k)$ 和 $p(z_k|\boldsymbol{d}_j)$ 的乘积代表完全数据，是未知变量。

由于可以从数据中直接统计得出 $p(\boldsymbol{d}_j)$ 的估计，这里只考虑 $p(w_i|z_k)$ 和 $p(z_k|\boldsymbol{d}_j)$ 的估计，可将 Q 函数简化为函数 Q'：

$$Q' = \sum_{i=1}^{M}\sum_{j=1}^{N} \mathrm{tf}_{ij}\sum_{k=1}^{K} p(z_k|w_i,\boldsymbol{d}_j)\log p(w_i|z_k)p(z_k|\boldsymbol{d}_j) \tag{8.123}$$

Q' 函数中的 $p(z_k|w_i,\boldsymbol{d}_j)$ 可以根据贝叶斯公式计算：

$$p(z_k|w_i,\boldsymbol{d}_j) = \frac{p(w_i|z_k)p(z_k|\boldsymbol{d}_j)}{\sum_{k=1}^{K} p(w_i|z_k)p(z_k|\boldsymbol{d}_j)} \tag{8.124}$$

其中，$p(w_i|z_k)$ 和 $p(z_k|\boldsymbol{d}_j)$ 由上一轮迭代得到，参见式(8.130)和式(8.131)。

② M 步骤：极大化 Q 函数。

通过约束最优化求解 Q 函数的极大值，这时 $p(w_i|z_k)$ 和 $p(z_k|\boldsymbol{d}_j)$ 是变量，且满足约束条件：

$$\sum_{i=1}^{M} p(w_i|z_k) = 1 \quad k = 1,2,\cdots,K \tag{8.125}$$

$$\sum_{k=1}^{K} p(z_k|\boldsymbol{d}_j) = 1 \quad j = 1,2,\cdots,N \tag{8.126}$$

引入拉格朗日乘子 τ_k 和 ρ_j，定义拉格朗日函数 Λ：

$$\Lambda = Q' + \sum_{k=1}^{K}\tau_k\Big(1 - \sum_{i=1}^{M} p(w_i|z_k)\Big) + \sum_{j=1}^{N}\rho_j\Big(1 - \sum_{k=1}^{K} p(z_k|\boldsymbol{d}_j)\Big) \tag{8.127}$$

将拉格朗日函数 Λ 分别对 $p(w_i|z_k)$ 和 $p(z_k|\boldsymbol{d}_j)$ 求偏导数，并令其等于 0，得到：

$$\sum_{j=1}^{N} \mathrm{tf}_{ij}p(z_k|w_i,\boldsymbol{d}_j) - \tau_k p(w_i|z_k) = 0 \quad i = 1,2,\cdots,M \quad k = 1,2,\cdots,K \tag{8.128}$$

$$\sum_{i=1}^{M} \mathrm{tf}_{ij}p(z_k|w_i,\boldsymbol{d}_j) - \rho_j p(z_k|\boldsymbol{d}_j) = 0 \quad j = 1,2,\cdots,N \quad k = 1,2,\cdots,K \tag{8.129}$$

解式(8.128)和式(8.129)得到 M 步骤的参数估计公式：

$$p(w_i|z_k) = \frac{\sum_{j=1}^{N} \mathrm{tf}_{ij}p(z_k|w_i,\boldsymbol{d}_j)}{\sum_{m=1}^{M}\sum_{j=1}^{N} \mathrm{tf}_{mj}p(z_k|w_m,\boldsymbol{d}_j)} \tag{8.130}$$

$$p(z_k|\boldsymbol{d}_j)=\frac{\sum_{i=1}^{M}\mathrm{tf}_{ij}p(z_k|w_i,\boldsymbol{d}_j)}{\mathrm{tf}_j} \tag{8.131}$$

8.4.3 潜在狄利克雷分配

1. 概率潜在语义分析存在的问题

PLSA 的模型参数是两个多项分布的概率分布，即 $\boldsymbol{p}(\mathcal{Z}|\boldsymbol{d})$ 和 $\boldsymbol{p}(\mathcal{W}|z)$，其准则函数是似然函数。如果采用词-文档共现次数来估计模型参数，即矩阵 $\boldsymbol{X}$ 的元素 $x_{ij}=\mathrm{TF}_{ij}$，则非常容易发生过拟合。例如，如果在观测矩阵中某个词 w 没有出现在相关话题的文档中，那么很容易导致对应的 $\boldsymbol{p}(\mathcal{Z}|\boldsymbol{d})=0$ 和 $\boldsymbol{p}(\mathcal{W}|z)=0$。一种基于经验的常用方法是平滑，例如，让 $\boldsymbol{X}$ 的所有元素 $x_{ij}=\mathrm{TF}_{ij}+\delta$，且 $0<\delta\leqslant 1$。另一种更优雅的解决方法是加上先验，潜在狄利克雷分配(Latent Dirichlet Allocation, LDA)就是这类改进型的 PLSA 模型。LDA 于 2002 年由 Blei 等提出，该模型在文本数据挖掘、图像处理、生物信息处理等领域被广泛使用。

2. 改进思路

为了便于理解，我们采用与 PLSA 中相同的符号表示。假设 M 个不同的词构成了词集合 $\mathcal{W}=\{w_1,w_2,\cdots,w_M\}$，$K$ 个话题构成了话题集合 $\mathcal{Z}=\{z_1,z_2,\cdots,z_K\}$，$N$ 个文档构成了文档数据集 $\mathcal{D}=\{\boldsymbol{d}_1,\boldsymbol{d}_2,\cdots,\boldsymbol{d}_N\}$。对于任意一个文档 $\boldsymbol{d}_n\in\mathcal{D}$，$n=1,2,\cdots,N$，假设其长度为 L_n 个词，且 $\boldsymbol{d}_n=(w_{n1},w_{n2},\cdots,w_{nL_n})$。

同 PLSA 相同，LDA 中也存在两类多项分布。为了避免过拟合，加上多项分布对应的共轭先验，即狄利克雷分布，记为 Dir(·)。

第一类多项分布用来表示话题给定条件下每个词的多项分布。对于第 k 个话题，M 个词的概率分布为 $\boldsymbol{p}(\mathcal{W}|z_k)=[p(w_1|z_k),p(w_2|z_k),\cdots,p(w_M|z_k)]^{\mathrm{T}}$，简记为 $\boldsymbol{\varphi}_k=[\varphi_{k1},\varphi_{k2},\cdots,\varphi_{kM}]^{\mathrm{T}}$。所有话题的参数向量构成一个 $M\times K$ 矩阵 $\boldsymbol{\varphi}=[\boldsymbol{\varphi}_1,\boldsymbol{\varphi}_2,\cdots,\boldsymbol{\varphi}_K]$。

第二类多项分布用来表示文档给定条件下每个话题的多项分布。对于第 n 个文档，K 个话题的概率分布为 $\boldsymbol{p}(\mathcal{Z}|\boldsymbol{d}_n)=[p(z_1|\boldsymbol{d}_n),p(z_2|\boldsymbol{d}_n),\cdots,p(z_K|\boldsymbol{d}_n)]^{\mathrm{T}}$，简记为 $\boldsymbol{\theta}_n=[\theta_{n1},\theta_{n2},\cdots,\theta_{nK}]^{\mathrm{T}}$。所有文档的参数向量构成一个 $K\times N$ 矩阵 $\boldsymbol{\theta}=[\boldsymbol{\theta}_1,\boldsymbol{\theta}_2,\cdots,\boldsymbol{\theta}_N]$。

目前为止，除引入 $\boldsymbol{\varphi}$ 和 $\boldsymbol{\theta}$ 两个简记符号之外，其余与 PLSA 基本相同。接下来的不同之处在于，PLSA 中将 $\boldsymbol{\varphi}$ 和 $\boldsymbol{\theta}$ 看成未知参数，并采用最大似然函数来求解，这容易产生过拟合问题。而为了避免过拟合，LDA 中将 $\boldsymbol{\varphi}$ 和 $\boldsymbol{\theta}$ 看成随机变量，并且假设其先验概率为狄利克雷分布。如第 3 章所介绍的那样，狄利克雷分布正是多项分布的共轭先验。对于所有的话题参数 $\boldsymbol{\varphi}_k(k=1,\cdots,K)$，均假设其服从超参数为 $\boldsymbol{\beta}$ 的狄利克雷分布，$\boldsymbol{\beta}=[\beta_1,\beta_2,\cdots,\beta_M]^{\mathrm{T}}$；对于所有的文档参数 $\boldsymbol{\theta}_n(n=1,\cdots,N)$，均假设其服从超参数为 $\boldsymbol{\alpha}$ 的狄利克雷分布，$\boldsymbol{\alpha}=[\alpha_1,\alpha_2,\cdots,\alpha_K]^{\mathrm{T}}$。

3. 生成过程与概率图

我们可以将文档数据集 $\mathcal{D}$ 看成通过一系列随机采样过程而生成的数据集。图 8.9 是 LDA 的有向图，其对应的生成过程如下。

给定词集合 $\mathcal{W}$，文档集合 $\mathcal{D}$，话题集合 $\mathcal{Z}$，狄利克雷分布的超参数 $\boldsymbol{\alpha}$、$\boldsymbol{\beta}$ 和 K。

(1) 生成话题的词分布

按照狄利克雷分布 Dir($\boldsymbol{\beta}$)随机生成一个参数向量 $\boldsymbol{\varphi}_k$，$\boldsymbol{\varphi}_k\sim\mathrm{Dir}(\boldsymbol{\beta})$，重复 K 次得到所有的话题参数 $\boldsymbol{\varphi}=[\boldsymbol{\varphi}_1,\boldsymbol{\varphi}_2,\cdots,\boldsymbol{\varphi}_K]$，作为话题 z_k 的词分布 $\boldsymbol{p}(\mathcal{W}|z_k)$，$k=1,\cdots,K$。

(2) 生成文档的话题分布

按照狄利克雷分布 Dir($\boldsymbol{\alpha}$)随机生成一个参数向量 $\boldsymbol{\theta}_n$,$\boldsymbol{\theta}_n \sim \mathrm{Dir}(\boldsymbol{\alpha})$,重复 N 次得到所有的文档参数 $\boldsymbol{\theta}=[\boldsymbol{\theta}_1,\boldsymbol{\theta}_2,\cdots,\boldsymbol{\theta}_N]$,作为文档 $\boldsymbol{d}_n$ 的话题分布 $\boldsymbol{p}(\mathcal{Z}|\boldsymbol{d}_n)$,$n=1,\cdots,N$。

(3) 生成文档的词序列

随机生成 N 个文档的 L_N 个词。假设文档 $\boldsymbol{d}_n$ 共有 L_n 个词,其第 l 个词 w_{nl} 的生成过程如下。重复 L_N 次生成文档 $\boldsymbol{d}_n$:

① 首先按照多项分布 Mult($\boldsymbol{\theta}_n$)随机生成一个话题 $z_{nl} \sim \mathrm{Mult}(\boldsymbol{\theta}_n)$;

② 然后按照多项分布 Mult($\boldsymbol{\varphi}_{z_{nl}}$)随机生成一个词 $w_{nl} \sim \mathrm{Mult}(\boldsymbol{\varphi}_{z_{nl}})$。

词 w_{nl} 由话题 $\boldsymbol{z}_{nl}$ 及话题参数 $\boldsymbol{\varphi}$ 共同决定,因此图 8.9 中的 w_{nl} 节点有两个入链。文档 $\boldsymbol{d}_n$ 本身是词序列 $\boldsymbol{d}_n=(w_{n1},w_{n2},\cdots,w_{nL_n})$,对应着隐藏话题序列 $\boldsymbol{Z}_n=(z_{n1},z_{n2},\cdots,z_{nL_n})$。

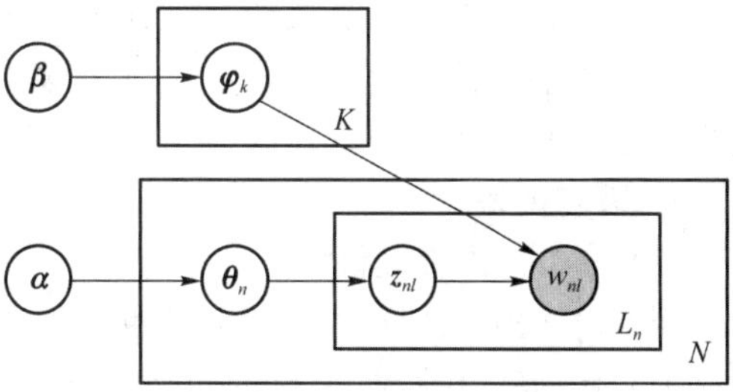

图 8.9 LDA 的有向图

4. LDA 的模型形式

生成模型通常对联合概率或条件概率建模。根据上述生成过程,可以写出所有可见变量以及隐藏变量的联合分布:

$$p(\mathcal{D},Z_{\mathcal{D}},\boldsymbol{\theta},\boldsymbol{\varphi}|\boldsymbol{\alpha},\boldsymbol{\beta}) = \prod_{k=1}^{K} p(\boldsymbol{\varphi}_k|\boldsymbol{\beta})\prod_{n=1}^{N} p(\boldsymbol{\theta}_n|\boldsymbol{\alpha})\prod_{l=1}^{L_N} p(z_{nl}|\boldsymbol{\theta}_n)p(w_{nl}|z_{nl},\boldsymbol{\varphi}) \tag{8.132}$$

其中,观测变量 $\mathcal{D}=\{\boldsymbol{d}_1,\boldsymbol{d}_2,\cdots,\boldsymbol{d}_N\}$,且 $\boldsymbol{d}_n=(w_{n1},w_{n2},\cdots,w_{nL_n})$,$n=1,2,\cdots,N$。隐变量 $Z_{\mathcal{D}}$ 表示所有文档对应的话题序列,$\boldsymbol{d}_n$ 对应的话题序列为 $Z_n=(z_{n1},z_{n2},\cdots,z_{nL_n})$。隐变量 $\boldsymbol{\theta}$ 表示所有文档的话题分布的参数,隐变量 $\boldsymbol{\varphi}$ 表示所有话题的词分布的参数。$\boldsymbol{\alpha}$ 和 $\boldsymbol{\beta}$ 是超参数。

式(8.132)中,$p(\boldsymbol{\varphi}_k|\boldsymbol{\beta})$表示在超参数 $\boldsymbol{\beta}$ 给定条件下第 k 个话题的词分布的参数 $\boldsymbol{\varphi}_k$ 的生成概率,$p(\boldsymbol{\theta}_n|\boldsymbol{\alpha})$表示在超参数 $\boldsymbol{\alpha}$ 给定条件下第 n 个文档的话题分布的参数 $\boldsymbol{\theta}_n$ 的生成概率,$p(z_{nl}|\boldsymbol{\theta}_n)$表示在第 n 个文档的话题分布 $\boldsymbol{\theta}_n$ 给定条件下文档的第 l 个位置的话题 z_{nl} 的生成概率,$p(w_{nl}|z_{nl},\boldsymbol{\varphi})$表示在第 n 个文档的第 l 个位置的话题 z_{nl} 及所有话题的词分布的参数 $\boldsymbol{\varphi}$ 给定条件下第 n 个文档的第 l 个位置的词 w_{nl} 的生成概率。

对式(8.131)中的隐变量进行积分得到在超参数 $\boldsymbol{\alpha}$ 和 $\boldsymbol{\beta}$ 给定条件下文档数据集 $\mathcal{D}$ 的生成概率:

$$p(\mathcal{D}|\boldsymbol{\alpha},\boldsymbol{\beta}) = \prod_{k=1}^{K}\int p(\boldsymbol{\varphi}_k|\boldsymbol{\beta})\left(\prod_{n=1}^{N}\int p(\boldsymbol{\theta}_n|\boldsymbol{\alpha})\prod_{l=1}^{L_N}\left(\sum_{m=1}^{K} p(z_{nl}=m|\boldsymbol{\theta}_n)p(w_{nl}|\boldsymbol{\varphi}_m)\right)\mathrm{d}\boldsymbol{\theta}_n\right)\mathrm{d}\boldsymbol{\varphi}_k \tag{8.133}$$

LDA 的参数估计是一个复杂的最优化问题,很难精确求解,只能近似求解。常用的近似求解方法有吉布斯抽样(Gibbs Sampling)和变分推理(Variational Inference)等,感兴趣的读者可以阅读相关文献。

8.5 表示学习的新方法

主成分分析(PCA)、潜在语义分析(LSA)和概率潜在语义分析(PLSA)等属于相对传统的特征提取方法,它们在实现降维的同时所获得的新特征也具有相对明确的意义。例如,

PCA 用于提取主成分特征，而 LSA 和 PLSA 则用于获取话题特征。与此相对，本节介绍的表示学习的新方法不再强调新特征的实际含义，而更专注于降维和重构损失的效果。

8.5.1 Word2Vec 模型

在语言文字中，词被视为最基本的语义单元。探索词与词之间的语义联系是自然语言处理领域的核心挑战之一。传统上，人们通过人工构建语义词典来解决这一问题，但这种方法高度依赖于人类经验，既耗时又费力，且难以适应词义的演变。随着深度学习技术的不断进步，基于大规模数据集自动训练语言表示模型的方法逐渐成为主流。在这些方法中，Word2Vec 模型是一个基础且使用广泛的技术，它能够自动从文本数据中学习词的向量表示，从而有效地捕捉词之间的语义关联。

1. 语言模型

（1）分布式语义假设

当人们遇到未曾见过的新词时，通常会根据上下文来推断其含义及相关属性。基于这一现象，Firth 于 1957 年提出了分布式语义假设，即词的含义可由其上下文的词分布来表示。基于这种思想，可以通过统计学方法构建一种表示语言的模型，即语言模型(Language Model, LM)，又称为统计语言模型。语言模型不仅可以用于表征单个词，还可用于表征句子、段落甚至整篇文档。

（2）N 元语言模型

语言模型的基本任务是在给定词序列 $w_1, w_2, \cdots, w_{i-1}$ 的条件下，预测下一个词 w_i 的条件概率 $p(w_i \mid w_1 w_2 \cdots w_{i-1})$。通过这种模型，我们可以计算一个长度为 L 的句子(词序列 $w_1, w_2, \cdots, w_L$)出现的概率，即：

$$p(w_1 w_2 \cdots w_L) = p(w_1)p(w_2 \mid w_1)\cdots p(w_L \mid w_1 w_2 \cdots w_{L-1}) = \prod_{i=1}^{L} p(w_i \mid w_{1:i-1}) \tag{8.134}$$

其中，$w_{i:j}$ 表示从位置 i 到 j 的词序列 $w_i w_{i+1} \cdots w_j$。

然而，随着句子长度的增加，$w_{1:i-1}$ 序列的可能取值呈指数增加，导致参数 $p(w_i \mid w_{1:i-1})$ 数量过多，无法训练和预测。为了简化问题，我们引入马尔可夫假设(Markov Assumption)，即一个词出现的概率只与它前面出现的 $N-1$ 个词有关，即：

$$p(w_i \mid w_{1:i-1}) \approx p(w_i \mid w_{i-N+1:i-1}) \tag{8.135}$$

满足上述假设的模型被称为 N 元语言模型(N-gram Language Model)或 N-gram 模型，其模型参数为 $p(w_i \mid w_{i-N+1:i-1})$，对于句子(词序列 $w_1, w_2, \cdots, w_L$)的预测概率为

$$p(w_1 w_2 \cdots w_L) = \prod_{i=1}^{L} p(w_i \mid w_{i-N+1:i-1}) \tag{8.136}$$

从词表示角度看，语言模型本质上是对词及上下文的关系建模，即模型参数 $p(w_i \mid w_{i-N+1:i-1})$ 表示了 w_i 与上下文 $w_{i-N+1:i-1}$ 之间的联系。这种信息是可以直接观测到的，因此可以通过训练数据估计出模型的参数 $p(w_i \mid w_{i-N+1:i-1})$。

（3）一元语言模型

特别地，当 $n=1$ 时，被称为一元语言模型(Unigram)。当词表中共有 M 个词时，Unigram 模型的参数个数为 M，即 $p(w_m)(m=1,2,\cdots,M)$，且满足归一化条件：

$$\sum_{m=1}^{M} p(w_m) = 1 \tag{8.137}$$

Unigram 模型对于句子(词序列 $w_1, w_2, \cdots, w_L$)的预测概率为

$$p(w_1 w_2 \cdots w_L) = \prod_{i=1}^{L} p(w_i) \tag{8.138}$$

（4）二元语言模型和三元语言模型

当 $N=2$ 时，对应的二元语言模型记作 Bigram，模型参数形式为 $p(w_i|w_{i-1})$。当词表中共有 M 个词时，Bigram 模型的参数个数为 M^2 个。Bigram 模型对于句子（词序列 $w_1, w_2, \cdots, w_L$）的预测概率为

$$p(w_1 w_2 \cdots w_L) = \prod_{i=1}^{L} p(w_i | w_{i-1}) \tag{8.139}$$

当 $N=3$ 时，对应的三元语言模型记作 Trigram，模型参数形式为 $p(w_i|w_{i-2}w_{i-1})$。当词表中共有 M 个词时，Trigram 模型的参数个数为 M^3 个。对于句子（词序列 $w_1, w_2, \cdots, w_L$）的预测模型为

$$p(w_1 w_2 \cdots w_L) = \prod_{i=1}^{L} p(w_i | w_{i-2} w_{i-1}) \tag{8.140}$$

2. CBOW 模型

（1）概述

为了优化 N-gram 语言模型中的词表示，我们考虑通过降维来实现。这样做一方面可以保留 N-gram 模型中词 w_i 与其上下文 $w_{i-N+1:i-1}$ 之间的可观测联系，另一方面可以挖掘词之间不可直接观测的结构和关联。

2013 年，Mikolov 等提出了 Word2Vec 模型。该模型包含 CBOW 模型（Continuous Bag of Words Model）和 Skip-gram 两个不同的模型架构。训练 Word2Vec 模型可以采用无标注数据，且训练效率高，训练出来的词向量能够适用于各种不同的自然语言处理任务。Word2Vec 模型还代表了一种新的训练模式——预训练（Pre-Train）＋精调（Fine-Tune）模式，即首先利用大规模无标注数据预训练一个初始模型，然后在下游任务中基于标注数据对模型进行微调，从而高效、准确地解决各种目标任务。

（2）CBOW 模型的基本思想

CBOW 模型的基本思想是通过窗口中的完整上下文来预测中心词的概率。具体来说，如果窗口大小为 n（n 为奇数，如 $n=5$），则中心词 w_i 的上下文 C_i 包括其前后的词，即 $C_i = w_{i-(n-1)/2} \cdots w_{i-1} \square w_{i+1} \cdots w_{i+(n-1)/2}$。CBOW 模型以窗口内的完整上下文 C_i 为条件对中心位置词 w_i 的概率建模，即 $p(w_i|C_i)$。虽然根据 N-gram 模型也可以推导出 w_i 与完整上下文的关联关系，但 CBOW 模型提供了一种更直接的方法。为了简化模型，CBOW 模型忽略上下文 C_i 中词的位置和顺序，将其视为“词袋”，而不是序列。

（3）模型形式

在 CBOW 模型中，每个词 w（$w \in \mathcal{W}$）均对应一个降维表示的稠密词向量 $\boldsymbol{v}_w$。$\boldsymbol{v}_w$ 的维度记为 H，通常设置在 50～300 之间。所有的词的词向量共同构成了一个 $H \times M$ 的实数矩阵 $\boldsymbol{E}$，$\boldsymbol{E} = [\boldsymbol{v}_{w_1}, \boldsymbol{v}_{w_2}, \cdots, \boldsymbol{v}_{w_M}]$，其中 M 是词表中词的总数。

以窗口 $n=5$ 为例，CBOW 模型如图 8.10 所示。

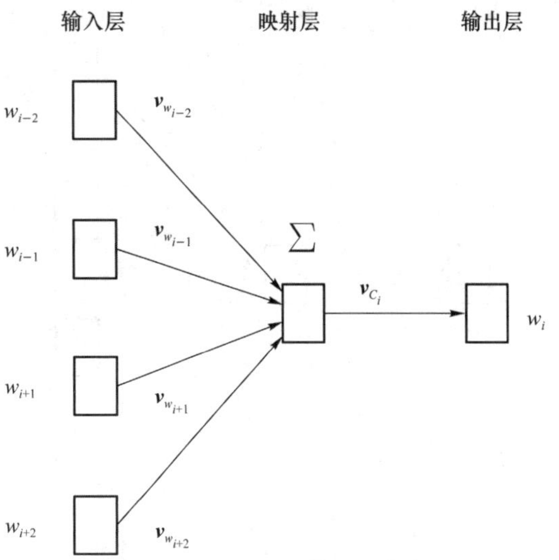

图 8.10 CBOW 模型示意图

① 输入层。在目标词 w_i 左右各取 2 个词作为模型的输入，本模型共有 4 个输入词。输入层将输入的词转换为对应的词向量传给下一层。如果用 $\boldsymbol{e}_{w_j}$ 表示 w_j 的独热向量，则可以通过以下函数从 $\boldsymbol{E}$ 中查找出 w_j 的词向量：

$$\boldsymbol{v}_{w_j}=\boldsymbol{E}\,\boldsymbol{e}_{w_j} \tag{8.141}$$

② 映射层。该层的输入是 4 个上下文词向量，输出是上下文 C_i 的编码。这里并没有为了保留完整信息而将 4 个 H 维词向量拼接为 1 个 $4H$ 维的上下文向量，而是对窗口中的 4 个词向量取平均作为上下文 C_i 的编码 $\boldsymbol{v}_{C_i}$，显然这是一种为了简化运算而采用的近似方法：

$$\boldsymbol{v}_{C_i}=\frac{1}{|C_i|}\sum_{\frac{1-n}{2}\leqslant j\leqslant\frac{n-1}{2},\,j\neq 0}\boldsymbol{v}_{w_j} \tag{8.142}$$

其中，$|C_i|$ 表示上下文窗口的大小。

③ 输出层。输出层根据上下文 C_i 对目标词 w_i 进行预测（分类），即利用一个单层神经网络对 $p(w_i|C_i)$ 建模。神经网络的输入是 H 维的上下文 C_i 编码 $\boldsymbol{v}_{C_i}$，输出是 M 维词的条件概率，神经网络的参数是 $M\times H$ 的实数矩阵 $\boldsymbol{E}'\in\mathbb{R}^{M\times H}$，偏置项为 0，激活函数是 softmax。神经网络对 w_i 的预测概率为

$$p(w_i|C_i)=\frac{\exp(\boldsymbol{v}_{C_i}\boldsymbol{v}'_{w_i})}{\sum_{w'\in\mathcal{W}}\exp(\boldsymbol{v}_{C_i}\boldsymbol{v}'_{w'})} \tag{8.143}$$

其中，$\mathcal{W}$是词集合，$\boldsymbol{v}'_{w_i}$ 是 $\boldsymbol{E}'$ 中 w_i 所对应的列。

CBOW 模型的参数包括 $\boldsymbol{E}$ 和 $\boldsymbol{E}'$，它们分别描述了词表中的词在作为条件上下文或目标词时的不同性质，$\boldsymbol{E}$ 和 $\boldsymbol{E}'$ 均可作为词向量矩阵。在实际中，通常只用 $\boldsymbol{E}$ 就能够满足应用需求，但是在某些任务中，对两者进行组合得到的词向量可能会取得更好的表现。

（4）准则函数

将训练数据表示为一段长度为 L 的词序列 $w_1, w_2, \cdots, w_L$，CBOW 模型的参数为 $\boldsymbol{\theta}=\{\boldsymbol{E},\boldsymbol{E}'\}$，准则函数为负对数似然函数：

$$\mathcal{L}(\theta)=-\sum_{i=1}^{L}\log p(w_i|C_i) \tag{8.144}$$

估计参数的算法将和 Skip-gram 模型一起介绍。

3. Skip-gram 模型

CBOW 模型使用窗口中完整的上下文 C_i 作为条件来预测目标词的概率，即 $p(w_i|C_i)$。与此相对，Skip-gram 模型则做了进一步的简化，使用 C_i 中的单个词作为上下文来预测目标词，即 $p(w_i|w_j)$，$w_j\in C_i$。Skip-gram 模型本质上建立的是词与词之间在窗口内的共现关系。此外，Skip-gram 模型的一种计算效率更高的等价形式是，用窗口中心位置词来预测上下文词，即对 $p(w_j|w_i)$ 建模，$w_j\in C_i$，本小节采用这种形式。

（1）模型形式

以窗口 $n=5$ 为例，Skip-gram 模型如图 8.11 所示。

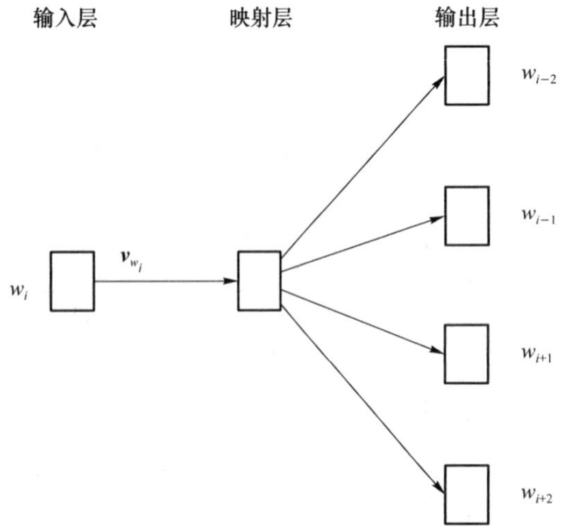

图 8.11 Skip-gram 模型示意图

① 输入层。将窗口的中心词 w_i 转换为

对应的词向量传给下一层。用 $\boldsymbol{e}_{w_i}$ 表示 w_i 的独热向量，则 w_i 的词向量为

$$\boldsymbol{v}_{w_i}=\boldsymbol{E}\boldsymbol{e}_{w_i} \tag{8.145}$$

② 映射层。直接将 $\boldsymbol{v}_{w_i}$ 输出到下一层。

③ 输出层。利用一个单层神经网络对 $p(w_j|w_i)$ 建模。神经网络的输入是 w_i 的 H 维词向量 $\boldsymbol{v}_{w_i}$，输出是 M 维词的条件概率，神经网络的参数是 $M\times H$ 的实数矩阵 $\boldsymbol{E}'\in\mathbb{R}^{M\times H}$，偏置项为 0，激活函数是 softmax。因此，输出层对窗口内的某个上下文词 $c(c\in C_i)$ 的预测概率为

$$p(c|w_i)=\frac{\exp(\boldsymbol{v}_{w_i}\boldsymbol{v}'_c)}{\sum_{w'\in\mathcal{W}}\exp(\boldsymbol{v}_{w_i}\boldsymbol{v}'_{w'})} \tag{8.146}$$

其中，$\mathcal{W}$ 是词集合，$\boldsymbol{v}'_{w'}$ 是 $\boldsymbol{E}'$ 中 w' 所对应的列。如果 C_i 中有 4 个上下文词，就需要根据式(8.146)分别计算这 4 个词的条件概率。

与 CBOW 模型类似，Skip-gram 模型中的参数矩阵 E 和 E' 均可作为词向量矩阵使用。

(2) 准则函数

将训练数据表示为一段长度为 L 的词序列 $w_1,w_2,\cdots,w_L$，Skip-gram 模型的负对数似然损失函数为

$$\mathcal{L}(\theta)=-\sum_{i=1}^{L}\sum_{\frac{1-n}{2}\leqslant j\leqslant\frac{n-1}{2},\,j\neq 0}\log p(w_{i+j}|w_i) \tag{8.147}$$

(3) 负采样参数估计算法

CBOW 模型和 Skip-gram 模型都是对条件概率建模，因此准则函数中都包含 softmax 函数。当词表规模较大时，采用 softmax 对目标词进行预测的计算量非常庞大。Word2Vec 采用负采样来进一步优化计算过程。

以 Skip-gram 为例，在训练过程中，当观测到中心词 w_i 和上下文词 w_j 共现时，我们就最大化 $p(w_j|w_i)$。并且由于 softmax 函数的存在，我们还需要最小化其他所有词的条件概率 $p(w|w_i)$，$w\in\mathcal{W}$ 且 $w\neq w_j$。显然这种方式的计算量非常庞大。负采样方法则提供了一种新的任务视角。

首先，将概率估计问题转换为二分类问题。对于二分类问题，其激活函数是 sigmoid 函数。当观测到中心词 w 和上下文词 c 共现时，我们希望最大化正类 CP=1 发生的概率：

$$p(\mathrm{CP}=1|w,c)=\sigma(v_w v'_c) \tag{8.148}$$

当观测到中心词 w 和上下文词 c 不共现时，我们希望最大化负类 CP=0 发生的概率：

$$p(\mathrm{CP}=0|w,c)=1-p(\mathrm{CP}=1|w,c)=\sigma(-v_w v'_c) \tag{8.149}$$

因此，问题就被简化为对于 w 和 c 的共现或者非共现问题，从而规避了大词表上的归一化计算。

其次，通过负采样得到训练样本。对于每个共现样本对 w_i 和 w_j，将 (w_i,w_j) 作为二分类模型的正训练样本，即 CP=1。这时，并不需要将所有没有共现的词对都作为负训练样本，而是通过若干次随机采样得到 K 个不出现在 w_i 上下文窗口的词，记为 $\tilde{w}_j(j=1,\cdots,K)$。对于 $(w_i,\tilde{w}_j)$，其类别 CP=0

将式(8.147)中的对数似然函数 $\log p(w_{i+j}|w_i)$ 替换为如下形式：

$$\log\sigma(v_{w_i}v'_{w_{i+j}})+\sum_{k=1}^{K}\log\sigma(-v_{w_i}v'_{\tilde{w}_k}) \tag{8.150}$$

就得到了基于负采样方法的 Skip-gram 模型损失函数(准则函数)。$\tilde{w}_k$ 被选作负样本的概率 $p(\tilde{w}_k)$ 跟它出现的出现频率有关：越常见的词越应该被选作负样本。Unigram 模型的参数 $p(\tilde{w}_k)$ 表示词 $p(\tilde{w}_k)$ 的出现概率，则概率 $p(\tilde{w}_k)$ 的经验公式为

$$p(\widetilde{w}_k)=\frac{p(\widetilde{w}_k)^{3/4}}{\sum p(\widetilde{w}_l)^{3/4}} \tag{8.151}$$

8.5.2 自编码器

1. 模型形式及准则函数

自编码器(Auto-Encoder, AE)主要通过非监督方式来学习数据的低维有效表示(编码),可用于表示学习、数据压缩等任务。如图 8.12 所示,自编码器由两个部分组成:编码器(Encoder)和解码器(Decoder)。假设数据集$\mathcal{D}=\{\boldsymbol{x}_1,\boldsymbol{x}_2,\cdots,\boldsymbol{x}_N\}$包括 N 个 D 维观测样本,且$\boldsymbol{x}_n\in\mathbb{R}^D(n=1,2,\cdots,N)$。编码器模型为

$$f:\mathbb{R}^D\rightarrow\mathbb{R}^d \tag{8.152}$$

用以将原始 D 维特征空间的观测样本 $\boldsymbol{x}$ 映射到 d 维特征空间,并得到编码表示 $\boldsymbol{z}$,即:

$$\boldsymbol{z}=f(\boldsymbol{x}),\quad \boldsymbol{z}\in\mathbb{R}^d \tag{8.153}$$

解码器模型为

$$g:\mathbb{R}^d\rightarrow\mathbb{R}^D \tag{8.154}$$

用以将 d 维特征空间的 $\boldsymbol{z}$ 解码回原始 D 维特征空间,得到:

$$\boldsymbol{x}'=g(\boldsymbol{z}),\boldsymbol{x}'\in\mathbb{R}^D \tag{8.155}$$

其中,编码表示 $\boldsymbol{z}$ 所属的 d 维特征空间被称为潜在空间。如果潜在空间的维度 d 小于原始空间的维度 D,那么自编码器相当于是一种降维或特征抽取。如果我们让编码只能取 K 个不同的值($K<N$),那么自编码器就实现了一个 K 类的聚类算法。

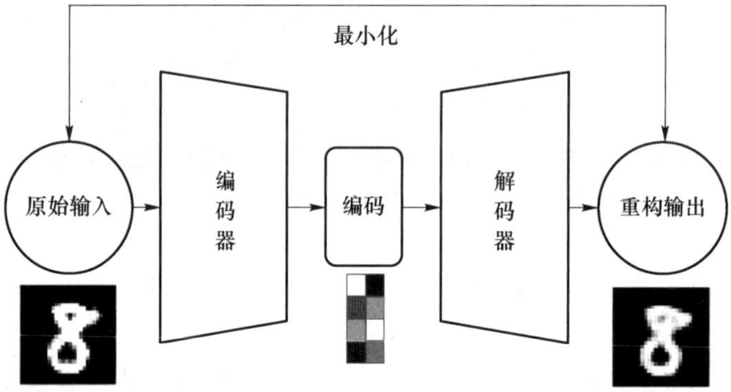

图 8.12 自编码器模型示意图

自编码器的准则函数是最小化重构错误(Reconstruction Error):

$$\mathcal{L}=\sum_{n=1}^{N}\|\boldsymbol{x}_n-g(f(\boldsymbol{x}_n))\|^2 \tag{8.156}$$

例 8-1 两层网络结构的自编码器。图 8.13 是最简单的两层网络结构的自编码器,其中输入层到隐藏层对应于编码器模型。对于样本 $\boldsymbol{x}$,编码器的模式形式及输出为

$$\boldsymbol{z}=h(\boldsymbol{W}_1\boldsymbol{x}+\boldsymbol{b}_1) \tag{8.157}$$

解码器的模式形式及输出为

$$\boldsymbol{x}'=h(\boldsymbol{W}_2\boldsymbol{z}+\boldsymbol{b}_2) \tag{8.158}$$

其中,$h(\cdot)$为激活函数;$\boldsymbol{W}_1,\boldsymbol{b}_1,\boldsymbol{W}_2$ 和 $\boldsymbol{b}_2$ 为模型参数。如果限定 $\boldsymbol{W}_1=\boldsymbol{W}_2^{\mathrm{T}}$,则称为捆绑权重。采用捆绑权重时,模型参数会大大减少,因此更容易学习,泛化性也会更好。准则函数的重构

错误为

$$\mathcal{L}=\sum_{n=1}^{N}\|\boldsymbol{x}_n-g(f(\boldsymbol{x}_n))\|^2+\lambda\|\boldsymbol{W}\|_F^2 \quad (8.159)$$

训练结束后，一般会去掉解码器，只保留编码器。编码器的输出就是学习出的新特征表示。

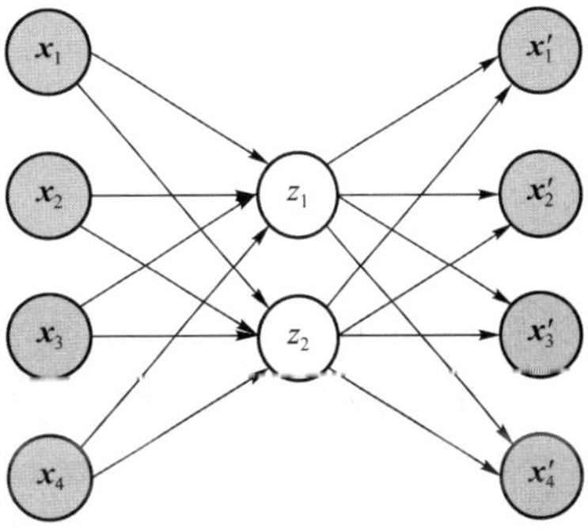

图 8.13 两层网络结构的自编码器

2. 堆叠自编码器

堆叠自编码器(Stacked Auto-Encoder, SAE)是一种深度学习模型，它通过逐层堆叠多个简单的自编码器来构建深层神经网络结构。这种模型能够从数据中提取更抽象的表示，从而更有效地捕捉数据的语义信息。在实践中，堆叠自编码器通常采用逐层训练(Layer-Wise Training)的方法来学习网络参数，这种方法允许每一层自编码器逐步学习数据的层次化特征。

8.6 本章小结

本章讲述了表示学习的基础内容，包括表征样本的 3 个层次方法：测量空间、初始特征空间和优化特征空间，并重点介绍了基于非监督学习方法实现特征空间优化的几种方法，如主成分分析、潜在语义分析、Word2Vec 和自编码器等。此外，又从概率角度探讨特征技术的统计学理论基础，如概率潜在语义分析。非监督表示学习方法也包含模型形式、准则函数和求解算法 3 个要素，它们是掌握相关算法的关键。

表示学习对当前机器学习技术产生了深远影响，以表示学习为主要内容的深度学习的兴起引发了人工智能技术的第三次浪潮，并持续至今。表示学习带来的革命性变革包括：首先，特征构建与特征优化逐渐演变为机器学习问题，人工设计的重要性显著降低。其次，在新的特征技术中，非监督学习已成为主要方法。此外，特征表示与下游任务之间的关系也发生了变化。在深度学习中，学习通常分为预训练和微调两个阶段。本章介绍的特征空间的降维与优化方法是学习和理解深度学习的前提和基础。

思 考 题

8-1 请探讨表征样本的 3 种层次方法，并对比特征工程技术与表示学习技术的区别。

8-2 请从模型形式、准则函数和求解算法 3 个要素的角度分析本章介绍的几种非监督表示学习方法。

8-3 请总结主成分分析的基本思想和核心方法。

8-4 请分析潜在语义分析的原理和方法。

8-5 请比较潜在语义分析和概率潜在语义分析的区别和联系。

8-6 请结合 Word2Vec 分析局部表示和分布式表示的差异，思考低维嵌入的特点和意义。

8-7 请结合自编码器模型探讨非监督表示学习的方式。

参考文献

［1］ 车万翔，郭江，崔一鸣. 自然语言处理：基于预训练模型的方法［M］. 北京：电子工业出版社，2021.

［2］ 郭军，徐蔚然. 人工智能导论［M］. 2 版. 北京：北京邮电大学出版社，2024.

［3］ 李航. 统计学习方法［M］. 2 版. 北京：清华大学出版社，2019.

［4］ 邱锡鹏. 神经网络与深度学习［M］. 北京：机械工业出版社，2020.

［5］ 瓦普尼克. 统计学习理论［M］. 许建华，张学工，译. 北京：电子工业出版社，2015.

［6］ 吴建鑫. 模式识别［M］. 北京：机械工业出版社，2020.

［7］ 张学工，汪小我. 模式识别与机器学习［M］. 4 版. 北京：清华大学出版社，2021.

［8］ 周志华. 机器学习［M］，北京：清华大学出版社，2016.

［9］ BISHOP C M. Pattern recognition and machine learning［M］. New York：Springer，2006.

［10］ DUDA R O，HART P E，STORK D G. Pattern classification［M］. 2nd ed. New York：John Wiley & Sons，2001.

［11］ GOODFELLOW I，BENGIO Y，COURVILLE A. Deep learning［M］. Cambridge，MA：The MIT Press，2016.

［12］ SVENSÉN M，BISHOP C M. Pattern recognition and machine learning［J］. New York：Springer，2007.

索　　引

第 1 章

中文	英文	页码
模式识别	Pattern Recognition	第 1 页
模式分类	Pattern Classification	第 1 页
光学字符识别	Optical Character Recognition，ORC	第 1 页
回归	Regression	第 1 页
机器学习	Machine Learning	第 2 页
模型形式	Model Form	第 2 页
准则函数	Criterion Function	第 2 页
求解算法	Solution Algorithm	第 2 页
模型	Model	第 2 页
学习准则	Learning Criterion	第 3 页
策略	Strategy	第 3 页
损失函数	Loss Function	第 3 页
目标函数	Objective Function	第 3 页
优化算法	Optimization Algorithm	第 3 页
监督学习	Supervised Learning	第 3 页
非监督学习	Unsupervised Learning	第 3 页
强化学习	Reinforcement Learning	第 3 页
迁移学习	Transfer Learning	第 3 页
元学习	Meta-Learning	第 3 页
自监督学习	Self-Supervised Learning	第 3 页
生成式人工智能	Artificial Intelligence Generated Content，AGIC	第 3 页
智能科学	AI for Science	第 3 页
具身智能	Embedded Intelligence	第 3 页
概率近似正确	Probably Approximately Correct，PAC	第 5 页
PAC 可学	PAC learnable	第 5 页
特征	Features	第 8 页
表示学习	Representation Learning	第 8 页
基元函数	Component Function	第 8 页
0-1 损失函数	0-1 Loss Function	第 9 页
平方损失函数	Quadratic Loss Function	第 9 页
绝对损失函数	Absolute Loss Function	第 9 页

续表

中文	英文	页码
交叉熵损失函数	Cross-Entropy Loss Function	第 9 页
对数损失函数	Logarithmic Loss Function	第 9 页
期望风险	Expected Risk	第 10 页
期望损失	Expected Loss	第 10 页
数据集	Data Set	第 10 页
训练集	Training Set	第 10 页
测试集	Test Set	第 10 页
经验风险	Empirical Risk	第 10 页
训练误差	Training Error	第 10 页
测试误差	Test Error	第 11 页
泛化能力	Generalization Ability	第 11 页
泛化误差	Generalization Error	第 11 页
过拟合	Overfitting	第 11 页
欠拟合	Underfitting	第 11 页
经验风险最小化	Empirical Risk Minimization，ERM	第 15 页
正则化	Regularization	第 15 页
最小化	Minimization	第 15 页
最大化	Maximization	第 16 页
全局极小解	Global Minimum	第 16 页
局部极小解	Local Minimum	第 16 页
鞍点	Saddle Point	第 17 页
约束为	Subject To	第 17 页
拉格朗日乘子	Lagrange Multipliers	第 17 页
遗传算法	Genetic Algorithm	第 17 页
模拟退火算法	Simulated Annealing	第 17 页

第 2 章

中文	英文	页码
统计决策理论	Statistical Decision Theory	第 20 页
贝叶斯决策理论	Bayesian Decision Theory	第 20 页
样本	Sample	第 20 页
特征	Features	第 20 页
特征空间	Feature Space	第 20 页
先验概率	Prior Probability	第 21 页
类条件概率	Class Conditional Probability	第 21 页
后验概率	Posterior Probability	第 21 页
似然函数	Likelihood Function	第 21 页

续 表

中文	英文	页码
贝叶斯定理	Bayesian Theorem	第 22 页
贝叶斯推断	Bayesian Inference	第 22 页
证据	Evidence	第 22 页
模型证据	Model Evidence	第 22 页
加法准则	Sum Rule	第 22 页
乘法准则	Product Rule	第 22 页
边缘分布	Marginal Distribution	第 22 页
生成模型	Generative Model	第 23 页
朴素贝叶斯模型	Naive Bayes Model	第 24 页
高斯混合模型	Gaussian Mixture Model，GMM	第 24 页
隐马尔可夫模型	Hidden Markov Model，HMM	第 24 页
判别模型	Discriminative Model	第 24 页
逻辑回归模型	Logistic Regression Model	第 24 页
条件随机场	Conditional Random Fields，CRFs	第 24 页
判别函数	Discriminant Function	第 24 页
线性回归模型	Linear Regression Model	第 24 页
感知器	Perceptron	第 24 页
线性判别分析	Linear Discriminant Analysis	第 24 页
神经网络	Neural Network	第 24 页
近邻法	K-Nearest Neighbors	第 24 页
支持向量机	Support Vector Machine	第 24 页
自然状态	State of Nature	第 24 页
状态	State	第 24 页
状态空间	State Space	第 25 页
决策	Decision	第 25 页
决策空间	Decision Space	第 25 页
决策准则	Decision Criteria	第 25 页
最小错误率准则	Minimum Error Rate Criterion	第 25 页
效用函数	Utility Function	第 26 页
决策域	Decision Region	第 27 页
决策边界	Decision Boundary	第 27 页
决策面	Decision Surface	第 27 页
决策面函数	Decision Surface Function	第 28 页
决策面方程	Decision Surface Equation	第 28 页
阳性	Positive	第 29 页
阴性	Negative	第 29 页
病理样本	Case Samples	第 29 页

续表

中文	英文	页码
对照样本	Control Samples	第 29 页
真阳性	True Positive，TP	第 29 页
真阴性	True Negative，TN	第 29 页
假阳性	False Positive，FP	第 29 页
假阴性	False Negative，FN	第 29 页
第一类错误	Type-I Error	第 29 页
误报或虚警	False Alarm	第 29 页
α 错误率	Alpha Error Rate	第 29 页
第二类错误	Type-Ⅱ Error	第 30 页
漏报	Missed Detection	第 30 页
β 错误率	Beta Error Rate	第 30 页
正确率	Accuracy	第 30 页
召回率	Recall	第 30 页
精确率	Precision	第 30 页
F1 值	F1 Score	第 30 页
最小风险准则	Minimum Risk Criterion	第 31 页
奈曼-皮尔逊准则	Neyman-Pearson Criterion	第 33 页
最小最大准则	Minimax Criterion	第 33 页
序贯准则	Sequential Testing Criterion	第 33 页
伯努利分布	Bernoulli Distribution	第 33 页
二项分布	Binomial Distribution	第 34 页
独热	One-Hot	第 34 页
多项分布	Multinomial Distribution	第 35 页
正态分布	Normal Distribution	第 35 页
高斯分布	Gaussian Distribution	第 35 页
马氏距离	Mahalanobis Distance	第 36 页
不相关	Uncorrelated	第 37 页
独立	Independent	第 37 页
潜在变量	Latent Variable	第 39 页
隐藏变量	Hidden Variable	第 39 页

第 3 章

中文	英文	页码
学习	Learning	第 44 页
训练	Training	第 44 页
参数估计	Parametric Estimation	第 44 页
非参数估计	Nonparametric Estimation	第 44 页

续 表

中文	英文	页码
最大似然估计	Maximum Likelihood Estimation,MLE	第 44 页
统计量	Statistic	第 45 页
参数空间	Parameter Space	第 45 页
点估计	Point Estimation	第 45 页
估计量	Estimator	第 45 页
估计值	Estimated Value	第 45 页
区间估计	Interval Estimate	第 45 页
无偏性	Unbiased	第 45 页
有效性	Efficiency	第 45 页
一致性	Consistency	第 45 页
似然函数	Likelihood	第 45 页
对数似然函数	Log Likelihood	第 46 页
EM 算法	Expectation-Maximization Algorithm	第 47 页
近似推断	Approximate Inference	第 47 页
采样方法	Sampling Methods	第 47 页
充分统计量	Sufficient Statistics	第 47 页
预测分布	Predictive Distribution	第 50 页
最大后验估计	Maximum A Posteriori estimation,MAP	第 51 页
超参数	Hyperparameter	第 51 页
虚拟观测	Imaginary Trials	第 52 页
拉普拉斯平滑	Laplace Smoothing	第 53 页
递归贝叶斯方法	Recursive Bayes Approach	第 57 页
直方图	Histogram	第 59 页
核函数	Kernel Function	第 61 页

第 4 章

中文	英文	页码
线性模型	Linear Model	第 74 页
线性回归模型	Linear Regression Model	第 74 页
基函数	Basis Function	第 74 页
最小平方误差	Least Square Error	第 76 页
正则化	Regularization	第 79 页
权值衰减	Weight Decay	第 79 页
岭回归	Ridge Regression	第 79 页
套索回归	Lasso Regression	第 79 页
线性判别分析	Linear Discriminant Analysis, LDA	第 84 页
归一化指数函数	Normalized Exponential Function	第 91 页

续 表

中文	英文	页码
逻辑回归模型	Logistic Regression Model	第 92 页
交叉熵	Cross-Entropy	第 92 页
广义线性模型	Generalized Linear Model	第 93 页
激活函数	Activation Function	第 93 页
连接函数	Link Function	第 93 页

第 5 章

中文	英文	页码
神经网络模型	Neural Network Model	第 95 页
激活函数	Activation Function	第 95 页
整流线性单元	Rectified Linear Unit,ReLU	第 98 页
指数线性单元	Exponential Linear Unit,ELU	第 98 页
记忆网络	Memory Network	第 100 页
反馈网络	Recurrent Network	第 100 页
图神经网络	Graph Neural Network,GNN	第 100 页
多层感知器	Multilayer Perceptron,MLP	第 103 页
跨层	Skip-Layer	第 103 页
神经网络架构搜索	Neural Architecture Search,NAS	第 105 页
误差反向传播	Error Backpropagation	第 108 页
反向传播	Backpropagation	第 108 页
权重衰减	Weight Decay	第 112 页
早停止	Early Stopping	第 113 页
数据增强	Data Augmentation	第 114 页
丢弃法	Dropout	第 114 页
多任务学习	Multi Task Learning,MTL	第 115 页

第 6 章

中文	英文	页码
近邻法	K-Nearest Neighbors,KNN	第 118 页
原型样本	Prototype	第 119 页
懒惰学习	Lazy Learning	第 119 页
欧氏距离	Euclidean Distance	第 119 页
闵可夫斯基距离	Minkowski Distance	第 120 页
曼哈顿距离	Manhattan Distance	第 121 页
对偶表示	Dual Representation	第 124 页
格拉姆矩阵	Gram Matrix	第 125 页
核函数	Kernel Function	第 125 页

续表

中文	英文	页码
度量函数	Metric Function	第 125 页
核技巧	Kernel Trick	第 125 页
统计学习理论	Statistical Learning Theory	第 127 页
VC 维	Vapnik-Chervonenkis Dimension	第 128 页
支持向量机	Support Vector Machine, SVM	第 129 页
分类间隔	Margin	第 129 页
KKT 条件	Karush-Kuhn-Tucker	第 131 页
稀疏核机器	Sparse Kernel Machine	第 132 页
顺序最小优化	Sequential Minimal Optimization, SMO	第 133 页
合第页误差函数	Hinge Loss Function	第 135 页

第 7 章

中文	英文	页码
封闭世界假设	Closed World Assumption	第 138 页
开放世界	Open World	第 138 页
聚类	Clustering	第 139 页
降维	Dimensionality Reduction	第 139 页
概率模型估计	Probability Model Estimation	第 139 页
硬聚类	Hard Clustering	第 140 页
软聚类	Soft Clustering	第 140 页
划分	Partitioning	第 141 页
等价关系	Equivalence Relation	第 142 页
概念格	Concept Lattice	第 142 页
K 均值	K-Means	第 144 页
失真度量	Distortion Measure	第 144 页
高斯混合模型	Gaussian Mixture Model,GMM	第 147 页
隐藏变量	Hidden Variable	第 148 页
潜在变量	Latent Variable	第 148 页
完整数据	Complete Data	第 148 页
不完整数据	Incomplete Data	第 148 页
责任	Responsibility	第 149 页
期望最大化	Expectation-Maximization,EM	第 152 页

第 8 章

中文	英文	页码
测量空间	Measurement Space	第 155 页
数据获取	Data Acquisition	第 155 页

续表

中文	英文	页码
特征构建	Feature Construction	第 155 页
特征空间	Feature Space	第 155 页
梅尔频率倒谱系数	Mel-Frequency Cepstral Coefficients，MFCC	第 156 页
特征选择	Feature Selection	第 156 页
特征提取	Feature Extraction	第 156 页
特征工程	Feature Engineering	第 158 页
句法模式识别	Syntactic Pattern Recognition	第 159 页
结构化描述法	Structured Description Method	第 159 页
预训练	Pre-Training	第 159 页
微调	Fine-Tuning	第 159 页
表示学习	Representation Learning	第 159 页
特征学习	Feature Learning	第 159 页
局部表示	Local Representation	第 160 页
分布式表示	Distributed Representation	第 160 页
嵌入	Embedding	第 160 页
深度学习	Deep Learning	第 160 页
鲁棒性	Robustness	第 161 页
主成分分析	Principal Component Analysis，PCA	第 161 页
奇异值分解	Singular Value Decomposition，SVD	第 167 页
K-L 变换	Karhunen-LoèveTransform	第 167 页
潜在语义分析	Latent Semantic Analysis，LSA	第 169 页
潜在语义索引	Latent Semantic Indexing，LSI	第 169 页
字符串	String	第 169 页
句法分析	Syntactic Parsing	第 169 页
向量空间模型	Vector Space Model，USM	第 169 页
词袋	Bag of Words，BOW	第 169 页
频率-逆文本频率	Term Frequency-Inverse Document Frequency	第 169 页
词频	Term Frequency,TF	第 170 页
逆文本频率	Inverse Document Frequency,IDF	第 170 页
一词多义性	Polysemy	第 170 页
多词一义性	Synonymy	第 170 页
话题	Topic	第 171 页
奇异值	Singular Value	第 172 页
左奇异向量	Left Singular Vector	第 172 页
右奇异向量	Right Singular Vector	第 172 页
F 范数	Frobenius Norm	第 172 页
非负矩阵分解	Non-negative Matrix Factorization，NMF	第 175 页

续表

中文	英文	页码
散度	Divergence	第 175 页
Kullback-Leiber 散度	Kullback-Leiber Divergence	第 175 页
相对熵	Relative Entropy	第 175 页
概率潜在语义分析	Probabilistic Latent Semantic Analysis，PLSA	第 176 页
概率潜在语义索引	Probabilistic Latent Semantic Indexing，PLSI	第 176 页
有向图	Directed Graph	第 178 页
潜在狄利克雷分配	Latent Dirichlet Allocation，LDA	第 180 页
吉布斯抽样	Gibbs Sampling	第 181 页
变分推理	Variational Inference	第 181 页
语言模型	Language Model，LM	第 182 页
马尔可夫假设	Markov Assumption	第 182 页
N 元语言模型	N-gram Language Model	第 182 页
一元语言模型	Unigram	第 182 页
二元语言模型	Bigram	第 183 页
三元语言模型	Trigram	第 183 页
CBOW 模型	Continuous Bag of Words Model	第 183 页
预训练	Pre-train	第 183 页
精调	Fine-tune	第 183 页
自编码器	Auto-Encoder，AE	第 186 页
编码器	Encoder	第 186 页
解码器	Decoder	第 186 页
重构错误	Reconstruction Error	第 186 页
堆叠自编码器	Stacked Auto-Encoder，SAE	第 187 页
逐层训练	Layer-Wise Training	第 187 页